U0191308

大模型驱动的
研发效能实践

顾黄亮 郑清正 牛晓玲 车昕◎著

PRACTICE OF RESEARCH AND DEVELOPMENT
EFFICIENCY DRIVEN BY

LARGE
MODELS

机械工业出版社
CHINA MACHINE PRESS

图书在版编目（CIP）数据

大模型驱动的研发效能实践 / 顾黄亮等著 . -- 北京：
机械工业出版社，2025. 2. -- ISBN 978-7-111-77234-7

Ⅰ . TP391；TP311.52

中国国家版本馆 CIP 数据核字第 2024D7Q874 号

机械工业出版社（北京市百万庄大街 22 号　邮政编码 100037）
策划编辑：杨福川　　　　　　　　　责任编辑：杨福川　陈　洁
责任校对：甘慧彤　李可意　景　飞　　责任印制：常天培
北京铭成印刷有限公司印刷
2025 年 3 月第 1 版第 1 次印刷
186mm×240mm・16.75 印张・360 千字
标准书号：ISBN 978-7-111-77234-7
定价：99.00 元

电话服务　　　　　　　　　　网络服务
客服电话：010-88361066　　机　工　官　网：www.cmpbook.com
　　　　　010-88379833　　机　工　官　博：weibo.com/cmp1952
　　　　　010-68326294　　金　书　网：www.golden-book.com
封底无防伪标均为盗版　　机工教育服务网：www.cmpedu.com

为什么要写这本书

　　大语言模型在完成各类 NLP（自然语言处理）下游任务方面有了显著进步，各种垂直领域的大模型如雨后春笋般不断涌现。然而，在软件交付领域，各企业的实践较为滞后，缺乏有说服力的相关案例。在软件交付领域，DevOps 的热度最高且实践较为成熟，围绕 DevOps 能力衍生出了 DevSecOps、DataOps、NoOps、MLOps 等一系列细分领域。在后 DevOps 时代，传统能力的右移激活了 SRE（网站可靠性工程），进一步凸显了可靠性与稳定性保障，尤其在技术层面与业务连续性紧密关联。同时，平台工程提供了更全面的全局性思路，在 SRE 和 DevOps 体系的基础上进行了扩展，提供了支撑全面且具备业务视角的产品开发交付平台。

　　未来，随着企业规模的不断扩大和商业模式的持续转变，软件交付能力需要实现质的提升。DevOps 体系提供了流水线交付构件的能力，SRE 提供了高可靠的应用程序交付基础架构，平台工程致力于解决组织架构内不同部门的工具协同问题。相关研究数据显示，大多数企业在软件交付过程中，尽管进行了多种尝试和实践，但仍然遇到了一个共同的问题——认知负荷。复杂的工具和细化的流程显著增加了 IT 人员的认知负荷，众多工具和框架需要 IT 人员学习和应用，而这些繁杂且不断涌现的技术反而阻碍了 IT 人员最为关键的本职工作——软件交付。

　　与此同时，随着越来越多的大语言模型的涌现，也需要一个具备集成能力的平台，推动人工智能的真正落地，帮助 IT 人员构建更强大、更丰富的软件交付数据集，扩展软件交付领域专有语料库的词表，最终通过模型能力助力 DevOps、SRE 和平台工程的落地及智能化实践，以提升软件交付领域的开发、测试、运维、监控、安全等场景的效率并节约成本。

　　基于以上背景，我们编写了这本关于大模型在软件交付过程中的实践的参考书，旨在帮助读者全面理解大模型的基础理论，深入掌握大语言模型的知识框架，了解大模型在软件交付过程中的应用价值。

读者对象

- ❏ 对 DevOps 体系、SRE 和平台工程感兴趣的人员。
- ❏ 软件交付链路上的节点人员，如项目经理、需求分析师、研发工程师、测试工程师、运维工程师、安全管理人员。
- ❏ 对大语言模型感兴趣的人员。

本书内容

本书共 11 章，从逻辑上分为三篇。

基础篇（第 1～3 章）简要介绍大语言模型的发展与起源、Transformer 模型及 ChatGPT 相关内容，涵盖 GPT 模型的结构与完整实现，以及 Transformer 模型的基本原理。

进阶篇（第 4～6 章）重点讲解大语言模型的微调技术、RAG 的基本原理，以及软件交付的三大底座——DevOps、平台工程和 SRE。

实践篇（第 7～11 章）重点讲解大语言模型在运维、测试、编程、项目管理、安全中的应用。

勘误和支持

由于我们的水平有限，书中难免存在不足或错误，敬请读者批评指正。如有宝贵意见，欢迎发送至邮箱 363328714@qq.com，期待读者的真挚反馈。

致谢

本书的编写得到中国信息通信研究院的大力支持。

感谢云智慧的张博、北京大学的李戈教授和李力行博士、清华大学的裴丹教授、南京大学的裴雷教授、复旦大学的彭鑫教授、上海交通大学的束骏亮博士、萤语科技的陈悦、LigaAI 的周然及南京邮电大学的季一木教授，他们提供了大量素材和建议。

感谢阿里巴巴的刘凯宁、B 站的刘昊、腾讯的杨军和陈自欣、美图的石鹏、趣丸的刘亚丹、DevOps 联盟的刘征、快猫星云的来炜、广发证券的彭华盛、联通软研院的李明亮、浙江移动的叶晓龙在本书写作过程中给予的支持和帮助。

此外，感谢 SRE 精英联盟，尤其是赵成和党受辉，给予了我们很多思路和启发。

最后，感谢我的家人给予的鼓励，他们永远是我最坚强的后盾。

顾黄亮

在新一轮人工智能浪潮中，如何通过大语言模型提升研发效能成了一个新命题。大语言模型具有强大的自然语言和机器语言的理解和生成能力，能够辅助软件开发人员更高效地完成各项任务，为代码编写、缺陷排查和交付过程等注入新的活力，加速软件产品的研发进程，让创新之路更加顺畅，从而提升企业的竞争力。

本书从不同角度详细解释了在智能运维、代码生成、漏洞修复和项目管理等场景中，如何逐步使用大语言模型来提高研发效能。如果你对这些主题感兴趣，那么这本兼备理论和实践的新书，绝对值得一读。

何宝宏

中国信息通信研究院云计算与大数据研究所所长

这是顾老师的第三本书，从 DevOps 到技术赋能，再到大语言模型，始终聚焦在研发效能领域，同时创新技术的运用也随着这三本书逐步为广大读者打开一个进阶之路。

本书以深入浅出的方式，详细描述了大语言模型如何为研发效能注入新的活力。通过丰富的案例和实践经验，读者可以清晰地了解到大语言模型在提升研发效率、优化流程、智能运维等方面的巨大潜力。

顾老师凭借其深厚的专业知识和丰富的实践经验，为我们呈现了一幅充满希望的未来画卷。本书不仅为从业者提供了宝贵的指导，也为广大对该领域感兴趣的读者打开了一扇通往新世界的大门。

顾维玺

中国工业互联网研究院智能化研究所副所长

国际顶级期刊 INFORMATION FUSION 客座编辑

随着大模型应用场景的不断拓展，越来越多的行业产生了构造原生 AI 应用的需求。在这种情况下，如何推进大模型在某特定领域内落地，如何引导大模型利用特定领域内的知识，如何利用领域大模型构造 AI 应用，成为大家关心的问题。本书为如何利用大语言模型解决研发效能等领域的诸多问题提供了可参考的案例。本书的核心章节围绕细分领域的案例展开探讨，并对其背后的技术方法进行了分析，给出了富有参考价值的实践案例。阅读此书，不仅可以了解到大模型相关技术的发展脉络，也能够了解到如何利用大模型来解决实际工作中的问题。无论是研究人员、研发工程师，还是大模型技术的爱好者，都能从本书中获益。

李戈

北京大学计算机学院长聘教授，博士生导师

教育部长江学者

大模型领域既是繁星点点的未知宇宙，又是蕴含无数可能的广阔天地，正是这一独特的魅力，令无数的探索者为之倾倒、为之奋斗。

大模型应用逐渐走入人们的日常生活，常见的有智能客服、生成式智能问答，但一些细分的、垂直的领域也逐步在实践，尤其是面向研发效能，本书的出现恰逢其时。过去的研发效能更多地在体系内进行实践，流程上属于闭源，这与大语言模型的价值是不相符的。我认为，大语言模型技术是一个通用化的技术，基于人工智能体系运用在广泛的场景中才能体现出价值，所以基于通用的大语言模型进行全领域的实践势在必行。

本书的出版给广大开发者提供了一个好的思路，研发过程通过大语言模型可以提升效率，其他场景是否也可以？这个问题值得我们思考。

黄向东

清华大学软件学院

大数据系统软件国家工程实验室成员

本书的目录非常吸引人，从大模型的介绍到 Transformer，再到 GPT，过渡到研发效能的全局体系，最后到大语言模型在 IT 组织的各个场景中的实践，思路非常清晰，功夫独到，言简意赅，流畅自然，一叶知秋。

我重点阅读了实践部分的样章，兼具学术趣味性与技术实用性，雅俗共赏，这正是本书独具匠心的考虑。可以看出，本书作者在写作上秉持宁拙勿巧、宁朴勿华的态度，语言质朴通俗，娓娓道来，行云流水。

通过阅读本书，相信初学者可以开拓眼界，进阶者可以模仿实现，资深者可以拓展思路，更可以给予 IT 的管理者在研发效能领域更多的管理思路。

开卷有益，相信你也会有此共鸣。

刘博涵

南京大学软件学院

软件研发效能实验室成员

大语言模型是当前人工智能研究中的热门领域，吸引了大量感兴趣的开发者踊跃学习相关的技术，尤其对于研发工程师而言，基于大语言模型技术实现业务场景的赋能，为企业创造价值，但由于思维固化，很少有想到利用大语言模型提升自身的效率，这是行业内普遍的痛点。

本书逻辑清晰，尤其在大语言模型的理论章节，并不是完全参考已有的知识体系，而是通过一些实际的例子进行理论的剖析，通俗易懂。在实践案例的章节，很多场景都是我们日常所遇到的，非常有代入感。引入论文是本书的一大亮点，给读者提供了可以立即尝试和预测结果相结合的交互式学习体验，让阅读本书的过程充满了乐趣。

可以说，本书是一本大语言模型前沿实践者给读者带来的干货，相信大家能在阅读和实践中有共鸣。

邱锡鹏

复旦大学软件学院教授、博导

《神经网络与深度学习案例与实践》作者

上海市计算机学会自然语言处理专委会主任

这是一本基于大语言模型在研发效能方面的实战图书，可以帮助读者快速上手并有效地在工作中提升效能。与普通的研发效能提升方式不同，本书与大语言模型进行结合，能从 AI 的角度给予信息科技团队更好的实践指导。

虽然业界已经有很多关于大模型以及研发效能方面的图书，但大多过于保守，联系不够紧密，本书适合信息科技组织内部各个团队的学习，它把模型理论、应用场景、代码实例，甚至很多具备前瞻性的论文进行了有效的关联，引导读者在理论学习的过程中进行应用实践，在动手实践中进行学习，在体会和总结中不断深化对大语言模型的理解。

因此，在研发领域中，我推荐这本书。

奎晓艳

中南大学信息与网络中心（信息化建设办公室）主任、教授、博导

中国教育和科研计算机网主干网湖南省核心节点主任

全国高等学校计算机教育研究会青年教师工作委员会副主任

在当今的信息时代，大语言模型正以惊人的速度崛起，成为科技领域的一颗璀璨明星。它犹如一座神秘而强大的城堡，吸引着我们去探索其中的奥秘。

大语言模型是一种具有巨大潜力的技术，它能够理解和生成人类语言，为我们的生活和工作带来了前所未有的变革。通过阅读本书，我们将一同踏上探索大语言模型的征程。我们会了解到它的起源和发展，感受它在自然语言处理领域的重要地位。我们将目睹大语言模型如何在智能运维、代码自动生成、AI 测试等领域大放异彩，为研发效能相关人员提供更加便捷和高效的服务。

祝阅读愉快!

郑子彬

中山大学软件工程学院院长、教授、博导

国家数字家庭工程技术研究中心副主任

看完本书关于大语言模型在开发领域实践的章节，深有感触。随着大语言模型的运用，代码开发进入了新的时代，催生出很多代码自动生成技术，对广大的开发人员而言，这是挑战，也是机遇。本书为读者揭开代码自动生成的神秘面纱，引领大家进入这个充满机遇与挑战的领域，同时也给读者提供了完整的实践思路。

对于开发者而言，本书无疑是一把利器，可以帮助提高开发效率，减少重复性工作，从而有更多时间专注于核心业务逻辑。对于初学者来说，本书是入门的良师益友，能够帮助快速掌握代码自动生成技术，为今后的学习和工作打下坚实的基础。

本书旨在为广大读者提供一个深入了解大语言模型技术的平台。与其他的大语言模型书籍不同，本书聚焦在实践，但理论部分也通过案例和代码的方式提供了很多佐证。希望读者能够从中汲取知识的养分，积极探索和创新!

王彦博

华夏银行总行信息科技部副总经理

本书全面解析了大语言模型在研发效能方面进行实践的核心技术和应用实践，从理论到案例，由浅入深，展现了作者对大语言模型的深入研究和丰富经验。

在基础知识章节，系统地讲解了从基础到高级的大模型结构，并辅以具体的应用案例和代码段，图文并茂，为读者提供了有效的实战参考。在案例章节，通过实际场景和论文相结合的方式，理解更加容易。随着大模型在企业中越来越受到重视，相关的运用也越来越深入，尤其各企业均面临降本增效压力，以大模型为代表的创新技术输出的价值显而易见。本书的面世恰好满足相应的学习需求，为技术人员提供了理论体系和实战指导，具有重要的意义。

陈菲琪

某股份制银行南京分行科技部门负责人

10年后，全世界有50%的工作会是提示词工程，不会写提示词的人将会被淘汰。这句话并不是危言耸听，随着大语言模型在企业中的运用越来越深入，适配的场景越来越多，撰写提示词已经成了一项基本技能，这是未来学习如何与AI助手交谈的关键技能之一。尤其是IT从业者，更需要充分运用AI的能力，了解大语言模型为代表的AI框架是如何工作的，了解它们有什么技术体系，了解它们给予企业什么帮助。

本书专注于研发效能，聚焦于IT组织领域，且不是通用的场景，填补了市场的空白。本书运用大量的代码和案例，手把手演示如何构建一个简单的ChatGPT，如何在IT组织内部进行实践，如何处理提示词，如何解决实际问题，帮助读者了解大语言模型，并且能够学以致用。

殷书坤

南京银行信息技术部副总经理

尽管市面上关于大语言模型的文章和图书已有很多，但大多流于碎片化或基础知识的介绍，很少能系统性地深入到具体的场景进行全方位的介绍。本书很好地填补了这方面的内容。尤其在研发效能领域，大语言模型的深入还需要时间，本书的出版给IT组织的从业者提供了思路，指明了方向。

本书既有广度又有深度，旨在为工程师以及对大语言模型感兴趣的高校学生提供一份全面且深入的学习和参考资料。对于希望深入了解研发效能领域的人士而言，本书是一份不可多得的参考资料。

伍建焜

特许金融分析师

郑州银行信息科技部总经理

在信息时代的浪潮中，通过大语言模型提升研发效能是一个新的命题，在软件交付领域，有大语言模型的加持，研发效能有了新的方向。在信息技术领域，大语言模型如同智慧的宝库，为软件交付过程注入新的活力。它具备强大的语言理解和生成能力，能够辅助开发者更高效地完成各项任务。

研发效能的提升，是企业在竞争中脱颖而出的关键。而大语言模型的应用，无疑为这一目标提供了有力支持。通过与大语言模型的融合，研发团队能够更快地获取信息、解决问题，加速产品的研发进程。它不仅提高了工作效率，还降低了错误率，让创新之路更加顺畅。

然而，机遇与挑战并存。我们需要深入探索如何更好地利用大语言模型，以实现研发效能的最大化。

通过本书，我们将共同开启这扇通往未来的大门，探索大语言模型与研发效能的无限潜力，为科技的进步贡献力量。

陈桂新

知名投资人

企业信息化逐步进入智能时代，运维的能力和智能化程度成为企业信息化转型的关键因素。大语言模型的出现，拓展了智能运维场景。本书的核心章节介绍了大语言模型在智能运维中的应用，既有学术价值，又有实践意义。大语言模型的自然语言处理能力可以理解和分析海量运维数据。通过对这些数据的深入挖掘应用，能够提供精准的故障预测和预警。智能运维不仅意味着高效的故障处理，还包括对系统的优化和提升。大语言模型能够为运维团队提供有价值的建议和决策支持，帮助我们更好地保障系统的稳定性和可靠性。

让我们共同踏上这一探索之旅，挖掘大语言模型在智能运维领域的潜力。期待通过本书的阅读，为广大运维人员带来新的思路和方法，推动运维领域的创新和发展。

党受辉

腾讯蓝鲸创始人

腾讯互动娱乐事业群技术运营部助理总经理

大语言模型的运用如火如荼，通用型的大模型和领域性的大模型在技术上并没有特别大的区别，有区别的是对具体场景的理解能力，以及人机协同的实践能力，尤其在研发效能领域，经历了 DevOps 和 SRE，逐步进入了瓶颈期。如何通过创新技术，将研发效能更好、更有序地进行推进，这是领域内的难题，是 IT 从业者需要深入考虑的问题。

针对这些行业的共性问题，尤其在研发组织和其他组织的衔接上，作者广泛收集信息，深入研究，以兼具广度和深度的写作，为我们呈现了一个关于研发效能及通用人工智能的全景式解读。同时，书中还为我们展示了大语言模型在各个领域内深度实践所遇到的机遇和挑战。

对于本书而言，相关论文的引用是最大的亮点，读者可以顺着思路进行进一步的拓展和研究，并对知识体系进行逐步补全，最终将研发效能的范围延伸至 IT 组织全流程，这对于 IT 从业者的培养价值是不可估量的。

毫不夸张地说，本书是研发效能领域对创新技术运用的开山之作，同时也是引领细分领域技术发展的开始，值得推荐。

曹立龙

四川银行金融科技部副总经理

中国商业联合会互联网应用工作委员会智库专家

通过阅读，我发现本书更像是一本笔记的合集，作者有重点地梳理了理论，并配备了大量生活中的案例，如唐诗三百首，在理解方面非常容易，对于大模型的爱好者是非常难得的一件事。

在案例的环节，本书也有独特的视角。通过对 IT 群体进行分层，分别从不同的角度进行介绍，语言通俗易懂，案例也非常典型，让读者能够以轻快的步伐入门大语言模型。虽说本书是站在研发效能的角度进行阐述，但知识体系是具备延展性的，智能办公、业务运用等也能够融会贯通，拿来即用。

整本书的章节安排非常合理，前后章节环环相扣，既包含初学者需要掌握的知识点，又包含大语言模型的前沿技术动态。值得一提的是，每章都有相应的案例和实践场景进行支撑，不至于阅读时产生枯燥的情绪。

张博

云智慧 CTO

本书的作者团队有行业的资深从业者，有领域的资深研究者，也有标准的制定者，相信这本书的内容会非常精彩。

大语言模型在研发效能领域的发展趋势在这些年备受关注，目前来看，它有以下几个明显的发展趋势。首先，模型的精度和泛化能力会不断提高，能够更好地适应复杂的研发效能场景。其次，大语言模型与其他技术的融合会越来越深入，形成更强大的解决方案。最后，应用领域会不断扩大，为更多行业的研发工作带来变革。

通过这本书的实践案例和原型模块，研发效能的从业者可以快速地在企业内部进行落地，为企业创造更多的价值，随着案例的丰富，也会在行业内进行更好的运用和推广。

周然

LigaAI CEO

在不到 4 年的时间里，Transformer 模型以其强大的性能和创新的思想，迅速在 NLP 社区崭露头角，打破了过去 30 年的记录。现在，以 Transformer 为代表的大语言模型正在颠覆整个 AI 领域，而且随着大语言模型在企业中的实践越来越深，相关的价值也逐步地体现出来。

在本书中，作者团队在理论和实践两方面都做出了出色的工作，详细解释了如何使用大语言模型，尤其在研发效能领域，通过不同的场景和不同的角度，讲解了大模型和场景的衔接和应用，给自身带来什么帮助，解决了什么问题，获得了什么价值。阅读完本书后，你将能使用这一最先进的技术集合来增强你的工作能力。

本书还讲述了如何将大语言模型应用于许多场景，如智能运维、代码生成、漏洞修复和项目管理等。如果你对这些主题感兴趣，那么本书绝对值得一读。

束骏亮

蜚语科技 CEO

目 录 *Contents*

第 1 章 *Chapter 1*

初识大语言模型

科技的进步持续推动人类社会迈向新的高度。从瓦特改良蒸汽机到特斯拉发明交流电，再到信息时代的到来，每次技术革新都极大地改变了人类的生活方式。进入 21 世纪，随着大语言模型的崛起，人工智能技术迅速发展，推动社会发生着深刻变革。大语言模型并不是凭空产生的，而是建立在自然语言处理模型数十年演进的基础之上。了解大语言模型的历史与技术背景，不仅有助于我们更好地掌握人工智能工具，也有助于我们在新时代的浪潮中稳步前行。

1.1 大语言模型的发展

1775 年，詹姆斯·瓦特改良了蒸汽机，成功解决了工业化进程中的核心问题，开启了工业革命的新篇章。1879 年，爱迪生发明了电灯泡，为黑夜带来了光明。1882 年，世界上首座商用发电厂建成，奠定了现代电力系统的基础。1887 年，尼古拉·特斯拉研发了交流电系统。这些伟大的发明不仅改变了人类的生活方式，还推动了社会的进步。

进入 20 世纪，科技发展迈入了全新的阶段。1946 年，ENIAC 的问世标志着电子计算机时代的开启，人类由此进入了计算机时代。1975 年，Altair 8800 的出现首次将计算机技术引入个人领域，揭开了个人计算机时代的序幕。随后一系列技术的进步极大地加速了信息时代的到来。1989 年，万维网的诞生使信息交流变得空前便捷；1998 年，谷歌的成立进一步推动了互联网时代的迅猛发展。

进入 21 世纪后，2007 年苹果公司发布了首款 iPhone，移动互联网时代随之迅速到来，人类的生活方式和信息获取途径再次发生了翻天覆地的变化。直至 2020 年，OpenAI 发布了 GPT-3，这一事件标志着人工智能时代的全面来临。新技术的代际更替从以往的百年间隔迅速缩短至十年，清晰地反映了科技发展的加速趋势。

人工智能时代的到来是人类社会发展的重要转折点。在这一新时代，无论是个体还是组织，若不能积极拥抱人工智能，便有可能被时代淘汰。人工智能模型是新时代的核心要素，技术从业者需深入了解其背景知识，方能更好地适应并推动新时代的发展。

在大语言模型出现之前，自然语言处理（Natural Language Processing，NLP）模型经历了多个阶段的发展。下面是较为关键的几个阶段。

1. 理论模型阶段

理论模型以香农的信息论为代表，研究自然语言的信息量和信息熵。1948 年，香农将马尔可夫过程模型应用于自然语言模型，并提出将热力学中熵的概念扩展到自然语言建模领域。

2. 基于统计学的自然语言处理阶段

该阶段的代表性模型是 N-gram 模型和隐马尔可夫模型（Hidden Markov Model，HMM）。N-gram 模型是统计语言模型中较为简单的一种模型，它假设一个词的出现概率仅与其前面的 N-1 个词相关。HMM 是一种处理序列数据的统计模型，适用于语音识别、机器翻译等任务。

3. 神经网络模型阶段

该阶段的代表性模型为循环神经网络（Recurrent Neural Network，RNN）和卷积神经网络（Convolutional Neural Network，CNN）。RNN 能处理序列数据，适用于机器翻译、语音识别等任务。CNN 能处理图像数据，适用于文本分类、情感分析等任务。

4. 大语言模型阶段

该阶段的代表性模型包括 BERT 和 GPT-3 等。BERT 是 Google AI 于 2018 年发布的预训练语言模型，凭借卓越的语言理解能力，它受到广泛关注。BERT 的问世标志着自然语言处理领域从传统的人工特征工程迈向深度学习时代。

按照关键算法模型的实现顺序，自然语言模型的发展脉络如图 1-1 所示。图 1-1 中的算力数据来源于维基百科。

如图 1-1 所示，自然语言处理以理论为基础。在有限算力的支持下，人们通过统计方法对自然语言进行建模。随着计算机算力的提升，神经网络模型逐渐应用于自然语言处理领域。随着更大规模算力的实现，大语言模型应运而生，其出现标志着自然语言处理进入了 AI 时代。

虽然我们已经进入了大语言模型时代，但传统的自然语言处理模型仍具备独特的优势，如低算力消耗、响应速度快等。在实际应用中，应根据具体任务需求选择合适的模型。

下面将详细介绍常见的大语言模型，以便读者对大语言模型有一个全面认识。

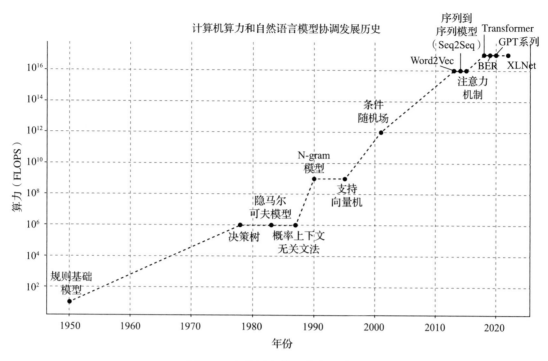

图 1-1　自然语言模型的发展脉络

1.2　常见的大语言模型

1.2.1　统计学模型 N-gram

在自然语言处理领域，N-gram 模型是统计语言模型中较为简单的一种模型，它基于马尔可夫假设，即某个词出现的概率仅取决于其前面的 $N-1$ 个词。N-gram 模型的公式如下：

$$P(w_n \mid w_1, w_2, \cdots, w_{n-1}) = \frac{C(w_1, w_2, \cdots, w_n)}{C(w_1, w_2, \cdots, w_{n-1})}$$

其中，$w_1, w_2, \cdots, w_n$ 是一个长度为 n 的词序列，$C(w_1, w_2, \cdots, w_n)$ 为该词序列在语料库中出现的次数，$C(w_1, w_2, \cdots, w_{n-1})$ 为该词序列前 $n-1$ 个词在语料库中出现的次数。N-gram 模型的参数数量随着 N 的增大呈指数级增长，因此在实际应用中通常采用 2-gram 或 3-gram 模型。

从理解基本概念的角度出发，我们可以暂时不考虑公式背后的复杂原理，而直接从实际应用的角度探讨 N-gram 模型的使用方法。假设有一个由多个单词组成的链条，N-gram 算法即为观察该链条中每 N 个单词组成的单元来预测下一组单词中可能出现的词汇，这就是"N-gram"名称的由来，其中"gram"指的是单词。

举例来说，当你说了一句"我喜欢吃"，并且之前出现过"我喜欢吃苹果"这样的词组时，N-gram 模型可能会预测下一个词是"苹果"，因为在以往的数据中，"苹果"经常出现在"我喜欢吃"之后。这就是 N-gram 模型用于文本预测的原因。

N-gram 模型的设计较为直观：它类似于一个大型表格，记录了不同单词组合出现的次数。若为 2-gram（即 Bigram），表格中记录的是每两个单词组合出现的概率；若为 3-gram（即 Trigram），则记录三个单词组合的概率，依此类推。在设计该模型时，只需确定 N 的值，即考虑多少个单词作为一组来预测下一个单词，然后收集数据，填充概率表。

尽管 N-gram 模型已经较为陈旧，但在某些特定场景下仍表现良好。例如，在某些垂直领域，N-gram 模型通过大量的数据训练，能够取得较好的效果。在资源受限的情况下，N-gram 模型可以通过较少的数据训练，获得满意的结果。而在对响应时间要求较高的场景，N-gram 模型能够以较少的计算量实现良好的效果。N-gram 模型有以下两个典型的应用场景。

（1）拼写检查和错误更正

N-gram 模型可用于预测词序列的概率，从而支持语音识别、机器翻译等任务。通过比较不同词序列的概率，可以推断出哪个词序列更可能是用户的预期输入。例如，若用户输入" spel checker"，N-gram 模型可以判断" spell checker"这一序列比" spel checker"更常见，从而提示正确的拼写。

（2）文本生成

尽管深度学习模型在文本生成方面取得了显著进展，但 N-gram 模型在某些简单场景或资源受限的情况下依然具有应用价值。例如，在生成键盘应用的自动完成功能或简单聊天机器人的回复等预测性文本时，N-gram 模型能够根据以往输入快速生成文本建议。

N-gram 模型具有以下特性。

❑ 基于频率统计进行预测。N-gram 模型根据词汇序列的出现概率预测下一个词汇。模型假设当前词的出现仅依赖于前面 $N{-}1$ 个词。

❑ N-gram 模型无状态。在 N-gram 模型中，并未显式定义"状态"，模型直接对观测到的序列（如文本中的词）进行操作。序列的每个部分都是独立考虑的。

❑ 简单性与计算效率。N-gram 模型的设计与实现相对简单，计算效率较高，但随着 N 的增大，模型的规模和复杂性将急剧增加。

1.2.2　统计学模型 HMM

除基于统计思维的 N-gram 模型外，HMM 也是自然语言处理中的重要模型之一。HMM 的基本思想是假设观测序列由一个不可观测的状态序列生成，且状态序列的转移遵循马尔可夫链。HMM 的公式如下：

$$P(O\,|\,I) = \sum_{Q} P(O\,|\,Q)P(Q\,|\,I)$$

其中，$P(Q|I)$ 是状态序列 Q 在条件 I 下的概率，$P(O|Q)$ 是观测序列 O 在状态序列 Q 下的概率。累加求和的目的是求出所有可能的状态序列 Q 下观测序列 O 的概率。HMM 的参数包括状态转移概率矩阵、观测概率矩阵和初始状态概率向量。HMM 的训练过程通常使用 Baum-Welch 算法，解码过程通常使用 Viterbi 算法。

以上公式和算法可能较为抽象，可从实际应用角度出发了解 HMM 的使用方法。HMM 的典型应用场景有两类。

1. 天气预测

设想你是一位古代的天气预报员，无法直接得知明天的天气是晴天、多云还是下雨。然而，你能够通过观察自然现象，如鸟类的行为、风向以及云的形态，来推测明天的天气状况。在此情境中，明天的天气（晴天、多云、下雨）属于隐藏状态，因为无法直接获取；而鸟类的行为、风向和云的形态则属于观测状态，因为这些是可以直接观测到的。HMM 能够帮助你根据观测到的自然现象（观测状态）预测明天的天气（隐藏状态）。HMM 通过学习历史数据，理解不同天气状态之间的转换概率（例如，晴天后转为多云的概率）以及特定天气下观测到特定自然现象的概率（如晴天时看到特定鸟类行为的概率）。因此，即使无法直接观测到明天的天气，你也可以根据今天的观测做出最有可能的预测。

2. 智能推荐

当使用智能手机的键盘应用时，开始输入"我想要吃"，键盘会自动为你推荐可能的词语，如"苹果""比萨"或"冰淇淋"。在此情境中，键盘应用使用了 HMM 来预测你接下来最有可能输入的词语。在此示例中，你实际打算输入的词语序列（如"我想要吃比萨"）属于隐藏状态，因为键盘应用无法直接获取你的想法；而你实际键入的词语（"我想要吃"）则为观测状态，这是应用能够直接获取的信息。HMM 通过对大量文本数据进行分析，学习词语之间的转换概率（例如"我想要吃"后面接"比萨"的概率）以及在给定序列下下一个词出现的概率。因此，即使应用不知晓你的确切意图，也能够基于已输入内容及学习到的语言模型，为你推荐最合适的词语。

N-gram 模型与 HMM 均为处理序列数据的有效工具，广泛应用于 NLP 及其他领域。虽然两者存在一定的相似性，但在理论基础和应用方面有显著区别。HMM 侧重于状态转移概率及在给定状态下观测结果的概率，通过分析观测数据推断无法直接观测的状态序列，常用于天气预测和文本输入等应用场景。

HMM 具有以下特性。

❑ 基于状态与转移。HMM 是基于状态的概率模型，其中状态序列是隐藏的，无法直接观测。模型通过观测到的序列（如单词或音素）推断这些隐藏状态。

❑ HMM 有状态。HMM 定义了隐藏状态及这些状态之间的转移概率。每个状态与一组可能的观测值相关联，这些观测值由观测概率分布定义。

❑ 复杂性与强大的建模能力。HMM 能够对观测序列背后的复杂过程进行建模。尽管其训练和推断较 N-gram 更加复杂，但它能够捕捉更深层次的序列依赖关系。

HMM 与 N-gram 在理论上的主要区别如下：

- 观测与状态。N-gram 模型直接作用于观测序列，而 HMM 区分了观测序列与隐藏状态序列。
- 依赖关系。N-gram 模型的依赖关系较为简单，局限于固定长度（N–1），而 HMM 的状态转移能够捕捉更长时间的依赖关系，且模型结构允许更灵活的序列依赖建模。
- 应用范围。由于这些差异，HMM 通常用于较复杂的任务，如语音识别或生物信息学中的序列对齐，在这些任务中，模型需要推断观测数据背后的潜在结构。N-gram 模型则更适用于直接基于序列数据进行预测的任务，如文本生成或简单的语言模型。

1.2.3 神经网络模型 RNN

统计学模型发展的初期仅考虑了频率统计，而未充分顾及序列数据的时间关系。HMM 引入了状态转移概率的概念，初步具备了基于状态变化进行预测的能力。然而，HMM 中的状态转移概率是固定的，无法根据序列数据的时间依赖性进行动态调整。对于时序数据处理任务，如语言模型、语音识别或任何形式的时间序列分析，HMM 的无状态特性限制了其效能，因为处理序列数据通常依赖于前后文信息。RNN 的设计灵感来源于人脑处理序列信息的方式，尤其是人脑具备通过时间维持信息状态的能力。通过引入循环，RNN 能够在其内部状态中保留信息，从而实现对序列长度变化的动态处理，捕捉时间序列数据中的时间依赖性。这一结构使得 RNN 能够将过去的信息传递至当前任务，从而实现更为有效的学习和预测。RNN 的基本结构如图 1-2 所示。

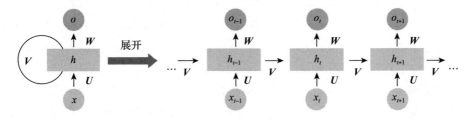

图 1-2　RNN 的基本结构

图 1-2 展示了一个简单的 RNN 结构，其中展示了 RNN 在处理序列数据时的三个连续时间步。

- x_t 表示时间步 t 时的输入。这是网络接收序列中的当前元素。
- h 表示网络的隐藏层，这是 RNN 的核心。隐藏层能够在不同时间步之间传递信息，从而保留先前输入的信息。
- h_{t-1}、h_t、h_{t+1} 分别表示时间步 t–1、t、t+1 时隐藏层的状态。每个隐藏状态 h_t 都是基于前一个时间步 h_{t-1} 的隐藏状态和当前的输入 x_t 计算得到的。

- ❏ *o* 表示输出层，用于在每个时间步生成输出。
- ❏ o_{t-1}、o_t、o_{t+1} 分别表示时间步 $t-1$、t、$t+1$ 的输出。输出通常是基于当前时间步的隐藏状态 h_t 计算得到的。

RNN 的作用是处理序列数据，特别适用于时间序列分析、语音识别、语言建模等任务。通过维护隐藏状态，RNN 能够捕捉序列中的时间依赖关系，从而生成或预测序列中的下一个元素。该结构使 RNN 能够考虑前文信息，以在序列任务中做出更加准确的预测。

RNN 模型的架构存在两个重大问题：

（1）梯度消失

RNN 在训练过程中易出现梯度消失问题。这是由于 RNN 的梯度通过时间反向传播（BackPropagation Through Time，BPTT）计算，而在反向传播过程中，梯度会不断乘以一个小于 1 的数值，导致梯度逐渐消失。

（2）梯度爆炸

RNN 在训练过程中容易出现梯度爆炸问题。这是由于 RNN 的梯度通过时间反向传播计算，而在此过程中，梯度会持续被乘以大于 1 的数值，导致梯度逐渐爆炸。

这些问题主要由 RNN 的循环连接结构以及使用 tanh 或 sigmoid 等饱和激活函数引起。在长序列中，随着梯度反向传播至更早的层，通过多次应用链式法则，梯度会乘以一系列的权重矩阵，从而在多个时间步中累积。如果这些权重矩阵的值小于 1，梯度会逐渐衰减，导致梯度消失；如果这些权重矩阵的值大于 1，梯度会迅速增长，导致梯度爆炸。

1.2.4　自然语言处理中的传统模型 LSTM

LSTM（Long Short-Term Memory，长短期记忆）网络是 RNN 的一种特殊类型，专为解决 RNN 在处理长序列数据时出现的梯度消失和梯度爆炸问题而设计。LSTM 通过引入关键结构来应对这些问题。

图 1-3 展示了一个简单的 LSTM 内部结构，LSTM 的核心是一个称为"记忆单元"的结构，它可以在长序列数据中保持信息。记忆单元由一个称为"细胞状态"的内部状态和一个称为"隐藏状态"的外部状态组成。细胞状态可以在时间步之间传递信息，从而保持对先前输入的记忆。隐藏状态基于当前输入和前一个时间步的隐藏状态计算得出。LSTM 的记忆单元还包括三个门：遗忘门、输入门和输出门。这些门控制着细胞状态的更新和隐藏状态的输出，允许 LSTM 在长序列数据中捕捉时间依赖关系。遗忘门、输入门和输出门的作用并非仅仅"决定"某些信息应执行何种操作，而是通过学习到的权重控制信息的流动。

- ❏ 遗忘门：通过 sigmoid 函数对上一时间步的单元状态和当前时间步的输入进行线性变换，得到遗忘概率，并逐元素相乘，决定从单元状态中遗忘哪些信息。
- ❏ 输入门：通过 sigmoid 函数和 tanh 函数分别控制哪些信息要更新以及如何更新，并与上一时间步的单元状态和当前时间步的输入进行结合，得到新的单元状态。
- ❏ 输出门：通过 sigmoid 函数对当前时间步的单元状态进行线性变换后得到输出概率，

随后逐元素相乘，以决定输出哪些信息。

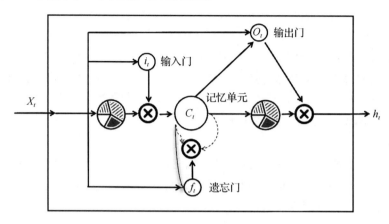

图 1-3　LSTM 内部结构

除了引入门机制外，LSTM 还进行了其他改进，例如窥孔连接和耦合遗忘门。

❑ 窥孔连接。通过窥孔连接，遗忘门可以直接查看当前时间步的记忆单元状态 C_t，以决定遗忘多少信息，从而更精确地控制信息流动。

❑ 耦合遗忘门能够更有效地处理输入序列中的噪声。

一个典型的应用场景是"机器翻译任务"。LSTM 能够记住源语言句子的语义和结构，并在翻译过程中保持这些信息，从而生成更为准确的翻译结果。

LSTM 在实际应用中也存在一些问题，研究者为此提出了若干改进模型。图 1-4 展示了 LSTM 的三个分支模型。

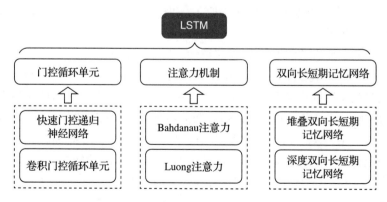

图 1-4　LSTM 的三个分支模型

LSTM 的三个重要分支具体介绍如下。

❑ 门控循环单元：LSTM 的简化版本，参数更少，训练速度更快，适用于对速度和效率要求较高的场景，如语音识别。

❑ 注意力机制：能够使模型聚焦于输入序列中与当前输出最相关的部分，适用于文本摘要、机器翻译等任务。

❑ 双向长短期记忆网络：能够同时利用前后信息处理序列数据，适用于需要对输入序列进行全局依赖建模的场景，如情感分析、文本分类等。

在这些分支中，注意力机制是最重要的一个分支。它能够使模型聚焦于输入序列中与当前输出最相关的部分，从而提升模型性能。随后，在 Transformer 模型中，注意力机制得到了进一步发展，成为自然语言处理领域的重要模型。

大语言模型的基石——Transformer

在现代自然语言处理领域，随着深度学习技术的迅速发展，传统的序列模型如 RNN 和 LSTM 逐渐暴露出效率和性能的瓶颈，尤其在处理长距离依赖关系时更为明显。这些模型的串行计算特性使得训练和推理过程效率低下。为了解决这一问题，Google AI 团队于 2017 年提出了 Transformer 模型，这一具有划时代意义的创新彻底改变了序列数据处理方式。通过引入自注意力机制，Transformer 模型不仅克服了传统模型的局限性，还为自然语言处理的未来奠定了基础。如今，许多领先的大语言模型，如 GPT-4 等，均基于这一架构构建。深入研究 Transformer 模型的原理与应用，不仅是理解当代自然语言处理技术的关键，更是未来人工智能发展的重要一步。

2.1 Transformer 模型的由来

以 RNN、LSTM 为代表的模型在处理时序数据时表现优异，然而，由于具有串行计算特性，导致其在训练与推理过程中效率较低。根本原因在于 RNN 和 LSTM 模型的处理逻辑中，每个时间步的输出不仅依赖于当前输入，还受到前一时间步输出的影响。这表明，在计算当前时间步输出之前，必须先计算之前所有时间步的输出。

此外，RNN 模型在处理长距离依赖时存在困难，梯度消失或爆炸的问题使模型难以学习长距离依赖。LSTM 模型通过引入记忆门机制缓解了梯度消失或梯度爆炸问题，能够更有效地处理长距离依赖。

为解决这一问题，Google AI 团队于 2017 年提出了 Transformer 模型，这是一种用于处理序列数据的深度学习模型。Transformer 的提出标志着自然语言处理领域从传统的 RNN、LSTM、GRU 等模型进入能够并行训练的深度学习时代。目前最流行的大语言模型，如

BERT、GPT-3 等，均基于 Transformer 模型构建。因此，理解 Transformer 模型的基本原理，对于掌握大语言模型的工作机制及应用场景至关重要。本章将从 Transformer 模型的基本原理、模型结构和训练方法三个方面来介绍 Transformer 模型的基础要素。

2.2　Transformer 模型的基本原理

论文"Attention is All You Need"是 Transformer 模型的开创之作，提出了一种全新的序列建模方式——自注意力机制（Self-Attention Mechanism）。自注意力机制是一种用于捕捉输入序列中依赖关系的技术，能够在不同位置之间建立长距离依赖。其核心在于，模型针对输入序列中的每个位置计算出一个权重，用以反映该位置与其他位置的依赖关系。该机制使模型能够在不同位置间捕捉长距离依赖，从而更好地处理序列数据中的依赖关系。其模型的架构如图 2-1 所示。

Transformer 模型由编码器和解码器两部分组成。编码器由多个相同层堆叠而成，每层包括一个多头注意力机制（Multi-Head Attention Mechanism）和前馈神经网络（Feed-Forward Neural Network）。解码器也由多个相同层堆叠而成，每层包括多头注意力机制、前馈神经网络和编码器－解码器注意力机制。编码器与解码器之间通过残差连接和层归一化相连。该模型结构设计能够有效捕捉输入序列中的依赖关系，从而提升模型的表达能力。

Transformer 模型的成功离不开以下 7 个关键的技术创新。

1. 词嵌入

词嵌入（Word Embedding）是 Transformer 模型的核心技术之一，能够将输入序列中的每个词转换为向量，用以表示该词的语义信息。词嵌入的核心思想在于，模型为输入序列中的每个词生成一个向量，并将这些向量组合起来，表示输入序列的语义信息。词嵌入的设计使模型能够更好地捕捉输入序列中的语义特征，从而提升模型的表达能力。

2. 位置编码

由于 Transformer 模型不包含任何与位置相关的递归关系，因此需要一种方法来表示输入序列中的位置信息。位置编码（Positional Encoding）是一种用于表示输入序列中位置信息的技术，能够为序列中的每个位置生成一个位置向量，以表示该位置的位置信息。位置编码是 Transformer 模型中不可或缺的一部分，弥补了其不具备递归结构的缺陷。

3. 自注意力机制

自注意力机制是 Transformer 模型的核心，其核心思想是：对于输入序列中的每个位置，模型计算一个权重，用以表示该位置与其他位置的依赖关系。该机制使模型能够在不同位置之间捕捉长距离依赖关系，从而更好地理解序列数据中的依赖结构。

4. 多头注意力机制

多头注意力机制是自注意力机制的扩展，能够更有效地捕捉输入序列中的依赖关系。

其核心思想是：模型计算多个不同的自注意力得分，并将这些得分合并，以表示输入序列中不同位置之间的依赖关系。多头注意力机制的鲁棒性和可扩展性使其能够增强模型的稳定性，并可扩展至其他类型的注意力机制。

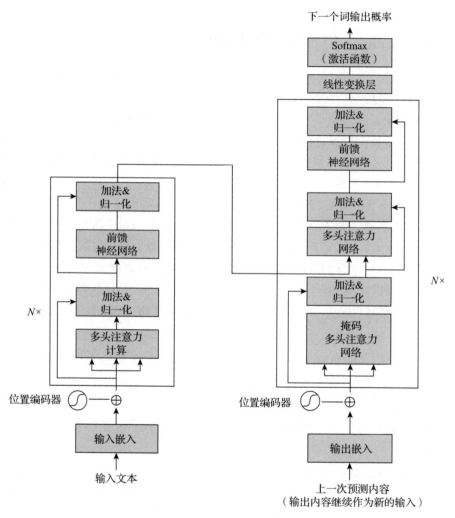

图 2-1   Transformer 模型的架构

5. 前馈神经网络

前馈神经网络是 Transformer 模型的核心组件之一，能够对输入序列的每个位置进行非线性变换。前馈神经网络的核心思想是对输入序列的每个位置进行非线性变换，并将这些变换结果整合，以表示输入序列的特征信息。前馈神经网络的灵活性使其能够与其他类型的网络层结合，实现更复杂的功能。

6. 残差连接

残差连接是 Transformer 模型中的核心设计之一，能够提高模型的训练效率。其核心思想是：模型将输入序列中每个位置的输入与输出相加，并将相加结果作为下一层的输入。此设计使模型能够更好地捕捉输入序列中的特征信息，从而提升训练效率。

7. 层归一化

层归一化是 Transformer 模型中的核心技术之一，能够提高模型的训练效率。其核心思想是：模型对输入序列中的每个位置进行归一化处理，并将归一化后的结果作为下一层的输入。此设计被广泛应用于编码器和解码器的各个子层中，以提高模型对不同长度序列的处理能力和泛化性能。

2.2.1　词嵌入

由于计算机无法直接处理文本数据，因此需要将其转化为计算机能够处理的数值数据。词嵌入是一种将文本数据转化为数值数据的技术，能够将输入序列中的每个词转换为一个向量，体现该词的语义信息。词嵌入的核心思想在于模型为输入序列中的每个词生成一个向量，并将这些向量进行合并，以表示输入序列的语义信息。这一设计使模型能够更有效地捕捉输入序列中的语义信息，从而提升模型的表达能力。

计算机究竟是如何将文本数据转换为数值数据的？一种简便的方法是使用 One-Hot 编码。One-Hot 编码是一种将文本数据转换为数值数据的技术，它能够将输入序列中的每个词转换为一个向量，以表示该词的语义。One-Hot 编码的核心思想是：模型为输入序列中的每个词生成一个向量，然后将这些向量组合起来，用于表示输入序列的语义。我们可以通过一个例子来解释 One-Hot 编码的原理。假设我们有一个词典，每个词都有一个编号，可以用一个向量表示每个词，其中每个维度对应一个词，示例如图 2-2 所示。

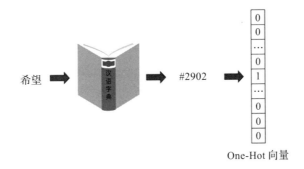

图 2-2　文字转换为编码概念的示例

该方法存在一定的局限性，无法有效捕捉词语之间的语义联系，因为其仅对词语进行独立处理，未考虑词语之间的相似性。

为了解决此问题，我们可以采用词嵌入技术。语义相似的词在词嵌入空间中的距离较近，而语义不同的词在词嵌入空间中的距离较远。

词嵌入技术将每个词映射到一个连续的向量空间中，使词与词之间的语义关系能够更准确地捕捉。例如，语义相似的词在词嵌入空间中的距离较近，而语义不相似的词在词嵌入空间中的距离则较远。假设我们有一个简易的文本库，其中仅包含以下内容。

我喜欢养狗狗。

他喜欢养猫咪。

他喜欢种树。

通过对文本进行预处理，得到词汇表："我""喜欢""养""狗狗""他""猫咪""种""树"。我们可以使用词嵌入技术将这些词转换为向量，并在二维空间中可视化这些向量，效果如图 2-3 所示。

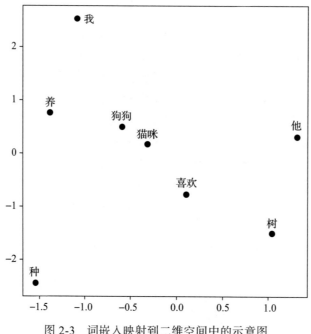

图 2-3　词嵌入映射到二维空间中的示意图

词嵌入是如何实现这种效果的呢？我们可以将词嵌入视为一个学习问题，通过神经网络模型构建词语的概率预测模型。接下来，通过一个简单示例展示词嵌入的工作原理。

（1）环境准备及初始化数据

以下代码用于展示词嵌入的基础数据处理流程。

```
import torch
import torch.nn as nn
import torch.optim as optim
import matplotlib.pyplot as plt
import random
```

```python
import numpy as np
# add chinese support
plt.rcParams['font.sans-serif'] = ['SimHei']
# enable signs in axis
plt.rcParams['axes.unicode_minus'] = False

# 设置随机种子
def set_seed(seed_value=42):
    torch.manual_seed(seed_value)
    torch.cuda.manual_seed(seed_value)
    torch.cuda.manual_seed_all(seed_value)  # 如果使用多 GPU
    torch.backends.cudnn.deterministic = True
    torch.backends.cudnn.benchmark = False
    np.random.seed(seed_value)
    random.seed(seed_value)

set_seed(42)  # 调用函数并设置种子

# 从句子创建数据集
raw_text_list = ['我 喜欢 养 猫咪', '他 喜欢 养 狗狗', '他 喜欢 种 树']
# 将句子分割成单词组
word_list = [sentence.split() for sentence in raw_text_list]
# 将单词列表扁平化成一个大列表
raw_text = [word for sentence in word_list for word in sentence]
vocab = set(raw_text)
vocab_size = len(vocab)

word_to_ix = {word: i for i, word in enumerate(vocab)}
ix_to_word = {i: word for i, word in enumerate(vocab)}

# 创建数据对, 即每个当前单词和它的下一个单词
data = []
for sentence in word_list:
    for i in range(len(sentence) - 1):
        context = sentence[i]
        target = sentence[i + 1]
        data.append((context, target))
```

以上代码包括以下几个方面的内容。

1）数据处理：将原始文本分割成单词，并转换为一系列（当前词，下一个词）对。这些对作为模型的输入和输出（目标），用于在模型训练过程中分析每个词与下一个词的概率分布。

2）词汇表：所有唯一单词构成一个词汇表，每个单词被赋予一个唯一的索引。

3）随机种子：设置随机种子以确保结果的可重复性。这一点很重要，因为在深度学习中，随机种子的设置能够保证模型的训练结果是可重复的。但是由于我们的数据集太过于简单，且受不同编程系统环境的影响，每个人实际测试时可能会得到不同的结果。

（2）模型定义

1）嵌入层：模型的第一层，将单词索引转换为固定大小的密集向量。这些向量是可学习的，随着训练的进行，向量会被更新以更好地捕捉单词间的语义关系。

2）线性层与激活函数：嵌入向量依次经过两个线性层和 ReLU 激活函数，构成模型的隐藏层，提升模型的非线性表达能力。

3）输出层：最后一个线性层将隐藏层的输出映射到一个和词汇表大小相同的向量上。这个向量通过 log_softmax 函数转换成概率分布，表示在给定当前词的情况下，下一个词是词汇表中每个词的概率。

```
class Model(nn.Module):
    def __init__(self, vocab_size, embed_size):
        super(Model, self).__init__()
        self.embeddings = nn.Embedding(vocab_size, embed_size)
        self.linear1 = nn.Linear(embed_size, 128)
        self.linear2 = nn.Linear(128, 64)
        self.linear3 = nn.Linear(64, vocab_size)
        self.activation = nn.ReLU()

    def forward(self, inputs):
        embeds = self.embeddings(inputs)
        out = self.activation(self.linear1(embeds))
        out = self.activation(self.linear2(out))
        out = self.linear3(out)
        log_probs = nn.functional.log_softmax(out, dim=1)
        return log_probs

# 参数
EMBEDDING_DIM = 2
```

（3）训练过程

对于每个（当前词，下一个词）对，将当前词的索引作为输入，通过模型的前向传播生成下一个词的概率分布。使用负对数似然损失函数（NLLLoss），将模型预测与真实的下一个词进行比较，计算损失值。通过反向传播和梯度下降法（使用 SGD 优化器）调整模型参数（包括嵌入向量），以减少损失。

```
# 创建模型
model = Model(vocab_size, EMBEDDING_DIM)
loss_function = nn.NLLLoss()
optimizer = optim.SGD(model.parameters(), lr=0.05)

# 训练模型
for epoch in range(3000):
    total_loss = 0
    for context, target in data:
        context_idx = torch.tensor([word_to_ix[context]], dtype=torch.long)
        model.zero_grad()
```

```
        log_probs = model(context_idx)
        loss = loss_function(log_probs, torch.tensor([word_to_ix[target]],
            dtype=torch.long))
        loss.backward()
        optimizer.step()
        total_loss += loss.item()
    if epoch % 50 == 0:  # 每50个epoch打印一次损失值
        print(f'Epoch {epoch}, Loss: {total_loss}')
```

（4）词嵌入的可视化

训练完成后，提取每个单词的嵌入向量，并在二维空间中进行可视化。这些嵌入向量在空间中的位置应反映单词之间的语义关系，如相似单词被映射至彼此接近的位置。

```
# 获取词嵌入并绘制
embeddings = model.embeddings.weight.data.numpy()
plt.figure(figsize=(8, 8))
for i, word in ix_to_word.items():
    plt.scatter(embeddings[i][0], embeddings[i][1])
    plt.annotate(word, xy=(embeddings[i][0], embeddings[i][1]), xytext=(5, 2),
                textcoords='offset points', ha='right', va='bottom')
plt.show()
```

以上代码主要用于描述词嵌入模型设计和训练的主要流程，它仅仅从实验角度展示了词嵌入模型的基本原理和训练过程。在实际应用中，词嵌入模型的训练过程会更加复杂。例如，本例中有多个细节可进一步优化。

❑ 数据的预处理过程忽略了如何处理停用词、标点符号等问题。没有体现大段文字的分词处理。

❑ 在模型训练过程中，本例传递的是单个单词的索引（通过 context_idx）。然而，在处理自然语言处理任务时，尤其是使用嵌入层时，通常处理的是一批数据而非单个数据。这种方式可以提高训练效率，也是大多数深度学习框架预期的数据处理方式。本例仅为演示目的，处理单个数据已足够，但在实际操作中并非最佳实践。

❑ 在模型训练过程中，使用了简单的 SGD 优化器。在实际应用中，可能会采用更复杂的优化器，如 Adam 或 RMSprop。这些优化器通常能更快收敛，并能更有效地处理梯度消失或梯度爆炸问题。

❑ 通常训练过程中还包括验证步骤，用于评估模型在未见数据上的表现，从而监测并防止过拟合。本例未涵盖该部分内容。

2.2.2 位置编码

位置编码是 Transformer 模型中的关键设计，使其在无须递归或卷积操作的情况下，能够有效处理序列数据的顺序特性。这是 Transformer 在多种自然语言处理任务中取得卓越性能的原因之一。若无位置编码，Transformer 模型将无法捕获输入序列中的词汇顺序信息，进而视所有输入词汇为等同，无法区分其在句子中的位置，从而影响对句子结构和语义的正确理解。例如，若忽略了词序关系，"武松打虎"与"虎打武松"在模型看来无差别，可能导致理解错误。

位置编码为 Transformer 模型中的自注意力机制提供位置信息。它是一个固定向量，与输入词嵌入相加，以提供位置信息。这样，模型能够区分不同位置的词汇，从而更好地理解句子结构和语义。

BERT 模型和 GPT-2 模型首先引入的是"绝对位置编码"（Absolute Positional Encoding）。这种编码方式是通过将位置信息编码为一个固定的向量，然后与输入词嵌入相加，以提供位置信息。这样，模型就能够区分不同位置的词汇，从而更好地理解句子结构和语义。

BERT 模型将三种词嵌入编码相加作为输入，分别为词嵌入、向量嵌入和位置编码。图 2-4 展示了 BERT 模型中绝对位置编码的概念。

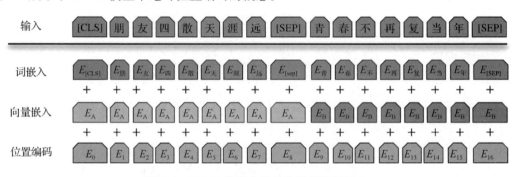

图 2-4　BERT 模型中绝对位置编码的概念

绝对位置编码的实现方式较为简单，每个位置的编码是预先定义的，并在训练过程中与模型的其他参数一起学习。其主要劣势在于无法处理超过预设长度的序列。例如，BERT 的输入序列最大长度为 512，当序列超过 512 时，位置编码信息将丢失，导致模型无法准确识别超过该长度部分的词序结构，进而影响模型的准确性和泛化能力。

谷歌早期发表的关于 Transformer 技术的论文"Attention is All You Need"使用了正余弦位置编码（Sinusoidal Positional Embeddings）方案。在该编码方案中，每个位置的编码是通过正弦（sin）和余弦（cos）函数的组合生成的。对于序列中的每个位置，其编码由以下公式定义：

对于偶数维度 $2i$：

$$\text{PE}_{(\text{pos}, 2i)} = \sin(w_i * \text{pos})$$

对于奇数维度 $2i+1$：

$$\text{PE}_{(\text{pos}, 2i+1)} = \cos(w_i * \text{pos})$$

其中，w_i 是一个与维度 i 相关的频率参数，通常设置为 $w_i = 1/(10000^{(2i/d_{\text{model}})})$，其中 d_{model} 是模型的维度。

正余弦位置编码的核心优势在于其能够通过线性变换捕捉序列中元素的相对位置。具体来说，如果位置 pos 的编码是 PE_{pos}，那么位置 pos+k 的编码 $\mathrm{PE}_{(pos+k)}$ 可以通过 PE_{pos} 的线性组合来表示，其中 k 是相对距离。这种性质使得模型能够通过学习到的正余弦编码来理解和区分不同位置之间的相对距离和方向。

正余弦位置编码不依赖于特定的序列长度，因此它具有更好的可扩展性，能够适用于任意长度的序列。但是要注意，正余弦位置编码是通过固定的频率生成的，这些频率与位置索引的函数关系是预先定义的，而不是由模型学习得到的。这种设计确实使得模型能够处理任意长度的序列，因为位置编码是预先计算好的，不依赖于具体的序列长度。然而，当序列长度增加时，正余弦函数的频率会变得非常高，导致周期变得非常短。这可能会导致模型难以捕捉到长距离依赖关系和细微的位置信息。这是因为在长序列中，由于正弦和余弦函数的周期性，相对位置较远的元素之间的编码可能会变得相似，从而使得模型难以区分它们。这可能会影响模型对序列中元素之间复杂关系的理解。

为了解决正余弦位置编码的这一问题，一些研究者提出了一些改进的位置编码方案，如相对位置编码。他们提出了一种称为 "relation-aware self-attention" 的架构，该架构将输入视为一个标记的、有向的、完全连接的图，其中图的边由向量表示，这些向量捕捉了输入元素之间的相对位置差异。这种方法的核心在于引入了相对位置表示，而不是传统的绝对位置编码。这些相对位置表示是通过学习得到的，它们允许模型在计算自注意力时考虑到元素之间的相对距离。这些位置编码是通过模型训练得到的，这使得它们能够根据特定任务的数据进行优化。

相对位置编码的核心优势在于它能够通过学习得到的位置表示来捕捉序列中元素之间的相对位置关系。这使得模型能够更好地理解和区分不同位置之间的相对距离和方向。相对位置编码的一个主要劣势是它依赖于特定的任务数据，因此它可能无法很好地泛化到其他任务。此外，相对位置编码的计算成本可能会比较高，因为它需要对每个元素之间的相对位置进行计算。这可能会导致模型的训练和推理效率下降。

随着相对位置编码概念的提出，两个新的衍生技术也随之出现，分别是旋转位置编码（Rotary Position Embedding，RoPE）和线性偏置注意力（Attention with Linear Biases，ALiBi）。这两种技术将相对位置编码的思想应用于自注意力机制中，从而避免在计算自注意力时显式地添加位置编码。RoPE 是一种相对位置编码方法，它能够在不引入额外参数的情况下，就能通过旋转操作捕捉到元素之间的相对位置关系，这使得它在处理长序列时特别有效。Llama 系列大模型（包括 Llama 2）和 Falcon 大模型均使用了该项技术。

ALiBi 是一种自注意力机制的变体，通过在注意力分数中引入线性偏置来提升模型性能。其核心在于通过引入线性偏置捕捉元素间的相对位置关系，使模型更好地理解并区分不同位置之间的相对距离与方向。ALiBi 的设计允许模型在计算自注意力时自然考虑相对位置信息，无须显式添加位置编码，从而增强对输入序列中依赖关系的捕捉能力，提高模型性能。彭博社的金融大模型 BLOOM、BloombergGPT 和 MPT 均采用了该技术。

由于 RoPE 和 ALiBi 的技术实际上是注意力机制的改进，相关内容将在 2.2.3 节介绍自注意力机制原理时补充说明。

总体而言，从固定编码到 RoPE，位置编码技术在设计上为 Transformer 模型带来了以下变化：

- ❏ 泛化能力：模型能够更加有效地处理不同长度的序列。
- ❏ 灵活性：模型通过学习到的位置编码，能够适应并优化位置信息的使用。
- ❏ 效率：尤其在处理长序列时，RoPE 等相对位置编码方法提升了计算效率。
- ❏ 性能：更精确的位置信息捕捉有助于提高模型在各种 NLP 任务中的性能，尤其是在捕捉长距离依赖关系方面。

2.2.3 注意力机制

注意力机制是极为精巧的数据处理技术，它使得模型在处理一个序列时，不但关注序列的不同位置，还关注序列内部元素彼此之间的关系。自注意力机制是注意力机制的一种拓展，它提供了一种更为灵活且强大的方式来处理序列数据，允许模型在序列的任何位置之间建立直接的依赖关系。自注意力机制的引入，特别是在 Transformer 模型中，已然成为 NLP 领域的一个里程碑，极大地推动了预训练语言模型的发展。

下面通过一个简单的例子来阐明自注意力机制的核心要素，随后再简要介绍其在 Transformer 模型中的实现。

假设你遇到如下填空题，如图 2-5 所示，这是一个典型的注意力机制概念图。

买苹果还是买_____

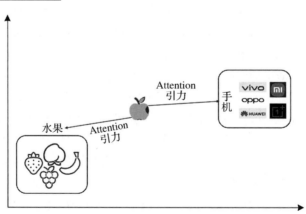

图 2-5 "苹果"的注意力机制概念图

如果没有更多的上下文，你很难确定这个空格应该填什么内容。但是如果上下文是家里的水果吃完了，那么你可以推测这个空格应填一种水果，比如"橘子"。如果上下文是妻子的手机坏了，那么你可以推测这个空格应填"华为"或者"小米"，因为此时"苹果"指的是手机。

通过图 2-5 的演示，我们可以将注意力理解为关键词与上下文的关联关系。假设通过注意力机制将空格内容与手机联系起来，那么填空的内容即为选择不同手机品牌的概率问题。如果注意力机制将空格内容与水果联系起来，那么填空的内容即为选择不同水果的概率问题。而不同品牌或水果出现的概率，与提供的训练样本数据相关。

注意力机制最早出现在论文"Neural Machine Translation by Jointly Learning to Align and Translate"中。该论文提出了一种新的神经机器翻译模型，结合了编码器 – 解码器架构与注意力机制，使得模型能够关注输入序列中与当前输出最相关的部分。最初引入的注意力机制主要用于加权编码器的输出，以便解码器能够聚焦输入序列中与当前生成词最相关的部分。此机制通常作为编码器 – 解码器架构的组成部分使用。

论文"Neural Machine Translation by Jointly Learning to Align and Translate"的注意力机制分为两部分，分别为学习全局对应关系和学习局部对应关系。

1. 学习全局对应关系

模型采用一个单一的注意力机制来学习源语言与目标语言之间的全局对应关系。具体来说，模型首先对源语言和目标语言的每个词进行词嵌入编码，得到词向量。然后，使用注意力机制计算每个目标语言词与所有源语言词的相似度。最后，根据注意力权重对源语言词进行加权求和，得到一个与目标语言词相关的上下文向量。

2. 学习局部对应关系

模型首先使用第一个阶段的上下文向量作为查询向量，然后使用源语言词向量作为键向量和值向量，最后通过使用注意力机制计算每个目标语言词与所有源语言词的局部对应关系。

自注意力机制如何抓取句子中的关键信息？其基本原理是词语间相似性的比较。在注意力机制中，每个词语会与其他词语进行相似性比较，并根据相似性的大小决定该词语在句子中的重要性。这种相似性比较能够帮助模型更好地理解句子中的语义关系，从而更准确地捕捉句子的语义信息。

它的具体原理可以分三部分进行解释，分别是词嵌入转换、相似度计算、空间变换。

（1）词嵌入转换

将文本信息转换成向量表示，这一步是为了让计算机能够理解文本信息，因为计算机只能处理数字信息。好的词嵌入模型能够让计算机更好地理解文本，从而更好地捕捉文本的语义信息。

（2）相似度计算

计算一句话中每个词与其他词的相似度。这一步是为了找到一句话中每个词与其他词的关联程度。

（3）空间变换

针对词嵌入向量数据进行不同的变换，寻找最合适的变换方式，以更好地捕捉词与词之间的语义关系。

下面用一个简单的例子来说明这个过程。假设输入以下句子：

> 老婆手机坏了，买一台苹果还是安卓？

首先，计算机会从文本中提取词语，并将这些词语转换为向量表示。高质量的词嵌入模型能够更好地帮助计算机理解文本，进而更准确地捕捉语义信息。我们使用预训练模型 BERT-base-Chinese，并通过 PCA 将词向量降维至二维，从而对这两句话中的词语进行可视化处理。图 2-6 展示了词嵌入向量的可视化效果。

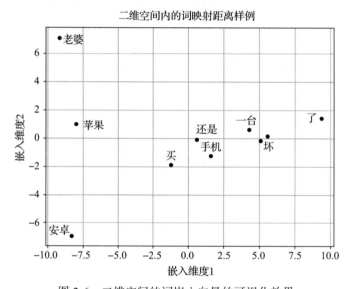

图 2-6　二维空间的词嵌入向量的可视化效果

注意力机制在处理序列（如文本）时，模型能够动态聚焦于序列中的某些部分。该机制使模型能够识别并赋予句子中的关键词更高权重，从而提高信息处理的效率与效果。其处理流程大致分为以下 4 步。

1）相似度计算。模型计算句中每个词（称为"查询"）与所有其他词（称为"键"）之间的相似度，通常通过点积或其他相关性度量实现。

2）标准化。接下来，使用 Softmax 函数对这些相似度分数进行标准化，使每个词对应的所有分数之和等于 1。这一步的目的是将原始相似度分数转换为概率分布，突出句子中与当前词最相关的词。

3）加权和。对每个词进行标准化评分后，对句子中所有词的"值"进行加权求和，生成加权表示。此步骤聚焦于与当前词最相关的部分，降低或忽略与当前词关系较弱部分的影响。

4）输出。最终，模型为句子中的每个词生成加权表示，这些表示捕捉了句子中各词之间的相互关系及其对当前词的相对重要性。

我们对上述词嵌入向量进行了相似度计算，词语之间的相似度计算结果如图 2-7 所示。

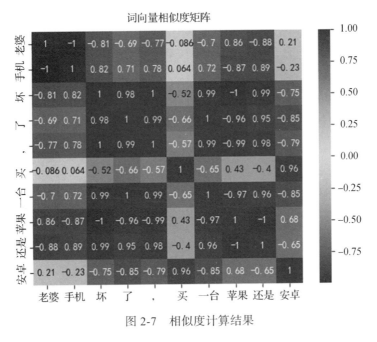

图 2-7　相似度计算结果

通过 Softmax 的标准化，我们可以得到每个词语对于其他词语的权重，通过"加权和"计算，实现基于注意力的词相关性的更新，词嵌入和注意力权重嵌入的对比如图 2-8 所示。

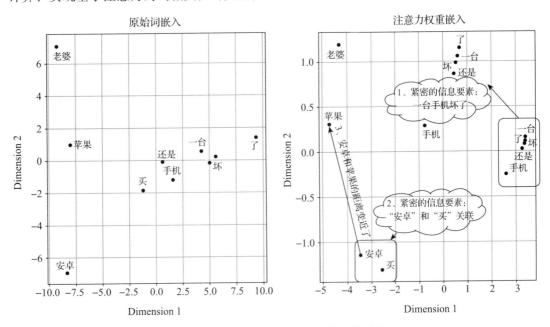

图 2-8　词嵌入和注意力权重嵌入的对比

图 2-8 左侧展示了原始词嵌入模型的输出，右侧则为通过注意力机制计算的权重。通过对比可知，增加注意力权重后产生了三方面的变化。

- ❑ "一台手机坏了"的位置更紧密，使得与其他词组的分组更加明显。
- ❑ "买"和"安卓"词语的关系更紧密。
- ❑ "安卓"和"苹果"的位置关系更紧密，可通过纵坐标的数值变化判断。

上面的案例仅是一个简单的注意力权重计算模拟。实际上，在 Transformer 模型中，注意力机制通过多头注意力机制（Multi-Head Attention）实现。多头注意力机制使模型能够同时关注输入序列的不同部分，从而提升模型的表达能力和泛化能力。

2.3 Transformer 注意力机制的技术实现

在前述内容中，从概念和原理的角度对 Transformer 的注意力机制进行了说明。然而，在模型的实际设计与实现过程中，情况更加复杂。本节将从实践角度对注意力机制及多头注意力机制的流程进行讲解。

注意力机制解决了以下两个问题。

- ❑ 能够动态聚焦于与当前任务最相关的信息，无论这些信息在序列中的位置如何。这不仅限于句子内部的关系，还包括跨句子，乃至整个文档的长距离依赖。
- ❑ 注意力机制通过为序列中每个词动态分配权重，更有效利用远距离上下文信息，从而提升对下一个词预测的准确性。

Transformer 模型的数据处理流程包括以下 4 个步骤。

1）Transformer 模型在输入端将文本序列转换为词嵌入向量，并在词嵌入向量中补充位置编码信息（根据奇偶位置分别补充正余弦编码）。

2）使用包含位置编码信息的词嵌入，通过模型中的 Q、K、V 权重矩阵生成相应的查询（Q）、键（K）和值（V）表示。利用这些表示计算注意力权重，以表征输入序列中各部分的相关性。通过将计算得到的注意力权重与值结合，生成最终的注意力输出，该输出捕捉了序列的上下文信息，并可用于模型的下一层。

3）在每个 Transformer 层的处理后，注意力机制计算的结果直接加入残差网络中。数据流经过前馈网络，再经过残差连接和层归一化处理，最后进行归一化，得出下一个词预测结果的概率分布。

4）预测的结果作为新的输入，与之前的输入一起重新更新位置编码，进行更新预测处理。在此过程中，涉及多头的掩码处理。为保证模型在训练过程中不会"看到"尚未预测的词，需要使用掩码遮蔽这些词，以模拟推理过程中生成的过程，确保每次预测仅基于之前的词。

前文已对位置编码的实现进行了说明，本节重点介绍如何利用带有位置编码信息的词嵌入向量进行训练与学习。首先，从词语相似度计算展开。注意力机制的核心在于识别句子中的重要信息，而这些重要信息的关联通过词语相似度计算得出。相似度计算的结果高度依赖于词嵌入模型。在自然语言处理中，相同词语在不同语境中可能具有截然不同的含义。为使模型能够根据上下文准确判断词语的相似性并确定其在特定语境中的意义，我们需要训练辅助模型参数，以根据上下文动态调整权重，构建更新的词嵌入向量，使模型能够捕捉语境中的细微差异，并在保留原始语义信息的同时，为相同词语赋予不同的解释。

下面通过一个简单案例来展示这一过程。

假设 Transformer 在训练时输入了一句话："一台苹果手机"。Transformer 模型的注意力机制会将句中的每个词与其他词进行相似度比较，并根据相似度的大小确定该词在句子中的重要性。以"苹果"和"手机"的相似度计算为例，说明训练 Q、K 权重矩阵的必要性。

在前文中，我们已经模拟出在二维词向量空间中，"苹果"既可能与"水果"相关，又可能与"手机"相关。原生词嵌入向量无法动态调整相似度结果，导致对于多义词，单一的嵌入模型难以适应不同语境下的相似度判断。

因此，给定嵌入模型，我们需要寻找一种方式动态调整其向量空间，使得在不同语境下，相同词语的相似度计算结果有所不同。图 2-9 很好地展示了词嵌入变换矩阵的实际效果：通过机器学习训练，寻找更合适的变换矩阵，以实现更佳的词嵌入效果。

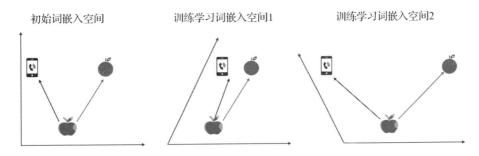

图 2-9　词嵌入变换矩阵作用演示

如何求得该变换矩阵？我们可以通过训练 Q、K 的权重矩阵来实现。其核心概念如图 2-10 所示。

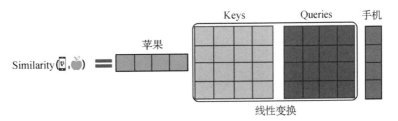

图 2-10　词嵌入线性变换矩阵定义来源

在图 2-10 中，对部分术语进行解释。

❑ Keys：表示输入序列的 Key 向量，每个 Key 向量代表一个词语的语义信息。

❑ Queries：表示输入序列的 Query 向量，每个 Query 向量代表当前要计算注意力权重的词语的语义信息。

❑ Similarity：表示 Key 向量和 Query 向量之间的相似度。

❑ 线性变换：表示对 Key 向量和 Query 向量进行线性变换。

2.3.1 自注意力机制的设计细节

在自注意力机制的训练过程中，缩放点积注意力（Scaled Dot-Product Attention）机制是其中非常核心的一部分。在该机制中，模型首先计算 Q 向量和 K 向量之间的相似度，然后通过 Softmax 函数将相似度转换为注意力权重，最后将注意力权重与 V 向量相乘，得到最终的输出。

如何训练 Q、K 的权重矩阵？首先来看一下缩放点积注意力机制的计算公式：

$$\text{Attention}(Q, K, V) = \text{Softmax}\left(\frac{QK^{\text{T}}}{\sqrt{d_k}}\right)V$$

缩放点积注意力的计算如图 2-11 所示，处理流程包括 4 个步骤。

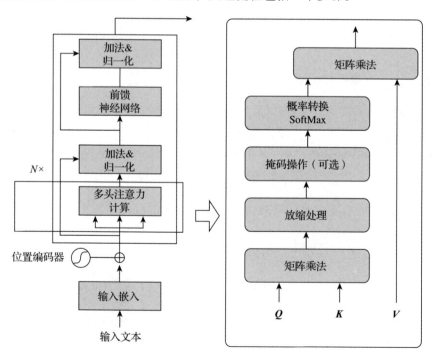

图 2-11　缩放点积注意力的计算

1）词嵌入向量。首先将输入的词转换成词嵌入向量，然后加上位置编码。

2）Q、K、V 权重矩阵。将词嵌入向量分别乘以权重矩阵 Q、K、V，得到查询（Q）、键（K）和值（V）。

3）注意力权重的计算。计算查询（Q）与键（K）之间的相似性，然后通过 Softmax 函数得到注意力权重。

4）加权和。将注意力权重与值（V）相乘，然后求和，得到注意力输出。

在 Transformer 中，变换矩阵通过训练 Q、K 的权重矩阵获得。具体而言，训练过程如下：

1）初始化。随机初始化 Q、K 的权重矩阵。

2）前向传播。

❑ 将输入序列中的词语映射为词嵌入向量。

❑ 对 K 向量和 Q 向量进行线性变换，得到新的 K 向量和 Q 向量。

❑ 计算 K 向量和 Q 向量之间的相似度。

❑ 对相似度进行 Softmax 归一化，得到注意力权重。

❑ 根据注意力权重对 V 向量进行加权求和，得到最终的输出。

3）后向传播。

❑ 计算损失函数。

❑ 根据损失函数对 Q、K 的权重矩阵进行更新。

4）重复步骤 2）和 3），直到训练完成。

该训练的目标是让 Transformer 模型能够学习到不同语境下词语之间的相似度关系。例如，在"苹果手机"这句话中，Transformer 模型应该能够学习到"苹果"与"手机"之间的相似度更高。在注意力机制的计算过程中，Q 向量和 K 向量都需要经过线性变换。线性变换的权重矩阵是共享的，也就是说，所有词共用同一个权重矩阵。共享权重矩阵的行数等于词库的大小，词库中包含多少个词，共享权重矩阵就有多少行。共享权重矩阵的列数等于词嵌入向量的维度。词嵌入向量的维度决定了词语语义信息的表达能力。在实际应用中，共享权重矩阵的大小可能会受到计算资源的限制。可以使用一些技术来减少共享权重矩阵的大小，例如参数剪枝和知识蒸馏的技术。

其中，缩放点积注意力机制的核心原理可在如下场景中进行解释。

1）比较句子中每个词与其他词的相似性。该过程通过计算每个词的 Q 向量与其他词的 K 向量之间的点积实现。点积结果表示两个向量之间的相似度，数值越大，表示相似度越高。该过程可以看作在句子内部建立一个词语之间的相似度矩阵。

相似度计算效果如图 2-12 所示。

图 2-12 左侧灰色框区域描述的是公式中的缩放点积计算过程。右侧图通过二维空间向量的夹角表示两个词之间的相似度。二维向量空间在训练过程中通过深度学习进行不同的空间变换。

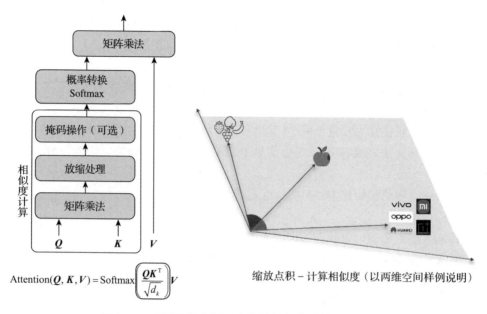

缩放点积 – 计算相似度（以两维空间样例说明）

图 2-12　基于缩放点积注意力的相似度计算示例（一）

2）经过放缩、掩码和 Softmax 处理，得到注意力权重。在计算相似度后，模型对相似度进行放缩处理，以避免数值过大或过小。然后，模型对注意力权重进行掩码处理，以确保模型不会"看到"尚未预测的词。最后，模型对放缩后的相似度进行 Softmax 处理，得到注意力权重。此过程可视为在句子内部建立一个词语间的注意力权重矩阵，识别句子中相似度的关键方向，以更好捕捉句子的语义信息，效果如图 2-13 所示。

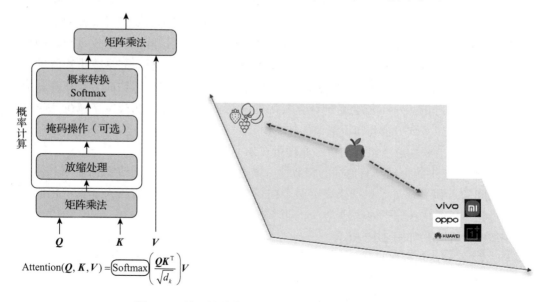

图 2-13　基于缩放点积注意力的相似度计算示例（二）

3）计算加权和，得到最终输出。计算完注意力权重后，模型将注意力权重与值（V）向量相乘并求和，得到最终输出。此过程对词嵌入向量进行加权处理，使其与其他词组的分组更加明显，效果如图 2-14 所示。

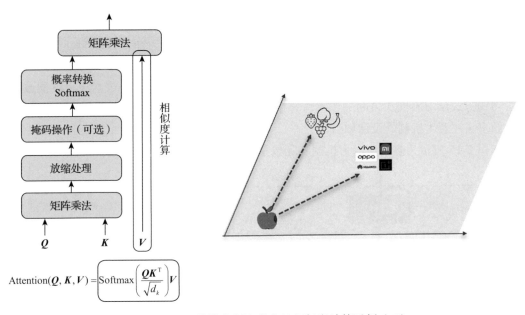

图 2-14　基于缩放点积注意力的相似度计算示例（三）

第三步的向量空间变换结果与前两步存在显著差异。在相似度计算阶段，我们期望词嵌入的向量空间能够尽可能将不同意义的词语分离开来；而在加权求和阶段，我们希望相似的词语能够聚集在一起，以更好地预测下一个词的概率。这样设计的原因是什么？还记得 Transformer 模型的初衷吗？它的目标是预测下一个词的概率，这与当前我们使用的大语言模型的目标一致。模型不断尝试预测下一个词，并根据预测结果调整模型参数，以更好地预测下一个词。

自注意力机制的输出（即加权的值）通常作为序列处理任务中的中间表示，这些表示经过后续网络层处理以预测下一个词或执行其他任务。因此，自注意力机制提供了一种灵活的内部表示，为序列中的每个元素提供了综合整个序列信息的上下文表示。在 Transformer 模型的设计中嵌套了多层相同的处理流程。通过多级数据处理，自注意力机制能够捕获不同层次的表示，例如从单个词或字符的表示到更复杂的语义概念和关系。每一层可以从前一层的输出中学习更加抽象的信息表示。这种多层次处理有助于模型理解语言的复杂结构，包括句法和语义信息。通过多级数据处理，模型不仅进行信息的蒸馏提取，还能进行信息的融合和重新编码，从而生成更加丰富和复杂的表示。该过程涉及从序列的不同部分捕获和整合信息，以支持复杂的推理和理解任务。

2.3.2　多头注意力机制的设计细节

在 Transformer 模型中，多头注意力机制通过组合多个注意力机制实现。每个注意力机制称为一个"头"，多个头并行工作，每个头学习不同的表示。这种机制使模型在处理序列时能够同时关注序列的不同部分。例如，有的头可能关注句子的语法结构，有的头可能关注句子的语义信息，有的头可能关注句子的情感信息。通过多头注意力机制，模型可以从不同角度对序列进行建模，从而提高模型的表达能力和泛化能力。在模型的最后一层，多个头的输出会被拼接，然后通过一个线性变换得到最终输出。在这一过程中，模型通过深度学习的方式学习不同头之间的权重，并掌握如何组合多个头的输出。结合 2.3.1 节，下面将介绍多头注意力机制的设计细节。

如图 2-15 所示，多头注意力机制实际包括以下三部分：

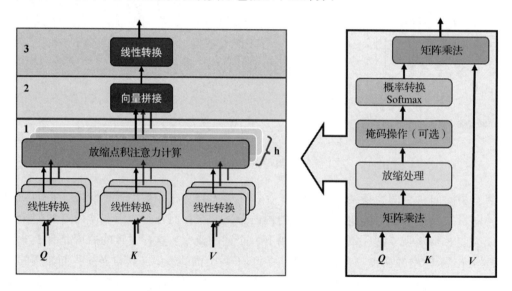

图 2-15　多头注意力机制结构

1）多头注意力机制结构。模型固定设计多个头，每个"头"都会对输入的 Q、K、V 进行线性变换。每个头的线性变换可能不同，这些线性变换实际是通过训练权重实现的。线性变换允许模型在不同的嵌入空间中捕获信息关键信息，比如有的捕捉长距离的结构信息，有的捕捉短距离的结构信息等。这种设计使得 Transformer 模型能够在处理序列数据时，同时考虑到多种类型的依赖关系。

2）拼接各个头计算得到的注意力输出。每个头的输出是一个独立的注意力向量，拼接后得到一个长向量。将各个头计算得到的注意力输出拼接起来的目的是将每个头捕捉到的不同信息合并成一个综合的表示。每个头可能关注输入序列的不同方面，拼接操作允许模型在后续的处理中利用这些不同的信息。拼接后的向量包含所有不同头的信息，进一步通过一个线性层进行整合，以便为下游任务提供一个统一的输出。在原始的 Transformer 模型中，多头的数量设置为 8，每个头的维度是 64 维。

3）通过线性转换实现多头注意力的信息整合，最终输出注意力表示。在多头注意力机制中，每个头可独立学习输入之间关系的特征，线性层负责将这些特征进行整合，以便下游网络层利用所有头部信息作出决策。线性层不仅执行权重缩放，还结合非线性激活函数（如 ReLU）以提升模型的表达能力。

2.4　Transformer 模型总结

本章主要剖析了 Transformer 模型的基本原理，并对其进行了拆解介绍。以下对 Transformer 模型进行了简要总结。

Transformer 模型最初的目标是构建一个"语言翻译"系统，其翻译的处理过程可以表示为：输入→编码器模块→解码器模块→输出。Transformer 的抽象结构如图 2-16 所示。

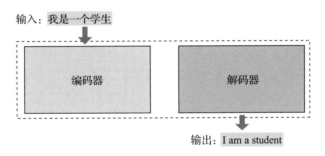

图 2-16　Transformer 的抽象结构

编码器模组与解码器模组实际上是机器学习模型，通过机器学习将一种语言转换为另一种语言。每个模组内部包含多个编码器模块和解码器模块。各模块串行连接，可视为多层同构网络。最早的论文中，该结构为 6 层编解码结构。Transformer 编码器与解码器结构如图 2-17 所示。

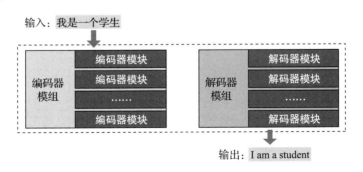

图 2-17　Transformer 编码器与解码器结构

谷歌早期的 Bard 模型（类似于 ChatGPT-3.5）是一个典型的编码 - 解码结构的 Transformer 模型。此外，该模型的结构也可以拆分使用。例如，ChatGPT-2、ChatGPT-3 均使用解码器模块构建语言模型（Chat 模型），而 BERT 模型仅使用编码器模块，用于构建文本分类、文本相似度等任务。

每个编码器包含多个子模块，其中核心部分为自注意力机制和前馈神经网络。自注意力机制用于捕捉序列中的长距离依赖关系，前馈神经网络则对序列中的信息进行非线性变换。Transformer 编码器的内部结构如图 2-18 所示。

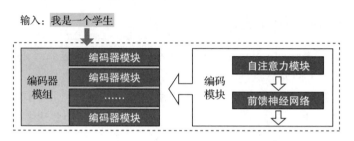

图 2-18　Transformer 编码器的内部结构

自注意力机制能够使模型在处理序列的每个元素时，考虑整个序列的所有元素。这使得模型能够捕捉序列中任意两个元素之间的依赖关系，无论它们在序列中的距离如何。在自注意力机制捕捉到序列中的依赖关系后，前馈神经网络（通常为两层全连接层）对每个位置的表示进行独立的非线性变换。前馈神经网络在编码器层中的所有位置使用相同的参数进行处理，但这些参数是针对每个位置独立应用的。这意味着，即使不同位置的输入相同，经过前馈神经网络后的输出也可能不同。此外，自注意力层与前馈神经网络层通过残差连接进行整合，残差连接后通常伴随层归一化，以稳定训练并加速收敛速度。以上细节将在第 3 章中进一步阐述。

第 3 章 *Chapter 3*

从 Transformer 到 ChatGPT

在自然语言处理的发展历程中，Transformer 模型的诞生标志着深度学习技术的重要转折点。然而，最初的 Transformer 模型尚不足以支撑 ChatGPT 等复杂的大语言模型的生成需求。ChatGPT 的出现，是在 Transformer 模型基础上逐步演化的结果。通过引入自回归预训练等创新方法，OpenAI 将最初用于机器翻译的 Transformer 模型扩展至更广泛的语言生成任务。在此过程中，GPT 模型凭借其独特的预训练加微调的范式，以及专门针对文本生成的设计，开启了大语言模型的新篇章。本章将带领读者从基础的二元语法模型出发，逐步探索 GPT 的核心原理，揭示其如何一步步演化为 ChatGPT。

3.1 ChatGPT 的由来

原始的 Transformer 模型无法实现当前如 ChatGPT 等对话式大语言模型的效果。那么，ChatGPT 是如何从 Transformer 模型演化而来的呢？本章将从 Transformer 模型的基本原理出发，逐步引入 ChatGPT 的基本原理，最后介绍如何使用 ChatGPT 模型进行对话生成任务。

Transformer 模型最初由谷歌提出，旨在解决机器翻译问题。该模型基于大量平行语料（如英法句对），通过最小化预测序列与真实序列之间的差异来实现学习。OpenAI 在此基础上提出了 GPT 模型，将 Transformer 模型扩展至更广泛的自然语言处理任务。GPT 模型全称为 Generative Pre-trained Transformer，即生成式预训练 Transformer 模型。GPT 模型同样基于 Transformer 的架构，但其核心理念是通过大规模语料库的无监督预训练，学习深层语言表示，并通过少量的适应性训练完成特定下游任务。GPT 与 Transformer 在结构上有所不同，GPT 仅使用了 Transformer 的解码器部分，主要用于生成式任务，如文本生成、对话生成等。

初版的 Transformer 模型使用一对一的平行语料库进行训练，数据量有限，且仅能应用于机器翻译任务。为突破这一局限，OpenAI 提出了一种新的预训练方法，即通过自回归方式训练模型，并结合掩码预测与下一句预测两种策略，实现无监督地挖掘语言本身的深度表达与识别能力。自回归预训练的核心思想是，给定一个序列，逐步生成序列中的元素。这一方法可利用大规模文本数据，并应用于多种自然语言处理任务。掩码预测指随机遮蔽文本序列中的部分词语，要求模型预测被遮蔽的词语，以学习词语间的上下文关系。下一句预测则是给定一个文本序列，让模型判断下一句是否与该文本相关，以帮助模型学习句子间的逻辑关系。GPT 模型是首个采用自回归预训练方法的模型，并取得了优异成绩。此后，BERT、RoBERTa 等改进模型也采用了类似的预训练方法。

本章重点讲述 GPT 及 ChatGPT 模型，基于以下几个方面进行分析。

- ❑ 微调预训练模型是当前大模型应用中的常见方法。GPT 模型采用了预训练加微调的范式，这一方法随后被广泛应用于多种自然语言处理任务。预训练模型在大规模语料库上学习语言的普遍特性，随后在特定任务上进行微调，显著提升了模型的性能与效率。

- ❑ 大模型的应用范围十分广泛。GPT 及其后续版本在多种自然语言处理任务上展现了卓越的性能，包括文本生成、翻译、摘要、问答等。这表明单一的预训练模型能够通过微调适用于多种任务，显著提升了模型的通用性和灵活性。

- ❑ 参数越大，能力越强已成为共识。GPT-3 通过其庞大的规模（1750 亿参数）展示了大模型在理解和生成自然语言方面的潜力，推动了大规模语言模型研究的发展，并引发了对大模型可能带来影响的广泛讨论。

下面将介绍二元语法模型，以它作为语言模型训练的起点，然后介绍 GPT 模型的基本原理，包括 GPT 的结构、预训练方法等。

3.2 二元语法模型

二元语法模型（Bigram Model）是简单的语言模型之一，基于马尔科夫假设，假设一个词的出现仅与前一个词相关。二元语法模型的核心在于，给定一个文本序列，模型需预测下一个词。

在训练模型时，如何将文字转换为可以计算的数字？常见的方法是构建字典表，将文字或词映射为数字序号。这样，文本序列即可被转换为数字序列，并输入模型进行训练。在模型预测时，可将数字序号转换为文字或词，从而得到模型的输出。这一方法广泛应用于自然语言处理中，是构建文本数据集的基础。以下通过一个样例展示如何将文本转换为数字序号。

收集《唐诗三百首》文件，包含多首唐代诗作。目标是训练模型，使其能够自动生成唐诗。

训练数据如下：将每首唐诗视为一个句子，然后将这些句子拼接形成一个长文本。模型的输入为该长文本，目标是预测下一个词。过程中需解决的问题包括如何将文本转换为数字、如何设计模型，以及如何训练模型。

3.2.1　文本如何转换为数字

首先，探查《唐诗三百首》的数据，相关代码如下。

```
txt_file='tang_300_new.txt'
with open(txt_file, 'r', encoding='utf-8') as f:
    text = f.read()
print('the length of the text is: ', len(text))
chars =list(set(text))
print('len of characters', len(chars), ' , characters:', chars)
```

其次，建立一个字符到数字的映射表，以便将文本转换为数字。同时，为了将预测的数字转换为字符，还需建立数字到字符的映射表。映射表如下：

```
# 构建字符到数字的映射，以及数字到字符的映射
char_indices =dict((c, i) for i, c in enumerate(chars))
indices_char =dict((i, c) for i, c in enumerate(chars))
# 基础的文本转为数字的函数
def text_to_indices(text):
    return [char_indices[c] for c in text]
def indices_to_text(indices):
    return''.join(indices_char[i] for i in indices)
```

3.2.2　如何设计模型

如何实现大模型自动生成一段诗词？与 ChatGPT 一样，按照指令生成一段文本相对复杂，可以将目标简化为"随机给出一个词作为输入，让大模型自动生成一段新的诗词"。回顾所使用的大模型的生成效果，它是否逐字输出？同一句话逐渐生成的过程，实际上是不断预测的过程。假设大模型生成了一句话："三十功名尘与土，八千里路云和月。"

三（十），#'十'是预测结果
三十（功），#'功'是预测结果
三十功（名），#'名'是预测结果
三十功名（尘），#'尘'是预测结果
三十功名尘（与），#'与'是预测结果
三十功名尘与（土），#'土'是预测结果
三十功名尘与土（，），#'，'是预测结果
三十功名尘与土，（八），#'八'是预测结果
三十功名尘与土，八（千），#'千'是预测结果
三十功名尘与土，八千（里），#'里'是预测结果
三十功名尘与土，八千里（路），#'路'是预测结果
三十功名尘与土，八千里路（云），#'云'是预测结果
三十功名尘与土，八千里路云（和），#'和'是预测结果
三十功名尘与土，八千里路云和（月）。#'月'是预测结果

每次预测后的结果将作为输入，加入到下一次预测中，形成一个循环。由此可见，大模型的文本生成过程实质上是一个连续的预测过程。该预测过程可以抽象为一个模型，模型的输入是一个词，输出是下一个词。该模型的结构是一个神经网络，神经网络的输入是一个词，输出是下一个词。

从简单的二元语法模型开始，输入为一个词，输出为下一个词。传统二元语法模型所涉及的统计公式如下：

$$P(w_{t+1}|w_t) = \frac{P(w_t, w_{t+1})}{P(w_t)}$$

其中，w_t 是输入的词，w_{t+1} 是输出的词。该公式表示给定一个词 w_t，需要预测下一个词 w_{t+1} 出现的概率，该概率由两部分组成：分子为 w_t 和 w_{t+1} 同时出现的概率，分母为 w_t 出现的概率。

从神经网络的实现角度，二元模型通常使用嵌入层将词汇转换为密集向量表示，接着通过一个或多个线性层（可能包含激活函数）预测下一个词的概率分布。模型还可能包括 Softmax 层，将输出转换为概率分布。该过程用数学公式表示如下：

$$z_{t+1} = \mathrm{NN}(v_t) P_{w_{t+1}|w_t} = \mathrm{Softmax}(z_{t+1})$$

其中，v_t 为输入词 w_t 的嵌入向量，NN 为神经网络，z_{t+1} 为神经网络的输出，$P_{w_{t+1}|w_t}$ 为下一个词 w_{t+1} 的概率分布。该公式表示给定一个词 w_t，预测下一个词 w_{t+1} 的概率分布。此概率分布由神经网络 NN 计算，并通过 Softmax 函数转化为概率分布。

下面通过代码实现一个简单的二元语法模型。代码包括模型准备、参数初始化、训练过程和生成过程 4 个部分。

```python
import torch
    import torch.nn as nn
    from torch.nn import functional as F

    # 设置超参数
    batch_size = 64
    max_iters = 3000
    eval_interval = 500
    learning_rate = 0.02
    device = 'cuda' if torch.cuda.is_available() else 'cpu'
    # 手动设置随机种子以保持结果的可复现性
    torch.manual_seed(42)
    # 加载文本数据
    with open('tang_300_new.txt', 'r', encoding = 'utf-8') as f:
        text = f.read()
    # 构建字符到索引的映射
    chars = sorted(list(set(text)))
    vocab_size =len(chars)
    stoi = {ch: i for i, ch in enumerate(chars)}
    itos = {i: ch for i, ch in enumerate(chars)}
```

```python
# 编码整个文本
data = torch.tensor([stoi[c] for c in text], dtype=torch.long)
n = int(0.8*len(data))  # 90% 作为训练数据
train_data = data[:n]
val_data = data[n:]
# 定义模型
class BigramLanguageModel(nn.Module):
    def __init__(self, vocab_size, embedding_dim):
        super().__init__()
        self.token_embedding = nn.Embedding(vocab_size, embedding_dim)
        self.fc_out = nn.Linear(embedding_dim, vocab_size)

    def forward(self, current_idx):
        x = self.token_embedding(current_idx).squeeze(1)
        logits = self.fc_out(x)
        return logits


# 数据加载函数
def get_batch(data, batch_size):
    indices = torch.randint(0, data.size(0) -1, (batch_size,))
    current_idx = data[indices]
    next_idx = data[indices + 1]
    return current_idx.to(device), next_idx.to(device)


# 实例化模型和优化器
model = BigramLanguageModel(vocab_size, embedding_dim=512).to(device)
optimizer = torch.optim.Adam(model.parameters(), lr=learning_rate)


# 训练循环
model.train()
for iter in range(max_iters):
    optimizer.zero_grad()
    current_words, next_words = get_batch(train_data, batch_size)
    logits = model(current_words.unsqueeze(1))
    loss = F.cross_entropy(logits, next_words)
    loss.backward()
    optimizer.step()

    if iter % eval_interval == 0:
        print(f"Step {iter}: Training Loss = {loss.item()}")


# 模型评估 (简单示例)
model.eval()
with torch.no_grad():
    current_words, next_words = get_batch(val_data, batch_size)
    logits = model(current_words.unsqueeze(1))
    val_loss = F.cross_entropy(logits, next_words)
    print(f"Validation Loss: {val_loss.item()}")
```

```python
# 预测 / 生成函数
def generate(model, start_char, num_chars):
    model.eval()
    current_idx = torch.tensor([stoi[start_char]], dtype = torch.long, device =
        device)
    generated_text = start_char

    for_in range(num_chars):
        logits = model(current_idx.unsqueeze(0).unsqueeze(1))
        probabilities = F.softmax(logits, dim=-1).squeeze()
        current_idx = torch.multinomial(probabilities, 1)
        generated_char = itos[current_idx.item()]
        generated_text += generated_char
        current_idx = current_idx.squeeze()

    return generated_text

# 生成文本
generated_text = generate(model, start_char=' 谷 ', num_chars = 32)
print(generated_text)
```

3.2.3 如何训练模型

在解析上述代码之前，先简要介绍一下基于神经网络的语言模型设计和训练过程。通常一个基于神经网络的语言模型包括以下 5 个步骤。

1）数据准备。将文本数据转化为数字序列，构建字符到数字的映射表。

2）模型准备。定义一个神经网络模型，包括嵌入层和线性层。

3）参数初始化。设置超参数，如批量大小、迭代次数、学习率等。

4）训练过程。利用训练数据对模型进行训练，计算损失函数并更新参数。

5）生成过程。使用训练好的模型生成文本。

以下主要对模型的设计和训练过程进行解析。

该模型参数由两部分组成，分别是嵌入层和线性转换层。

❑ 嵌入层：EmbeddingLayer:nn.Embedding(vocab_size,embedding_dim)，用于将字符索引映射到高维空间，生成该字符的嵌入表示。此嵌入基于单个字符，符合二元语法模型的要求。

❑ 线性转换层：nn.Linear(embedding_dim,vocab_size)，用于将嵌入向量转换为 logits 向量，每个元素表示预测下一个字符为词汇表中特定字符的原始分数。

模型的前向传播过程包括以下 3 步：

```python
def forward(self, current_idx):
        x = self.token_embedding(current_idx).squeeze(1)     # 第一步
        logits = self.fc_out(x)                              # 第二步
        return logits                                        # 返回结果
```

1）从输入字符索引中获取嵌入向量。

$$x = self.token_embedding(current\_idx).squeeze(1)$$

2）将嵌入向量传递给线性层。

$$logits = self.fc\_out(x)$$

3）返回预测的 logits 向量。

在前向传播方法中，每次处理的输入为当前字符的索引（已通过 unsqueeze 调整形状以符合网络输入要求），模型输出的 logits 直接用于预测下一个字符，而不依赖于除当前字符之外的其他信息。该设计主要体现了二元语法模型的基本原理，即每个字符的出现仅与前一个字符相关。

在模型训练过程中，笔者根据实践经验总结了以下需要关注的知识点。

❑ 使用 Adam 优化器进行参数优化，学习率设置为 0.02。

❑ 在每次迭代中，从训练数据集中随机抽取一个批次，计算模型在该批次上的输出和损失（采用交叉熵损失函数）。

❑ 损失函数的后向传播用于计算梯度，然后更新模型的参数。

❑ 每隔一定的迭代次数（例如，每 10 000 次迭代），输出当前的训练损失，以监控训练过程。

优化器有多种不同的选择，针对不同任务，可在具体场景中选择不同的优化器。Adam 优化器是一种常用的优化器，结合了 AdaGrad 和 RMSProp 优化器的优点，性能较为优异。学习率是优化器的一个关键超参数，决定了参数更新的步长。若学习率设置不当，可能导致模型训练不稳定，甚至无法收敛。因此，学习率的选择在模型训练中至关重要。在本例中，笔者设置的学习率为 0.02，这是常见的学习率设定。学习率的设置是一个开放性问题，通常需要根据具体任务和模型进行调整。为选择合适的学习率，通常需要进行多次实验，观察模型的训练效果，并根据实验结果进行调整。通常可以通过学习率调度器（Learning Rate Scheduler）动态调整学习率，以提升模型性能，或通过超参数搜索（Hyperparameter Search）寻找最佳学习率。

损失函数是模型训练的关键组成部分，用于衡量模型预测结果与真实标签之间的差异。在本例中，使用了交叉熵损失函数，这是一种常见的分类任务损失函数。除了交叉熵损失函数之外，还存在其他损失函数，如均方误差损失函数、对比损失函数等。不同的任务和模型需要不同的损失函数，因此选择合适的损失函数是模型训练中的重要环节。在当前场景下，交叉熵损失函数是合适的选择，因本例任务为分类任务，即预测下一个字符为词汇表中的某个字符。

模型评估过程主要使用验证数据集评估其性能。在评估过程中，通过计算模型在验证数据集上的损失来衡量其泛化能力。在此例中，采用交叉熵损失函数计算模型在验证数据集上的损失。通过比较训练损失与验证损失，可以评估模型的训练效果和泛化能力。如果训练损失与验证损失差异较大，可能表明模型出现了过拟合，需进一步调整模型结构或超参数。

模型在迭代 3000 次后生成的输出结果如下：

```
Step 0: Training Loss = 7.978742599487305
Step 500: Training Loss = 8.489371299743652
Step 1000: Training Loss = 5.403090476989746
Step 1500: Training Loss = 6.415762901306152
Step 2000: Training Loss = 5.484483242034912
Step 2500: Training Loss = 5.219246864318848
Validation Loss: 7.588761329650879
```

谷。
感遇十年衰。
倚薰香关与周郎出。
天羽箭，城草。
应闲依相树。

通过以上输出可以看出，基础的二元语法模型在训练数据上的损失逐步降低，但在验证数据上的损失较高。这可能表明模型在训练数据上发生了过拟合，泛化能力有限。输出内容未能生成有意义的句子，这可能是由于模型复杂度不足，无法捕捉文本中的复杂结构。本例旨在演示如何使用 PyTorch 构建基础的二元语法模型并进行文本生成模型的训练。通过该示例，读者可以理解神经网络的语言模型的基本原理和训练流程，为后续的模型设计和训练奠定基础。

3.3　GPT 模型

基于二元语法模型的预测仅考虑当前词与下一个词之间的关系。然而，在实际应用中，文本的生成与理解往往需要考虑更多上下文信息。为更好地理解文本，研究者提出了更为复杂的语言模型，如 GPT 模型。GPT 模型是一种基于 Transformer 的语言模型，能够处理更长的文本序列，并更好地捕捉文本间的关系。

3.3.1　GPT 模型的结构

传统的 Transformer 模型依赖大量标注数据进行训练，这种方式需要大量人工标注，成本较高。OpenAI 的研究人员提出了一种不依赖标注数据的方法，即通过在大规模未标注文本上进行生成式预训练，并在特定任务上进行判别式微调，以提升自然语言理解任务的性能。GPT 模型的结构与 Transformer 类似，但仅使用了 Transformer 的解码器部分。该方法在多个自然语言理解基准测试中表现优异，超越了为每个任务专门设计的判别式训练模型，并在 12 项研究任务中的 9 项上取得了当时最先进的性能表现。

GPT 模型的结构及微调后的应用场景如图 3-1 所示。

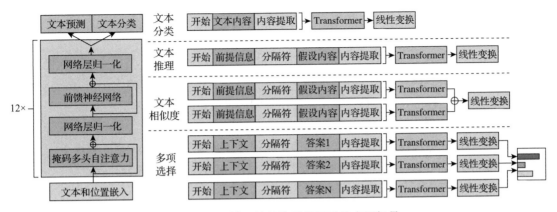

图 3-1　GPT 模型的结构及微调后的应用场景

GPT 模型的结构图来源于论文 " Improving Language Understanding by Generative Pretraining"。GPT 模型的核心是一个由多个 Transformer 模块组成的 Transformer 解码器。每个 Transformer 模块包含一个多头自注意力机制和一个前馈神经网络。GPT 模型的输入为文本序列，模型需要预测下一个词。这种自回归方式能够利用大规模文本数据，适用于多种自然语言处理任务。图 3-1 左侧展示了 GPT 模型的结构，主要包括以下几个方面。

（1）文本和位置嵌入

文本嵌入（Text Embed）将单词转换为向量，而位置嵌入（Position Embed）则为模型提供单词在序列中的位置信息。这一结合使模型能够捕捉单词的语义及其在序列中的位置关系。

（2）掩码多头自注意力

这是 Transformer 模型中的一个关键机制，用于在预训练阶段处理语言模型任务。该机制允许模型在预测当前单词时考虑之前的单词，但不允许模型"看到"未来的单词。此掩码机制对生成文本和理解语言模型具有重要作用。

（3）网络层归一化

网络层归一化是一种正则化技术，用于稳定训练过程。它对每个样本的每层的激活值进行归一化，有助于防止梯度消失或梯度爆炸问题。

（4）前馈神经网络

这是 Transformer 模型中的另一个关键组件，用于在多头自注意力机制之后进行特征提取和映射。这个结构允许模型在不同的层次上提取和组合特征，从而更好地理解文本。

图 3-1 右侧展示了 GPT 微调后的应用场景，涵盖以下几个方面。

（1）文本分类

该部分展示了模型处理文本分类任务的过程。输入文本首先通过 Transformer 编码器，再通过线性层（Linear Prediction Classifier）进行分类。该线性层输出概率分布，表示文本属于各类别的概率。

（2）文本推理

文本推理任务涉及判断两个文本之间的逻辑关系（推理、矛盾或中立）。在该任务中，首先通过"分隔符"将"前提"和"假设"文本分开，然后将其一并输入 Transformer 编码器。接着，经过线性层处理，最终输出两个文本间蕴含关系的概率分布。

（3）文本相似度

文本相似度任务旨在评估两段文本的语义相似性。两段文本（Text 1 和 Text 2）分别经过 Transformer 编码器处理，再通过线性前馈神经网络层进行相似度评分。

（4）多项选择

多项选择任务要求模型从多个选项中选择正确答案。在流程中，上下文和分隔符首先输入 Transformer 编码器，然后输入一系列可能的答案（Answer 1、Answer 2、…、Answer N）。每个答案通过一个 Transformer 编码器和线性层处理，最后通过掩码多头注意力层整合所有答案信息，输出最终预测结果。

3.3.2 GPT 模型的设计实践

GPT 模型的数据准备工作与二元语法模型相似，此处不再赘述，重点放在 GPT 模型的设计与训练过程上。从前文提到的 GPT 模型结构可知，GPT 模型的核心为 Transformer 解码器，由多个 Transformer 模块组成。每个 Transformer 模块包含多头自注意力机制和前馈神经网络。

笔者将从 Transformer 模块开始，逐步构建 GPT 模型，并从单个 Transformer 模块扩展至多个 Transformer 模块，以更好地理解 GPT 模型的设计与训练过程。

我们需要先定义一个 Transformer 模块，然后将多个 Transformer 模块组合起来，形成所举模型。我们可以参考 Andrej Karpathy 的工作，解析 Transformer 模块的设计，相关代码如下。

```
class Block(nn.Module):
""" Transformer block: 一个模块中包括多注意力机制的头和前馈神经网络 """

    def __init__(self, n_embd, n_head):
        # n_embd: 嵌入维度长度，n_head: 注意力头的数量
        super().__init__()
        head_size = n_embd // n_head   # 每个头的维度 = 嵌入维度长度 / 注意力头的数量，
            因此设置是需要确保能整除
        self.sa = MultiHeadAttention(n_head, head_size) # 多头自注意力模块
        self.ffwd = FeedFoward(n_embd) # 前馈神经网络模块
        self.ln1 = nn.LayerNorm(n_embd) # 层归一化
        self.ln2 = nn.LayerNorm(n_embd) # 层归一化

    def forward(self, x):
```

```
x = x + self.sa(self.ln1(x))    # 自注意力和残差连接，将注意力层的输出加到原始输入
    x 上（残差连接），有助于防止训练过程中的梯度消失问题。
x = x + self.ffwd(self.ln2(x))  # 前馈神经网络和残差连接，将前馈网络的输出再次加到
    输入上（残差连接）
return x
```

该模块包括两个主要部分：一是多头自注意力机制，二是前馈神经网络。这两部分均为 Transformer 模型的核心组件，负责特征提取与映射。自注意力、层归一化、前馈网络和残差连接的设计模式构成了 Transformer 模型的核心，使其能够有效处理序列数据，学习长距离依赖，同时保证深层网络中的梯度有效传播。

实现多头自注意力机制的相关代码如下。

```
class MultiHeadAttention(nn.Module):
    """ 多头注意力模型设计 """

    def __init__(self, num_heads, head_size):
        super().__init__()
        self.heads = nn.ModuleList([Head(head_size) for _ in range(num_heads)])
            # 定义多个注意力头
        self.proj = nn.Linear(head_size * num_heads, n_embd) # 用于将所有注意力头的
            输出串联后进行变换
        self.dropout = nn.Dropout(dropout) # 用于减少模型在训练过程中的过拟合

    def forward(self, x):
        out = torch.cat([h(x) for h in self.heads], dim=-1) # 包括两个核心部分：对每
            个头调用其 forward 方法，每个头处理输入 x 并返回其注意力计算结果。然后将所有头的输
            出串联在一起
        out = self.dropout(self.proj(out))  # 使用定义好的线性层 self.proj 对拼接后
            的输出进行线性变换，以融合不同头的信息，然后再随机丢弃一部分信息，以减少过拟合
        return out
```

多头注意力机制的设计相对简洁，其核心计算逻辑如下：

❑ 对每个头调用其 forward 方法，每个头处理输入 x 并返回其注意力计算结果。

❑ 将所有头的输出，通过 torch.cat 函数串联在一起。

❑ 使用定义好的线性层 self.proj 对拼接后的输出进行线性变换，以融合不同头的信息，然后再随机丢弃一部分信息，以减少过拟合。

这部分的核心是关于单个头的定义，实现 Head 方法的相关代码如下。

```
class Head(nn.Module):
    """ 单个头注意力机制模型 """

    def __init__(self, head_size):
        super().__init__()
        self.key = nn.Linear(n_embd, head_size, bias=False)
        self.query = nn.Linear(n_embd, head_size, bias=False)
        self.value = nn.Linear(n_embd, head_size, bias=False)
```

```
        self.register_buffer('tril', torch.tril(torch.ones(block_size, block_size)))
        self.dropout = nn.Dropout(dropout)

    def forward(self, x):
        # 输入的尺寸为 (batch, time-step, channels)
        # 输出的尺寸为 (batch, time-step, head size)

        B,T,C = x.shape
        k = self.key(x)    # (B,T,hs)
        q = self.query(x)  # (B,T,hs)
        # 计算注意力分数
        wei = q @ k.transpose(-2,-1) * k.shape[-1]**-0.5# (B, T, hs) @ (B, hs, T)
           -> (B, T, T)
        wei = wei.masked_fill(self.tril[:T, :T] ==0, float('-inf')) # (B, T, T)
        wei = F.softmax(wei, dim=-1) # (B, T, T)
        wei = self.dropout(wei)
        # 对值进行加权聚合
        v = self.value(x) # 矩阵尺寸信息    (B,T,hs)
        out = wei @ v # 矩阵计算尺寸变换注释 (B, T, T) @ (B, T, hs) -> (B, T, hs)
        return out
```

单个自注意力模型的基础定义包括 5 个部分。

1. 查询

查询（query）的主要作用在于计算其与每个键的兼容性或相似度。每个查询对应输入序列中的一个元素（或一个时间步），用于与所有键进行比较，以确定模型应聚焦于序列的哪些部分。

2. 键

键（key）用于与查询匹配，并生成一个分数（通常通过点积计算），该分数反映每个查询与序列中各元素的相关性程度。

3. 值

在自注意力机制中，每个输入元素（如一个词或时间序列中的一个点）都有对应的"值"（value）向量，该向量携带了关于该元素的重要信息。当每个元素的注意力权重（即哪些元素更为重要，需被关注）被计算出后，这些权重用于对"值"进行加权。加权后的"值"将被合并，形成最终输出，代表整个输入序列的综合表达。

4. 一个缓冲区

缓冲区用于存储一个下三角矩阵，在计算注意力分数时屏蔽未来信息。

5. 一个随机失活层

随机失活（Dropout）指在训练神经网络的过程中，通过随机丢弃部分神经元，以降低神经网络的复杂度，进而防止过拟合。

查询、键和值的矩阵通常为密集矩阵，矩阵大小为 $n_{embd} \times head_{size}$。这三个线性层通过模型训练过程不断更新权重，使模型更好地学习输入数据中的模式和关系。此学习与调整通过优化损失函数、进行反向传播及权重更新来实现。在无偏置项的情况下，每个线性变换仅依赖其权重矩阵，从而减少模型参数数量，有时也有助于避免过拟合。

单头注意力机制模型中 forward 函数的核心计算逻辑包括以下三个方面。

❑ 对查询、键和值进行线性变换，然后计算注意力得分。

❑ 通过 softmax 激活函数计算注意力权重，然后使用这些权重对值进行加权处理。

❑ 最后返回加权后的值，这个值代表输入序列的一个综合表达。

其中，计算注意力分数的核心步骤值得注意：

```
wei = q @ k.transpose(-2, -1) * k.shape[-1]**-0.5 # (B, T, hs) @ (B, hs, T)->(B, T, T)
```

这行代码是自注意力机制中计算注意力得分的核心部分。

其中，*q* 表示查询矩阵，其维度为 (B, T, hs)，其中 B 表示批次大小，T 表示序列长度，hs 表示每个注意力头的尺寸。k 表示键矩阵，其维度同样为 (B, T, hs)。

对上述计算逻辑详细说明如下。

❑ 矩阵转置：k.transpose(-2, -1)，该操作将 *k* 矩阵的最后两个维度进行转置。由于 *k* 的原始维度为 (B, T, hs)，转置后的维度变为 (B, hs, T)。这样做的目的是将键矩阵的特征维度和查询矩阵的时间维度对齐，从而计算每个查询向量和所有键向量之间的点积。

❑ 矩阵乘法：q@k.transpose(-2, -1)，这里使用 @ 符号执行批量矩阵乘法。查询矩阵 *q* 与转置后的键矩阵 *k* 相乘，结果为一个新的三维矩阵 (B, T, T)。该矩阵中的每个元素 (b, i, j) 表示第 b 个样本中，第 i 个查询向量与第 j 个键向量的点积，即查询 i 对键 j 的注意力得分。

❑ 缩放因子：*k.shape[-1]**-0.5，该代码对得分矩阵进行缩放处理。k.shape[-1] 为键向量的维度 hs，hs**-0.5 等价于 $1/\sqrt{hs}$。该缩放基于缩放点积注意力机制，以防止计算 softmax 时因过大的得分值引起梯度消失问题。通过除以键向量维度的平方根，确保得分矩阵在合理数值范围内，有利于梯度稳定和模型训练效果。

掩码自注意力是另一值得注意的部分：

```
wei = wei.masked_fill(self.tril[:T, :T] = 0, float('-inf')) # (B, T, T)
```

该行代码采用下三角矩阵屏蔽未来信息。在自注意力机制中，模型在预测当前词时只能参考先前的词，无法"看到"未来的词。此掩码机制对文本生成和语言模型的理解至关重要。在此，通过下三角矩阵屏蔽未来信息，即将未来信息设置为负无穷，这样在计算 softmax 时，未来信息的对应权重将变为 0，从而实现对未来信息的屏蔽。

对上述计算逻辑详细说明如下。

- ❏ 截取下三角矩阵：self.tril[:T, :T]，该操作截取下三角矩阵的前 T 行与 T 列，以确保与注意力得分矩阵 wei 的维度匹配。
- ❏ 掩码操作：self.tril[: T , : T] == 0，这一步生成了一个布尔矩阵，其中下三角矩阵中为 0 的位置标记为 True（即对角线上方的位置），其余为 False。
- ❏ 填充操作：wei.masked_fill 函数将 wei 矩阵中对应布尔矩阵为 True 的位置替换为指定值，这里的值是 float('-inf')（负无穷大）。这意味着，在执行 softmax 函数前，所有因果关系不合理的位置（即一个时间步应该无法"看到"它之后的时间步的信息）都被设置为负无穷。

这段代码通过将未来时间步的注意力得分设为负无穷，成功阻止了信息向前泄露。在执行 softmax 函数时，这些被设为负无穷的位置的指数值接近 0，从而确保每个时间步只能关注其之前（包括自身）的时间步。这是生成任务（如语言模型中的下一个词预测）以及其他需要保持因果关系的场景中的关键机制。

自注意力机制的最后一步是计算加权逻辑：

out=wei @ v # 矩阵计算尺寸变换注释（B, T, T）@ (B, T, hs)->(B, T, hs)

其中，变量说明如下。

- ❏ wei：通过查询 (q) 与键 (k) 的点积计算所得的注意力得分矩阵，维度为（B, T, T），其中 B 为批次大小，T 为序列长度。
- ❏ v：值矩阵，维度为 (B, T, hs)，每一行表示对应时间步的值向量，这些向量包含输入序列的信息，并根据计算出的注意力权重加权。

对上述操作的详细说明如下。

- ❏ 使用 @ 符号进行批量矩阵乘法操作。在此操作中，wei 的维度为（B, T, T），而 v 的维度为 (B, T, hs)。结果矩阵 out 的维度为 (B, T, hs)。
- ❏ 对于每个批次（每个 B），每个时间步 T 的输出是通过对所有时间步的值向量 v 进行加权求和计算得出的，权重由 wei 提供。具体而言，输出中的每个元素 (b, i, j) 是通过 wei$[b, i, :]$ 和 $v[b, : , j]$ 之间的加权求和计算得出的。

在此步骤中，wei 中的每一行作为权重系数，与 v 中的所有行（值向量）加权，生成加权后的值向量，反映模型对每个时间步应关注信息的总结。该过程本质上是将注意力机制的权重应用于值向量。最终输出的 out 提供了综合整个序列信息的表示，每个时间步的信息是基于之前（以及当前时间步，如未使用掩码）的信息动态加权获得的。

3.4 简单 GPT 模型的完整实现

本节以构建一个诗词创作模型为例构建一个简单的 GPT 模型，描述生成文本的过程。其完整实现代码如下。

```
import torch
import torch.nn as nn
from torch.nn import functional as F
from sklearn.model_selection import train_test_split

# 超参数
batch_size = 64  # 我们将并行处理多少个独立的序列?
block_size = 256  # 预测的最大上下文长度是多少?
max_iters = 5000
eval_interval = 500
learning_rate = 3e-4
device = 'cuda' if torch.cuda.is_available() else'cpu'
eval_iters = 200
n_embd = 384
n_head = 6
n_layer = 6
dropout = 0.3

torch.manual_seed(42)
txt_file='D:\\OneDrive\\2024\\AI\\nano_gpt\\tang_300.txt'
with open(txt_file, 'r', encoding='utf-8') as f:
    lines = f.readlines()

# 查找包含 '---' 的行的索引
split_indices = [i for i, line in enumerate(lines) if '---' in line]

# 根据索引拆分行
parts = []
start = 0
for index in split_indices:
    poetry = ''.join(lines[start:index])
    parts.append(poetry)
    start = index +1
rest = ''.join(lines[start:])
parts.append(rest)  # 添加最后一部分
print(len(parts))
# 删除少于 2 行的部分
parts = [part for part in parts if len(part.split('\n')) >3]
print(len(parts))
text = ''.join(parts)
chars = sorted(list(set(text)))
vocab_size = len(chars)

# 构建字符到数字的映射, 以及数字到字符的映射
char_indices = dict((c, i) for i, c in enumerate(chars))
indices_char = dict((i, c) for i, c in enumerate(chars))

# 基本的文本转为数字的函数
```

```python
def text_to_indices(text):
    return [char_indices[c] for c in text]
def indices_to_text(indices):
    return''.join(indices_char[i] for i in indices)

train, val = train_test_split(parts, test_size=0.1)
train_data = ''.join(train)
train_data = text_to_indices(train_data)
val_data = ''.join(val)
val_data = text_to_indices(val_data)

def get_batch(split):
    # 生成一小批输入 x 和目标 y 的数据
    data = train_data if split == 'train' else val_data
    ix = torch.randint(len(data) - block_size, (batch_size,))
    x = torch.stack([torch.tensor(data[i:i+block_size]) for i in ix])
    y = torch.stack([torch.tensor(data[i+1:i+block_size+1]) for i in ix])
    x, y = x.to(device), y.to(device)
    return x, y

@torch.no_grad()
def estimate_loss():
    out = {}
    model.eval()
    for split in ['train', 'val']:
        losses = torch.zeros(eval_iters)
        for k in range(eval_iters):
            X, Y = get_batch(split)
            logits, loss = model(X, Y)
            losses[k] = loss.item()
        out[split] = losses.mean()
    model.train()
    return out

class Head(nn.Module):
    """ 自注意力机制中的单个头 """

    def __init__(self, head_size):
        super().__init__()
        self.key = nn.Linear(n_embd, head_size, bias=False)
        self.query = nn.Linear(n_embd, head_size, bias=False)
        self.value = nn.Linear(n_embd, head_size, bias=False)
        self.register_buffer('tril', torch.tril(torch.ones(block_size, block_size)))

        self.dropout = nn.Dropout(dropout)

    def forward(self, x):
        # 输入的尺寸（批次大小，时间步长，通道数）
```

```python
        # 输出的尺寸 (批次大小, 时间步长, 头大小)
        B,T,C = x.shape
        k = self.key(x)    # (B,T,hs)
        q = self.query(x) # (B,T,hs)
        # 计算注意力分数
        wei = q @ k.transpose(-2,-1) * k.shape[-1]**-0.5 # (B, T, hs) @ (B, hs, T)
            -> (B, T, T)
        wei = wei.masked_fill(self.tril[:T, :T] == 0, float('-inf')) # (B, T, T)
        wei = F.softmax(wei, dim=-1) # (B, T, T)
        wei = self.dropout(wei)
        # 对值进行加权聚合
        v = self.value(x) # (B,T,hs)
        out = wei @ v # (B, T, T) @ (B, T, hs) -> (B, T, hs)
        return out

class MultiHeadAttention(nn.Module):
    """ 并行的多头自注意力机制 """

    def __init__(self, num_heads, head_size):
        super().__init__()
        self.heads = nn.ModuleList([Head(head_size) for _ in range(num_heads)])
        self.proj = nn.Linear(head_size * num_heads, n_embd)
        self.dropout = nn.Dropout(dropout)

    def forward(self, x):
        out = torch.cat([h(x) for h in self.heads], dim=-1)
        out = self.dropout(self.proj(out))
        return out

class FeedFoward(nn.Module):
    """ 一个简单的线性层加上非线性激活函数 """

    def __init__(self, n_embd):
        super().__init__()
        self.net = nn.Sequential(
            nn.Linear(n_embd, 4* n_embd),
            nn.ReLU(),
            nn.Linear(4* n_embd, n_embd),
            nn.Dropout(dropout),
        )

    def forward(self, x):
        return self.net(x)

class Block(nn.Module):
    """ Transformer 模块: 先进行信息交换, 再进行计算 """

    def __init__(self, n_embd, n_head):
```

```python
        # n_embd: 嵌入维度，n_head: 需要的头数量
        super().__init__()
        head_size = n_embd // n_head
        self.sa = MultiHeadAttention(n_head, head_size)
        self.ffwd = FeedFoward(n_embd)
        self.ln1 = nn.LayerNorm(n_embd)
        self.ln2 = nn.LayerNorm(n_embd)

    def forward(self, x):
        x = x +self.sa(self.ln1(x))
        x = x +self.ffwd(self.ln2(x))
        return x

class GPTLanguageModel(nn.Module):

    def __init__(self):
        super().__init__()
        # 每个标记直接从查找表中读取下一个标记的 logits 向量
        self.token_embedding_table = nn.Embedding(vocab_size, n_embd)
        self.position_embedding_table = nn.Embedding(block_size, n_embd)
        self.blocks = nn.Sequential(*[Block(n_embd, n_head=n_head) for _ in
            range(n_layer)])
        self.ln_f = nn.LayerNorm(n_embd) # 最后一层归一化
        self.lm_head = nn.Linear(n_embd, vocab_size)
        self.apply(self._init_weights)

    def _init_weights(self, module):
        if isinstance(module, nn.Linear):
            torch.nn.init.normal_(module.weight, mean=0.0, std=0.02)
            if module.bias is not None:
                torch.nn.init.zeros_(module.bias)
        elif isinstance(module, nn.Embedding):
            torch.nn.init.normal_(module.weight, mean=0.0, std=0.02)

    def forward(self, idx, targets=None):
        B, T = idx.shape

        # idx 和 targets 都是形状为 (B,T) 的整数张量
        tok_emb =self.token_embedding_table(idx) # (B,T,C)
        pos_emb =self.position_embedding_table(torch.arange(T, device=device))
            # (T,C)
        x = tok_emb + pos_emb # (B,T,C)
        x = self.blocks(x) # (B,T,C)
        x = self.ln_f(x) # (B,T,C)
        logits = self.lm_head(x) # (B,T,vocab_size)

        if targets is None:
            loss = None
```

```
        else:
            B, T, C = logits.shape
            logits = logits.view(B*T, C)
            targets = targets.view(B*T)
            loss = F.cross_entropy(logits, targets)

        return logits, loss

def generate(self, idx, max_new_tokens):
        # idx 是 (B, T) 形式的当前上下文中的索引数组
        for _ in range(max_new_tokens):
            # 将 idx 剪裁为最后的 block_size 个标记
            idx_cond = idx[:, -block_size:]
            # 获取预测结果
            logits, loss = self(idx_cond)
            # 只关注最后一个时间步
            logits = logits[:, -1, :] # 变为 (B, C)
            # 应用 softmax 得到概率
            probs = F.softmax(logits, dim=-1) # (B, C)
            # 从分布中采样
            idx_next = torch.multinomial(probs, num_samples=1) # (B, 1)
            # 将采样得到的索引附加到正在生成的序列中
            idx = torch.cat((idx, idx_next), dim=1) # (B, T+1)
        return idx

model = GPTLanguageModel()
m = model.to(device)
# 打印模型中的参数数量
print(sum(p.numel() for p in m.parameters())/1e6, 'M 参数 ')

# 创建一个 PyTorch 优化器
optimizer = torch.optim.AdamW(model.parameters(), lr=learning_rate)

for iter in range(max_iters):

    # 在训练集和验证集上评估损失
    if iter % eval_interval == 0 或 iter == max_iters -1:
        losses = estimate_loss()
        print(f"第 {iter} 步: 训练损失 {losses['train']:.4f}, 验证损失
            {losses['val']:.4f}")

    # 抽取一个数据批次
    xb, yb = get_batch('train')

    # 计算损失
    logits, loss = model(xb, yb)
    optimizer.zero_grad(set_to_none = True)
    loss.backward()
```

```
        optimizer.step()

# 从模型生成文本
start_token = ' 谷雨 '
context = torch.tensor(text_to_indices(start_token), dtype = torch.long, device =
    device).unsqueeze(0)
print(indices_to_text(m.generate(context, max_new_tokens = 60)[0].tolist()))
```

上述代码的训练结果如下：

```
step 0: train loss 7.9190, val loss 7.9300
    step 500: train loss 0.0763, val loss 8.5916
    step 1000: train loss 0.0393, val loss 9.4898
    step 1500: train loss 0.0311, val loss 10.0692
    step 2000: train loss 0.0273, val loss 10.4250
    step 2500: train loss 0.0251, val loss 10.6450
    step 3000: train loss 0.0236, val loss 10.9122
    step 3500: train loss 0.0227, val loss 11.2083
    step 4000: train loss 0.0215, val loss 11.4073
    step 4500: train loss 0.0207, val loss 11.5654
    step 4999: train loss 0.0202, val loss 11.7918
    谷雨虽自爱，今来。
    感秋居秋暝
    空山新雨后，天气晚来秋。
    明月松声晚来天欲雪，言，思欲雪时。
    龙出塞川行雪海湾。
    绝顶谁能绝。
```

这一完整的模型训练与预测生成过程及相应的生成结果展示了一个简单的 GPT 模型的实现。然而，这仅为模拟测试，与实际业务应用场景存在较大差异。笔者在此提出若干设想，给读者在实际应用中遇到下列问题时提供多样化的思路，主要包括以下几个方面：

❑ 代码已运行 5000 次迭代，此迭代次数是否合适？是否可以提前终止？是否需要进一步执行训练？

❑ 验证集的损失值不断增加，这是否意味着模型过拟合？是否需要进一步调整模型结构或超参数？

❑ 在代码执行过程中，是否可以增加更多的日志输出，以更好地理解模型的训练过程和结果？

❑ 生成的结果未严格遵循诗词格式，例如结尾部分未采用七言绝句格式。是否可以进一步调整生成逻辑，使生成的诗词更符合规范？

❑ 模型输出的文字没有明确的开始和结束标志，是否可进一步优化，以便更好地区分生成的内容？

3.5　GPT 模型的优化

本小节继续以诗词创作模型为例介绍如何对 GPT 模型进行优化。

3.5.1　样本数据的精细化处理

GPT 类型的大模型对数据质量要求极高，低质量数据只能生成低质量的结果。以诗歌生成为例，常见的诗词主要分为"五言诗"和"七言诗"，通常律诗为八句，绝句为四句。但在实际的唐诗中，最长的超过 1000 字。为了训练常规的诗歌模型，必须将过长的诗歌从样本中剔除（如著名的《长恨歌》，加上标点符号共计 1024 个字符），这就涉及对样本内容的数据分析。

下面是一个简单的样本数据分析代码：

```
# 读取唐诗三百首数据
import os
import json

file_path="D:\\chinese_peotry\\chinese-poetry\\ 全唐诗 \\ 唐诗三百首 .json"
dst_file_path="D:\\OneDrive\\2024\\AI\\nano_gpt"
# 从 file_path 读取 JSON 文件并返回 JSON 对象列表
def read_json_files(file_path):
    with open(os.path.join(file_path, file_path), 'r', encoding='utf-8') as f:
        json_objects = jsonload(f)
    return json_objects

json_objects = read_json_files(file_path)
print('json_objects:', len(json_objects))
print(json_objects[0])
txt_file = os.path.join(dst_file_path,   'tang_300.txt')
for obj in json_objects:
    # print(json_obj)
    title = obj['title']
    paragraphs = obj['paragraphs']
    with open(txt_file, 'a', encoding='utf-8') as f:
        f.write('---'+'+'+'\n') # 用 "---" 分割每首诗，会便于后续每首诗歌的分割和构建 "起
            始" 和 "终止" 特殊符号
        f.write(title +'\n')
        for paragraph in paragraphs:
            f.write(paragraph +'\n')

# 过滤掉过长的诗歌
txt_file='tang_300.txt'
with open(txt_file, 'r', encoding='utf-8') as f:
    lines = freadlines()

# 查找行中带有 "---" 的索引
```

```python
split_indices = [i for i, line in enumerate(lines) if'---'in line]

# 按索引进行拆分
parts = []
start = 0
for index in split_indices:
    poetry = ''.join(lines[start:index])
    parts.append(poetry)
    start = index +1
rest = ''.join(lines[start:])
parts.append(rest)

part_len = [len(part) for part in parts]

avg_len = sum(part_len) / len(part_len)
print(f'Average length of parts: {avg_len}')
import pandas as pd
df = pd.DataFrame(part_len, columns = ['length'])
print(df.describe())

# 对少于 2 个或多于 81 个字符的部分进行删除处理
parts = [part for part in parts if len(part) >2 and len(part) <= 81]

with open('tang_300_clean_81.txt', 'w', encoding='utf-8') as f:
    for part in parts:
        f.write('---\n')
        f.write(''.join(part))
```

通过对诗歌长度的分析，得出如下结果。

```
Average length of parts: 80.57220708446866
         length
count  367.000000
mean    80.572207
std     89.549447
min      0.000000
25%     40.500000
50%     58.000000
75%     75.000000
max   1024.000000
```

　　根据数据分析，将诗歌长度设置为 81 个字符，可以确保大部分诗歌能够被纳入，同时过滤掉过长的诗歌，避免因长度过长影响训练效果。此举的根本原因在于，大模型在样本训练中需考虑统一的序列长度，极端长度会增加模型训练的难度，进而影响模型的训练表现。

3.5.2　特殊符号的引入

　　大模型如何识别句子的起始和结束？为此，引入了 4 类特殊符号，分别为起始符号、终止符号、填充符号和未知符号。在样本处理过程中，每个符号（包括逗号、句号、问号等）都被转换为对应的序号，便于模型处理。通过学习这些特殊符号，模型能够更好地理解输入数据，并生成流畅的诗歌。由于并没有特定字符用于表示起始或终止符号，因此可以通过在诗歌的开始和结束添加自定义的特殊符号来实现。这样，模型在训练时将学习这些符号的含义，进而生成符合规范的诗歌。一般情况下，起始符号设置为 "<start>"，终止符号为 "<end>"，填充符号为 "<pad>"，未知符号为 "<unk>"。起始符号和终止符号的引入能帮助模型更好地理解和处理输入数据，提升训练效果；填充符号有助于处理不同长度的输入数据；未知符号则增强了模型处理未知输入的能力，提升了其泛化能力。以下是在构建字符字典过程中，添加了 4 个特殊符号的代码：

```python
def load_and_process_data(txt_file):
    with open(txt_file, 'r', encoding='utf-8') as f:
        lines = f.readlines()

    split_indices = [i for i, line in enumerate(lines) if '---' in line]
    parts = []
    start = 0
    for index in split_indices:
        poetry = '<start>'+''.join(lines[start:index]) + '<end>'
        parts.append(poetry)
        start = index +1
    rest = '<start>' + ''.join(lines[start:]) +'<end>'  # 每首诗歌的开始和结尾分
                                                         别增加一个特殊符号
    parts.append(rest)
    parts = [part for part in parts if len(part) > 20]

    text = ''.join(parts)
    tokens = re.split('(<start>|<end>)', text)
    chars = set()
    for token in tokens:
        if token in ('<start>', '<end>'):
            chars.add(token)
        else:
            chars.update(set(token))
    chars.update(['<unk>', '<pad>']) # 额外补充 2 个特殊符号，用于后续的训练和生成过程
    char_indices = {c: i for i, c in enumerate(sorted(chars))}
    indices_char = {i: c for i, c in enumerate(sorted(chars))}
    vocab_size = len(chars)
    return parts, char_indices, indices_char, vocab_size
```

在字符转换为数字的过程中，遇到特殊符号（如 [cls]、[pad] 等）应如何处理？可以将特殊符号转换为序号，从而使模型在训练时更有效地处理这些符号。将特殊符号转换为序号的代码如下：

```python
def text_to_indices(text_parts, char_indices):
```

```
        indices_list = []
        for part in text_parts:
            tokens = re.split('(<start>|<end>)', part) # 按照特殊符号分割，生成的结果
                是具有三个元素的列表，其中前后两个元素因为作为分隔符，导致分割后，输出为空字
                符串，只保留了中间的部分作为文字部分
            content = tokens[1]
            content_list = list(content)
            indices = [char_indices['<start>']] + [char_indices[token] for token
                in content_list] + [char_indices['<end>']] # 手动的添加起始和终止符
                号映射的序号，用于训练过程
            indices_list.append(torch.tensor(indices, dtype=torch.long))
        return indices_list
```

3.5.3　早停策略的应用

在模型训练过程中，早停策略的应用至关重要，其合理运用能够有效避免模型出现过拟合现象，提升模型的泛化能力。在训练过程中，通过监控验证集的损失值，可以提前终止训练以防止过拟合。通常情况下，在模型训练时，每隔一定的迭代次数对验证集的损失值进行评估，若验证集损失值在连续若干次迭代中未出现下降，则可提前终止训练。该过程可通过 PyTorch 的 EarlyStopping 类实现，早停后的模型保存也是不可或缺的环节。以下是一个简单的实现过程：

```
class EarlyStopping:
    def __init__(self, patience = 5, verbose = False, delta = 0.01):
        self.patience = patience
        self.verbose = verbose
        self.delta = delta
        self.best_score = None
        self.early_stop = False
        self.counter = 0

    def __call__(self, score, model):
        if self.best_score is None:
            self.best_score = score
            self.save_checkpoint(model)
        elif score < self.best_score +self.delta:
            self.counter += 1
            if self.verbose:
                print(f'EarlyStopping counter: {self.counter} out of {self.
                    patience}')
            if self.counter >= self.patience:
                self.early_stop = True
        else:
            self.best_score = score
            self.save_checkpoint(model)
            self.counter = 0
```

```
def save_checkpoint(self, model):
    torch.save(model.state_dict(), 'checkpoint.pt')
    print('Model improved and saved!')
```

3.5.4 模型训练中的强化学习

强化学习是一种通过观察环境反馈来学习在环境中采取行动的机器学习方法。在模型训练过程中，可利用强化学习方法优化模型的生成逻辑，以更好地生成符合规范的诗歌。该过程通常通过监控模型生成的诗歌质量调整模型参数，以提高生成效果。例如，若发现诗词生成结果中存在不符合规范的现象，如连续标点符号、重复词语等，可通过强化学习调整模型参数，提高生成效果。针对连续标点符号和特殊符号的强化学习实现过程包括三个部分：强化学习评估、生成过程中的强化学习评估、训练过程中的强化学习。相关代码如下。

```
# 强化学习评估
def compute_reward(idx_sequence, indices_char):
    text = indices_to_text(idx_sequence, indices_char)
    reward = 0
    if text.startswith('<start>') and text.endswith('<end>'):
        reward += 1
    else:
        reward -= 1
    start_count = text.count('<start>')
    end_count = text.count('<end>')
    pad_count = text.count('<pad>')
    if start_count == 1 and end_count == 1:
        reward += 1
    else:
        reward -= (start_count + end_count -2)
    reward -= pad_count
    consecutive_unk_penalty = text.count('<unk><unk>')
    reward -= consecutive_unk_penalty
    consecutive_symbol_penalty =sum(text.count(c *3) for c in',.?!')
    reward -= consecutive_symbol_penalty
    reward = max(reward, 0)
    return reward

# 生成过程中的强化学习评估
def generate_with_rewards(model, initial_idxs, max_new_tokens, char_indices,
    indices_char, device):
    model.eval()
    log_probs = []
    rewards = []
    idxs = initial_idxs.to(device)
    with torch.no_grad():
```

```
        for _ in range(max_new_tokens):
            logits, _ = model(idxs)
            probs = F.softmax(logits[:, -1, :], dim = -1)
            distribution = Categorical(probs)
            next_tokens = distribution.sample()
            log_probs.extend(distribution.log_prob(next_tokens))
            idxs = torch.cat([idxs, next_tokens.unsqueeze(1)], dim = 1)
            batch_rewards = [0] * next_tokens.size(0)
            for i, next_token in enumerate(next_tokens):
                if next_token.item() == char_indices['<end>']:
                    generated_text = indices_to_text(idxs[i].cpu().numpy(),
                        indices_char)
                    reward = compute_reward(generated_text, indices_char)
                    batch_rewards[i] = reward
            rewards.extend(batch_rewards)
    rewards = torch.tensor(rewards, dtype=torch.float, device=device)
    rewards = rewards / (rewards.max() +1e-8) * 10 * config['rl_reward_scale']
    log_probs = torch.stack(log_probs).squeeze()
    return idxs, log_probs, rewards


# 训练过程中的强化学习
def train_with_rl(model, optimizer, data_loader, max_new_tokens, char_
    indices, indices_char, device):
    model.train()
    total_loss = 0
    for xb, yb in data_loader:
        xb, yb = xb.to(device), yb.to(device)
        logits, loss = model(xb, yb)
        generated_sequences, log_probs, rewards = generate_with_
            rewards(model, xb, max_new_tokens, char_indices, indices_char,
            device)
        if not log_probs.numel():
            continue
        rl_loss =-torch.sum(log_probs * rewards)
        combined_loss = config['supervised_loss_weight'] * loss + config['rl_
            loss_weight'] * rl_loss
        optimizer.zero_grad()
        combined_loss.backward()
        torch.nn.utils.clip_grad_norm_(model.parameters(), config['gradient_
            clip'])
        optimizer.step()
        total_loss += combined_loss.item()
    return total_loss /len(data_loader)
```

本例中的强化学习部分以原理展示为主，实际训练过程中需考虑更多因素，如奖励与惩罚的权重、奖励与惩罚的计算方法、生成结果的评估标准等。这些因素应根据具体应用场景进行调整，以提升模型生成效果。

3.6　GPT 模型总结

本节从最简单的二元语法模型入手，介绍了如何构建基础的诗词创作模型。该模型的价值在于提供完整的模型设计过程。在此基础上，可进一步引入更复杂的模型（如 GPT 模型），以提升生成效果。读者可在模型构建过程中掌握下述知识点。

（1）文字是如何转换成数字的

通过构建字符到数字的映射，可以将文字转换成数字，以便于计算机理解。

（2）数据的预处理和加载

通过对数据的预处理和加载，将数据集合分解成训练集和测试集。

（3）简单的神经网络模型

构建了一个简单的二元语法模型，通过当前字符来预测下一个字符。它包括一个嵌入层和一个全连接层。

（4）模型的训练过程

通过模型的训练过程来优化模型的参数，以提升生成效果。

（5）模型的评估

通过验证集的数据，我们能够评估模型的生成效果，从而调整模型参数。

（6）模型的生成过程

通过模型生成过程，可以生成符合规范的诗词。接着，引入 GPT 模型。该模型基于 Transformer 的架构，能够更好地处理长距离依赖关系。GPT 模型与二元语法模型在设计和训练过程中存在许多相似之处，例如数据预处理、模型训练和评估等环节。然而，GPT 模型相较于二元语法模型具有明显优势，具体表现在以下几个方面。

- ❑ 更加复杂的神经网络设计：整体结构更加复杂，包括多头注意力机制、前馈神经网络等。
- ❑ 嵌入层与位置编码的设计：如何将词向量与位置向量相加，以便模型更有效地理解输入数据。
- ❑ 查询、键、值在模型训练中如何实现注意力机制运算。
- ❑ 在长序列内容生成训练中的精巧设计：掩码注意力机制如何实现对"未来"内容的评估。

在完成 GPT 模型的完整训练和生成过程后，通过对结果输出的评估发现了以下问题。

- ❑ 训练循环次数是否合理？是否可以提前终止？样例中采用了 3000 次训练，出现了过拟合现象（如训练集的损失显著下降，而测试集的损失显著上升）。
- ❑ 未设置早停机制，且未对模型进行保存。
- ❑ 生成的结果不符合规范，输出内容仅限定字数，缺少明确的语义结束标志。

针对这些问题，笔者引入了模型微调的优化方法，具体包括：

- ❑ 对训练样本进一步分析，过滤掉超长诗词，保留符合规范的诗词。通过限定诗词长度，优化模型训练，提高生成效果。

❑ 引入 4 类特殊符号以辅助模型的训练和生成。通过引入起始符号、终止符号、填充符号和未知符号，可以提升模型对输入数据的理解与处理能力，从而提高训练效果。

❑ 引入了强化学习方法，对生成结果进行奖励和惩罚的处理。通过强化学习，可优化模型的生成逻辑，更好地生成符合规范的诗歌。

❑ 引入早停策略，通过监控验证集的损失值，提前终止模型训练，避免过拟合。早停后，保存必要的模型也是关键环节。

❑ 增加模型的保存与加载功能，保存训练完成的模型，便于后续的加载与使用。

通过以上优化方法，读者能够更有效地训练并生成符合规范的诗词。在此过程中，读者不仅学习了如何构建基础的诗词创作模型，还学习了如何优化模型，以提升生成效果。尽管真实的 GPT 模型训练和生成过程更为复杂，但这一基础模型的设计与优化过程可以帮助读者更好地理解和应用 GPT 模型。

第 4 章　Chapter 4

大语言模型的微调技术

在海量数据和大规模算力资源的支持下，利用 GPT 模型，我们能够构建一个基础大模型。基础大模型能够实现文本生成、文本分类、文本摘要、文本翻译等多种任务。然而，在实际应用中，基础大模型在垂直领域的任务表现并不理想。例如，在将预训练大模型应用于具体的金融服务领域的知识问答任务时，由于预训练模型未针对某一特定公司的业务领域知识进行训练，因此它在知识问答任务上的表现存在不足。为了使预训练大模型适配特定任务，我们需要采取额外的技术措施。其中一种方式是通过对基础模型进行微调，以优化其在特定任务中的表现。本章将介绍预训练大模型的微调（Fine-tuning）技术。

微调是一种机器学习技术，旨在将预训练于大规模数据集上的模型应用于特定任务。其目的是使模型适应特定任务的数据分布，以提升其在该任务上的表现。微调过程通常包括以下 5 个步骤：

- ❑ 清洗和加工新的数据集，通常会按照一定的比例划分为训练集、验证集和测试集。
- ❑ 调整预训练模型的结构，通常是在其基础上添加新的层，或对部分网络结构进行调整。
- ❑ 设定微调的超参数，如学习率、批量大小等。
- ❑ 在利用新的数据集对模型进行训练时，通常使用验证集来调整模型的超参数。
- ❑ 利用测试集来评估模型的性能。

4.1　微调的基本概念

在介绍模型微调之前，我们先回顾一下大模型的推理过程。在第 3 章中提到，大模型的推理过程是通过输入一段文本序列，模型根据输入的文本序列生成输出的文本序列。该过程依赖于模型的参数，而模型的参数是通过在大规模数据集上预训练获得的，因而包含大量知识。推理过程如图 4-1 所示。

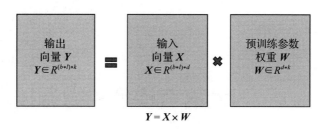

图 4-1　大模型的推理过程

在图 4-1 中，X 表示输入文本向量化后的结果，其维度为三维，包含批处理大小 b、文本长度 l 及词向量维度 d。模型参数 W 通过大规模数据集预训练，包含大量知识。模型输出 Y 为根据输入文本生成的文本序列。在推理过程中，模型参数 W 保持固定，不发生变化。因此，模型输出 Y 是依据输入文本 X 及模型参数 W 生成的。

微调技术的发展脉络可归纳为以下三个方向：全参数微调、参数高效微调和表征微调。

1. 全参数微调

全参数微调（Full Fine-Tuning）是最早的微调技术形式，它使用特定任务数据调整预训练模型的所有参数，使模型能够适应新任务。随着当前预训练大模型参数规模的增大，全参数微调的计算成本过于昂贵，已不适用于常规微调任务。

2. 参数高效微调

为解决全量微调所需的计算资源过于庞大的问题，发展了参数高效微调（Parameter Efficient Fine-Tuning，PEFT）技术。PEFT 旨在通过最小化微调参数数量和计算复杂度，实现高效迁移学习。它仅更新模型的部分参数，显著降低了训练时间和成本，适用于计算资源有限的场景。PEFT 技术包括适配器微调、前缀微调（Prefix Tuning）、Prompt Tuning、P-Tuning、LoRA（Low Rank Adaptation Tuning）等多种方法，可根据不同的任务和模型需求灵活选择。

（1）适配器微调

该方法通过设计适配器结构并将其嵌入 Transformer 中，仅对新增的适配器结构进行微调，原模型参数保持固定，从而在保持高效性的同时引入少量额外参数。

（2）前缀微调

前缀微调是一种 PEFT 技术，通过在输入前添加可学习的虚拟 token 作为前缀，仅更新前缀参数，而保持 Transformer 的其他部分固定。此方法减少了需更新的参数数量，提高了训练效率。

（3）Prompt Tuning

Prompt Tuning 是一种简化版的前缀微调，通过在输入层加入提示词来实现。随着模型规模的增大，Prompt Tuning 的效果可以接近全量微调，同时不需要复杂的机器学习过程。

（4）P-Tuning

P-Tuning 涉及将 Prompt 转换为可学习的嵌入层，并通过多层感知机（MLP）和长短期记忆网络（LSTM）进行处理。此方法解决了 Prompt 构造对下游任务效果的影响，提供了更大的灵活性和更强的表示能力。

（5）LoRA

LoRA 是一种在矩阵乘法模块中引入低秩矩阵，以模拟全量微调的技术。通过更新语言模型中的关键低秩维度，实现高效的参数调整，并降低计算复杂度。

3. 表征微调

表征微调（Representation Finetuning，ReFT）重点在于在推理过程中对语言模型的"隐藏表示"（Hidden Representation）进行干预，而非直接修改其权重。"隐藏表示"是指在网络的隐藏层中计算得到的中间结果。这些表示以特征向量形式存在，捕捉了输入数据的抽象特征和语义信息。这种干预可通过多种方式实现，如线性变换、非线性变换（各种激活函数）、注意力机制调整或上下文感知调整等。ReFT 的核心理念源于关于语言模型可解释性的研究，这些研究表明，丰富的语义信息编码在这些模型学习的表示中。通过干预这些表示，ReFT 旨在解锁并利用这些编码的知识，从而实现更高效且有效的模型适应。

4.1.1　适配器微调

适配器微调作为一种迁移学习方法，最早由 Housby 等人在其论文中提出。其核心思想是在预训练模型基础上添加一个小型适配器层，以适应特定任务的数据。适配器层为一个小型神经网络，通常由线性层和激活函数构成。由于适配器层的参数量较小，因此训练成本较低。在微调过程中，仅适配器层的参数会更新，而预训练模型的参数保持不变。这样既能保留预训练模型的知识，又能适应特定任务的数据。适配器微调的优势在于无须大幅增加参数，即可优化预训练模型在特定任务上的表现。其缺点在于适配器层的设计需要一定经验，不同任务可能需要不同的适配器层设计。

图 4-2 是适配器微调涉及的结构变化示意图。

根据图 4-2 左侧所示，在每个 Transformer 中增加了两个适配器层。右侧的图展示了适配器层的内部结构，包含前馈网络向下投影层（通常与向上投影层成对出现，用于将特征映射回原始维度或更低维度）、非线性激活函数层和前馈网络向上投影。适配器层的设计目的是在保持预训练模型参数不变的情况下，增加额外参数以适应特定任务数据。类似于 Transformer 结构，该内部结构也包含一个跳跃连接（Skip Connection），用于传递原始输入特征。

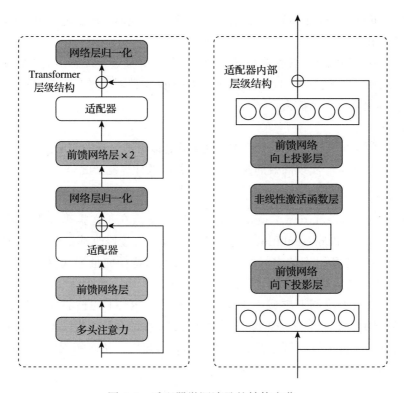

图 4-2　适配器微调涉及的结构变化

4.1.2　前缀微调

前缀微调的设计灵感源于大模型的提示词引导方法，即通过在任务输入前添加指令和示例引导模型生成输出。然而，与提示词引导不同的是，前缀微调是在模型输入前添加可学习的前缀，以引导模型生成输出。该方法的优势在于可以通过学习前缀引导模型生成更准确的输出，而无须设计复杂的提示词。前缀向量空间示意图如图 4-3 所示。

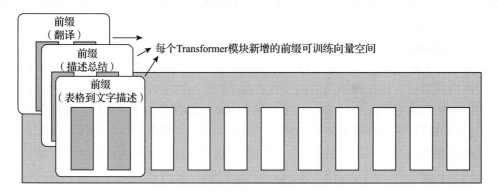

图 4-3　前缀向量空间示意图

前缀微调中的 token 是指添加到输入序列前的一系列连续的任务特定向量（即前缀）。这些向量是模型中的可训练参数既不来自原始的语言模型参数，又不来自任何真实的词汇或文本数据。前缀向量随机初始化，并在训练过程中通过反向传播算法优化。由此可见，前缀微调通过引入小型的连续参数向量，在保持预训练模型参数不变的情况下，为模型提供了适应特定任务的额外能力。

此外，前缀微调允许模型同时支持多个任务，每个任务都有独立的前缀，并且能够在单个批次中处理多个用户或任务的样本，这也是其他轻量级调优方法所不具备的。

4.1.3 LoRA

LoRA 微调的核心思想是在保持预训练模型参数不变的情况下，通过训练一个加权矩阵，使大模型在特定任务上表现更优。其预训练权重和微调权重的关系如图 4-4 所示。

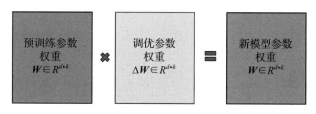

图 4-4 LoRA 微调中预训练权重和微调权重的关系

图 4-4 左侧的参数矩阵为预训练模型的参数矩阵，训练过程中保持不变；中间的参数矩阵为微调过程中需训练的参数矩阵。在微调过程中，需训练一个加权矩阵，使预训练模型的参数矩阵与微调过程中的参数矩阵相乘后的结果更好地适应特定任务的数据。如此，既保持了预训练模型的知识，又能够适应特定任务的数据。

Armen Aghajanyan 等人的研究发现，预训练的大模型中存在一个内在的低秩矩阵结构，可以通过少量参数模拟全量微调的效果。该技术有效地降低了矩阵的维度，从而减少了参数的数量。其低秩分解如图 4-5 所示。

图 4-5 低秩分解示意图

LoRA 的优势在于能够在不大幅增加参数的情况下，实现预训练模型在特定任务上的优化。LoRA 的缺点在于需要设计合适的低秩矩阵，不同任务可能需要不同的设计。

4.1.4 QLoRA

在大模型时代，公开的最低大模型参数量也达到 30 亿，如微软的 Phi-3，其参数量为

38 亿，而最高的已经超过 5000 亿参数（如 OpenAI 的 GPT-4）。这些大模型的训练和微调需要大量的计算资源，往往难以承受。因此，PEFT 技术成为微调技术的主流。为了进一步减少计算显卡和内存的消耗，在 LoRA 技术的基础上结合"量化"技术，对 LoRA 的分解矩阵进行量化，从而进一步减少参数量。研究表明，16 位的 LAMA-65B 模型在训练时，需要超过 780GB 的显存，而 QLoRA（Quantization LoRA）技术实现了在一台 48GB 显存的机器上进行微调，并且保持了 99.3% 的性能，同时训练时间大幅缩短至 24h。

QLoRA 是如何实现这一效果的呢？在微调过程中，模型仅更新量化后的参数，其他参数保持不变。这种方式既保留了预训练模型的知识，又能适应特定任务的数据。QLoRA 的优势在于，量化后的计算通常更快，尤其是在专门的硬件（如 GPU、TPU）上，因为低精度的计算可以更高效地利用硬件的并行计算能力，提高计算效率，减少训练和推理的时间成本。

4.2 微调中的关键技术

4.2.1 PEFT 工具包

Hugging Face 开源的 PEFT 工具包支持 Transformer 模型的微调。该工具包通过仅微调少量额外模型参数，而非全部模型参数，实现了大型预训练模型对各种下游应用的高效适应，大幅减少了计算和存储成本。PEFT 技术在性能上可与完全微调的模型相媲美。

下面以 PEFT 微调的显存资源为例说明该项技术的优势，如表 4-1 所示。

表 4-1 PEFT 不同微调方式数据对比

模型名称	全参微调	PEFT-LoRA 微调	LoRA + DeepSpeed + CPU 离线存储加载方案
bigscience/T0_3B（30 亿参数量）	47.14GB GPU / 2.96GB CPU	14.4GB GPU / 2.96GB CPU	9.8GB GPU / 17.8GB CPU
bigscience/mt0-xxl（120 亿参数量）	OOM GPU	56GB GPU / 3GB CPU	22GB GPU / 52GB CPU
bigscience/bloomz-7b1（70 亿参数量）	OOM GPU	32GB GPU / 3.8GB CPU	18.1GB GPU / 35GB CPU

由表 4-1 的对比可以看出，PEFT-LoRA 技术在显存资源方面具有优势，且微调后的模型性能可与全量微调的模型相媲美。具体对比结果见表 4-2。

表 4-2 微调任务效果对比

任务名称	准确率
人工识别基线（众筹方式获取）	0.897
Flan-T5	0.892
lora-t0-3b	0.863

4.2.2 LoRA

在 PEFT 中，调用 LoRA 进行微调的过程非常简单，它包括以下 4 个部分。

❑ 探查模型结构。

❑ LoRAConfig 参数设置，包括超参数、待微调的模型层等的设置。

❑ 模型训练。

❑ 模型评估。

探查模型结构可以直接使用打印模型。本例中将文本内容转换成结构化的图，BERT 模型结构如图 4-6 所示。

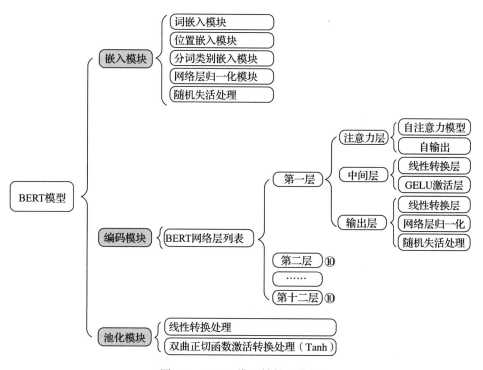

图 4-6　BERT 模型结构示意图

从图 4-6 中可以看到，BERT 模型包含编码模块，该模块由 12 层 Transformer 组成。在 LoRA 中，需要指定进行微调的模型层，通常选择所有编码器层。获取上述模型结构后，可在 LoRA 的 config 文件中设置超参数及待微调的模型层。相关代码如下。

```
from lora_config import LoraConfig, TaskType
lora_config = LoraConfig(
    task_type = TaskType.SEQ_CLS,
    r = 8,
    lora_alpha = 16,
    lora_dropout = 0.1,
```

```
    target_modules=["encoder.layer.*.attention.self.query", "encoder.
        layer.*.attention.self.key"]
)
```

为便于更好地理解，现对任务类别参数（task_type）进行说明。使用 LoRA 微调时，任务类别用于指定模型微调的任务类型。常见的任务类型包括以下 5 种。

1）序列分类（SEQ_CLS）：用于序列分类任务，例如文本分类或情感分析。典型应用场景包括 IMDB 电影评论分类及情感分析。

2）标记分类（TOKEN_CLS）：用于标记分类任务，例如命名实体识别（NER）或部分语法标注（POS tagging）。典型应用场景包括命名实体识别和分词。

3）序列到序列建模（SEQ_2_SEQ_LM）：用于序列到序列的语言模型任务，例如机器翻译或文本摘要。典型应用场景包括翻译任务和摘要生成。

4）因果语言模型（CAUSAL_LM）：用于因果语言模型任务，例如生成式任务。典型应用场景包括文本生成和自动补全。

5）问答任务（QUESTION_ANSWERING）：用于问答任务，例如 SQuAD 数据集上的问答系统。典型应用场景包括问答系统和信息检索。

低秩矩阵的秩大小（r）选择与任务、模型规模、数据集规模及计算资源相关。从对比结果来看，通常选择 $r = 8$ 或 $r = 16$ 即可覆盖大部分微调场景并达到预期效果。

lora_alpha 是一个缩放因子，用于控制低秩矩阵对原始权重矩阵的影响力。它通过调整低秩矩阵的输出来平衡模型的适应性和稳定性。通常情况下，lora_alpha 的值越大，低秩矩阵对原始权重矩阵的影响力越大。在实际应用中，该参数通常设置为低秩矩阵参数 r 的 2 倍。

lora_dropout 与训练过程中的随机失活功能是一致的，用于防止过拟合。通常情况下，lora_dropout 的值设置为 0.1。

target_modules 为一个列表，用于指定需要微调的模型层。在 LoRA 中，只有 target_modules 中指定的模型层的参数会被更新，其他模型层的参数保持不变。通常，target_modules 的值设置为需要微调的模型层路径。例如，encoder.layer.*.attention.self.query 表示微调所有的自注意力查询层。根据实际测试结果，对所有层（包括查询权重矩阵、投影层、多头注意力模块中的其他线性层以及输出层）启用 LoRA 的效果优于仅微调部分层。

在实际训练过程中，我们可以对 LoRA 进行如下总结。

❑ 在微调训练过程中，对数据集质量的要求远高于数量要求。

❑ 对整个模型层进行微调的效果优于对指定层的微调，但会带来更大的显存开销。反之，若显存受限，可仅对部分层进行微调。

❑ 多次迭代训练可能导致模型退化，建议根据实际情况选择适当的迭代次数，或使用早停技术避免过度训练。

4.3　微调技术的应用案例

前文从微调的基本概念、微调的几个关键技术等方面进行了全面的介绍，本节将以一个案例来展示微调技术在文本分类任务上的应用。

刘某是一家律师事务所的负责人，其律师事务所的日常工作包括大量合同文本的分类和查找。通常，这些任务由实习生通过人工方式进行搜索和查阅，并根据不同业务场景匹配合适的合同文本。此类工作效率较低，且易出现错误。为提高工作效率，刘某希望通过深度学习技术实现合同文本的自动分类。在此需求驱动下，我们首先收集了大量合同文本数据，随后利用 BERT 模型构建文本分类器，并通过微调技术优化 BERT 模型，以提升其在合同文本分类任务上的性能。

4.3.1　BERT 分类模型

在模型训练之前，应对样本数据进行清洗和加工。样本准备阶段虽非本次重点，但在数据清洗与加工过程中，需注意以下几个方面。

- ❑ 数据清洗：假设每个文件夹代表一类文件，当某个文件夹中的数据量较少时，可将其合并至其他文件夹。
- ❑ 数据标注：对于每个文件夹的数据，需要给每个文件夹一个标签，这个标签可以是数字，也可以是字符串。
- ❑ 数据划分：将数据集划分为训练集、验证集和测试集，通常情况下，训练集占总数据集的 70%，验证集占总数据集的 15%，测试集占总数据集的 15%。

我们使用 PyTorch Lighting 框架来实现 BERT 分类模型，其代码结构包括以下几个部分。

（1）环境设置

引入必要的库，包括数据处理库（pandas、numpy）、机器学习工具库（sklearn）、深度学习框架（PyTorch、PyTorch Lightning），以及用于 NLP 任务的 transformers 库，相关代码如下。

```
import os
import random
import numpy as np
import pandas as pd
import torch
from torch.utils.data import DataLoader, Dataset
from sklearn.preprocessing import LabelEncoder
from sklearn.metrics import precision_recall_fscore_support
from sklearn.model_selection import train_test_split
from sklearn.utils.class_weight import compute_class_weight
import pytorch_lightning as pl
from pytorch_lightning.callbacks import EarlyStopping, ModelCheckpoint
```

```
from pytorch_lightning.loggers import TensorBoardLogger
from transformers import BertTokenizer, BertForSequenceClassification
```

（2）随机种子设置

定义函数 set_seed 以确保实验的可重复性，该函数设置了所有相关的随机种子，代码如下。

```
# 设置随机种子
def set_seed(seed):
    random.seed(seed)
    np.random.seed(seed)
    torch.manual_seed(seed)
    if torch.cuda.is_available():
        torch.cuda.manual_seed_all(seed)
    pl.seed_everything(seed)


set_seed(42)
```

（3）数据加载和预处理

定义一个 TextDataset 类，继承自 PyTorch 的 Dataset。该类负责处理文本数据的编码，将文本转换为模型可接受的格式，包括 tokenization 和 attention mask 的创建，相关代码如下。

```
class TextDataset(Dataset):
    def __init__(self, texts, labels, tokenizer, max_length=256):
        self.texts = texts
        self.labels = labels
        self.tokenizer = tokenizer
        self.max_length = max_length

    def __len__(self):
        return len(self.labels)

    def __getitem__(self, idx):
        text = self.texts[idx]
        label = self.labels[idx]
        encoding = self.tokenizer.encode_plus(
            text,
            add_special_tokens=True,
            max_length=self.max_length,
            return_token_type_ids=False,
            padding='max_length',
            truncation=True,
            return_attention_mask=True,
            return_tensors='pt',
        )
        return {
```

```
        'input_ids': encoding['input_ids'].flatten(),
        'attention_mask': encoding['attention_mask'].flatten(),
        'labels': torch.tensor(label, dtype=torch.long)
    }
```

（4）模型定义

定义一个 TextClassifier 类，继承自 PyTorch Lightning 的 LightningModule。该类负责定义模型结构，包括 BertForSequenceClassification 模型的加载与微调，相关代码如下。

```python
class TextClassificationModel(pl.LightningModule):
    def __init__(self, num_classes, model_name, class_weights, label_
        mapping):
        super(TextClassificationModel, self).__init__()
        self.save_hyperparameters()
        self.num_classes = num_classes
        self.bert = BertForSequenceClassification.from_pretrained(model_name,
            num_labels=num_classes)
        self.class_weights = torch.tensor(class_weights, dtype=torch.float)
        self.label_mapping = label_mapping
        self.test_outputs = []
        self.config = self.bert.config

    def forward(self, input_ids=None, attention_mask=None, labels=None, inputs_
        embeds=None, output_attentions=None, output_hidden_states=None, return_
        dict=None, task_ids=None, **kwargs):
        return self.bert(
        input_ids=input_ids,
            attention_mask=attention_mask,
            labels=labels,
            inputs_embeds=inputs_embeds,
            output_attentions=output_attentions,
            output_hidden_states=output_hidden_states,
            return_dict=return_dict
        )

    def compute_loss(self, logits, labels):
        return torch.nn.functional.cross_entropy(logits, labels, weight=self.
            class_weights.to(self.device))

    def training_step(self, batch, batch_idx):
        outputs = self(
            input_ids=batch.get('input_ids'),
            attention_mask=batch.get('attention_mask'),
            labels=batch.get('labels')
        )
        loss = outputs.loss
        self.log('train_loss', loss)
```

```python
        return loss

    def validation_step(self, batch, batch_idx):
        outputs = self(
            input_ids=batch.get('input_ids'),
            attention_mask=batch.get('attention_mask'),
            labels=batch.get('labels')
        )
        loss = outputs.loss
        preds = torch.argmax(outputs.logits, dim=1)
        acc = (preds == batch.get('labels')).float().mean()
        self.log('val_loss', loss, prog_bar=True)
        self.log('val_acc', acc, prog_bar=True)
        return {'val_loss': loss, 'val_acc' : acc}

    def test_step(self, batch, batch_idx):
        outputs = self(
            input_ids=batch.get('input_ids'),
            attention_mask=batch.get('attention_mask'),
            labels=batch.get('labels')
        )
        preds = torch.argmax(outputs.logits, dim=1)
        precision, recall, f1, _ = precision_recall_fscore_support(batch.
            get('labels').cpu(), preds.cpu(), labels=range(self.num_classes),
            zero_division=0)
        self.test_outputs.append({'precision': precision, 'recall': recall, 'f1':
            f1})
        return {'precision': precision, 'recall': recall, 'f1': f1}

    def on_test_epoch_end(self):
        if self.test_outputs:
            all_precisions = [torch.tensor(x['precision']) for x in self.test_
                outputs]
            all_recalls = [torch.tensor(x['recall']) for x in self.test_outputs]
            all_f1s = [torch.tensor(x['f1']) for x in self.test_outputs]
            avg_precision = torch.stack(all_precisions).mean(dim=0).numpy()
            avg_recall = torch.stack(all_recalls).mean(dim=0).numpy()
            avg_f1 = torch.stack(all_f1s).mean(dim=0).numpy()
            results = pd.DataFrame({
                'Category': [self.label_mapping[i] for i in range(self.num_
                    classes)],
                'Precision': avg_precision,
                'Recall': avg_recall,
                'F1-Score': avg_f1
            })
            print(results)
            self.test_outputs.clear()
```

```
def configure_optimizers(self):
    return torch.optim.AdamW(self.parameters(), lr=3e-5)
```

1. PyTorch Lightning 训练框架

PyTorch Lightning 训练框架对初学者友好，代码结构清晰，易于理解。每个模型均为一个 LightningModule，包含训练、验证和测试逻辑。在本案例中，模型的固定框架包括以下几个部分。

- ❑ 初始化函数 __init__(self, num_classes, model_name, class_weights, label_mapping)：定义模型的结构，包括 BertForSequenceClassification 模型的加载和微调。
- ❑ forward 函数forward(self, input_ids=None, attention_mask=None, labels=None, inputs_embeds=None,output_attentions=None,output_hidden_states=None,return_dict=None, task_ids=None, **kwargs)：定义模型的前向传播逻辑，包括输入和输出的处理。
- ❑ compute_loss 函数 compute_loss(self, logits, labels)：定义模型的损失函数，用于计算模型的损失值。
- ❑ training_step 函数 training_step(self, batch, batch_idx)：定义模型的训练逻辑，包括输入和输出的处理。
- ❑ validation_step 函数 validation_step(self, batch, batch_idx)：定义模型的验证逻辑，包括输入和输出的处理。
- ❑ test_step 函数 test_step(self, batch, batch_idx)：定义模型的测试逻辑，包括输入和输出的处理。
- ❑ on_test_epoch_end 函数 on_test_epoch_end(self)：定义模型的测试结束逻辑，包括输出测试结果。
- ❑ configure_optimizers 函数 configure_optimizers(self)：定义模型的优化器，用于更新模型的参数。

此外，案例代码中运用了一系列函数，如 forword 函数和 compute_loss 函数。

- ❑ forword 函数。默认情况下，该函数只需要 3 个参数（input_ids、attention_mask 和 labels）即可。但是由于考虑到后续需要进行微调，需要与微调中默认设置的参数保持一致，因此增加了在当前训练阶段不需要的参数（默认设置为 None）。
- ❑ compute_loss 函数。该函数用于计算模型的损失值，通常使用交叉熵损失函数计算。在这个函数中，还需要传入权重参数 class_weights，以处理数据集的类别不平衡问题。

2. load_data 函数

load_data 用于加载训练数据和验证数据，对标签进行编码，并计算类权重，以处理可能存在的类不平衡问题，它包括三部分。

❑ 读取数据：使用 Pandas 库读取数据集，将数据集转换为 DataFrame 格式。

❑ 创建 dataset：将数据集划分为训练集、验证集和测试集，然后使用 TextDataset 类创建训练集和验证集的 dataset。

❑ 创建 dataloader：使用 DataLoader 类创建训练集和验证集的 dataloader，具体代码样例如下。

```python
def load_data(output_csv):
    df = pd.read_csv(output_csv, delimiter='$')
    label_encoder = LabelEncoder()
    df['Label'] = label_encoder.fit_transform(df['Label'])
    class_weights = compute_class_weight('balanced', classes=np.
        unique(df['Label']), y=df['Label'])
    class_weights = class_weights.tolist()   #转换为列表
    label_mapping = dict(zip(range(len(label_encoder.classes_)), label_
        encoder.classes_))
    return df, label_encoder, class_weights, label_mapping


def create_datasets(df,tokenizer):
    train_texts, test_texts, train_labels, test_labels = train_test_
        split(df['Text'].tolist(), df['Label'].tolist(), test_size=0.2,
        random_state=42)
    train_texts, val_texts, train_labels, val_labels = train_test_
        split(train_texts, train_labels, test_size=0.25, random_state=42)
    train_dataset = TextDataset(train_texts, train_labels, tokenizer)
    val_dataset = TextDataset(val_texts, val_labels, tokenizer)
    test_dataset = TextDataset(test_texts, test_labels, tokenizer)
    return train_dataset, val_dataset, test_dataset


def create_dataloaders(train_dataset, val_dataset, test_dataset, batch_
    size=32):
    train_loader = DataLoader(train_dataset, batch_size=batch_size,
        shuffle=True)
    val_loader = DataLoader(val_dataset, batch_size=batch_size, shuffle=False)
    test_loader = DataLoader(test_dataset, batch_size=batch_size,
        shuffle=False)
    return train_loader, val_loader, test_loader
```

以上代码包含以下 3 个关键知识点。

❑ 数据集权重的计算。使用 compute_class_weight 函数计算数据集的类别权重，用于处理数据集的类别不平衡问题。

❑ 标签编码。使用 LabelEncoder 类对标签进行编码，将标签转换为数字。

❑ 训练集需要进行离散化处理，但验证和测试集不需要进行离散化处理。训练集要离散化处理的原因是避免训练过程中学习到一些顺序信息，进而导致模型过拟合。

3. 模型训练

我们定义了一个 TextClassificationModel 类，这个类继承自 PyTorch Lightning 的 LightningModule。在这个类中定义了模型的结构和训练逻辑，同时也定义了数据的加载处理过程。接下来，我们需要实例化这个类，并进行模型训练，相关代码如下。

```python
def main():
    # 设置随机种子
    set_seed(42)
    output_csv = 'D:\\OneDrive\\2024\\AI\\text_cnn_qz20221211\\data\\output.csv'
    df, label_encoder, class_weights, label_mapping = load_data(output_csv)
    tokenizer = BertTokenizer.from_pretrained("bert-base-chinese")
    train_dataset, val_dataset, test_dataset = create_datasets(df, tokenizer)
    train_loader, val_loader, test_loader = create_dataloaders(train_dataset,
        val_dataset, test_dataset)

    num_classes = len(label_encoder.classes_)
    model = TextClassificationModel(num_classes=num_classes, model_name="bert-
        base-chinese", class_weights=class_weights, label_mapping=label_mapping)

    logger = TensorBoardLogger("tb_logs", name="my_model")

    checkpoint_callback = ModelCheckpoint(
        monitor='val_loss',
        dirpath='D:\\bert_models\\checkpoints',
        filename='model-{epoch:02d}-{val_loss:.2f}',
        save_top_k=1,
        mode='min'
    )

    trainer = pl.Trainer(
        max_epochs=10,
        callbacks=[EarlyStopping(monitor='val_loss', patience=3), checkpoint_
            callback],
        logger=logger,
        accelerator='gpu',  # 使用 GPU 训练
        devices=1  # 指定使用 1 个 GPU
    )
    trainer.fit(model, train_loader, val_loader)
    device = torch.device('cuda' if torch.cuda.is_available() else 'cpu')
    model.to(device)
    model.eval()

    # 评估测试集
    test_metrics_df = evaluate_model(model, test_loader, device)
    print(f"Test Metrics:\n{test_metrics_df}")
    test_metrics_df.to_csv('D:\\bert_models\\test_metrics.csv', index=False)
```

```
# 评估验证集
val_metrics_df = evaluate_model(model, val_loader, device)
print(f"Validation Metrics:\n{val_metrics_df}")
val_metrics_df.to_csv('D:\\bert_models\\validation_metrics.csv', index=False)
```

以上代码中包含以下 3 个关键知识点。

❑ 随机种子设置。通过设置随机种子确保实验的可重复性，固定随机数生成器的初始状态，这样有利于实验结果的复现和对比。

❑ 模型检查点与提前停止。通过设置模型检查点和提前停止，可以在训练过程中保存模型的状态，并在验证集上的性能不再提升时提前停止训练，避免过拟合。

❑ 设置 label 标签。在模型训练过程中，需要将标签转换为数字，这样模型才能识别和处理标签信息。但是解析后的结果需要转换为原始标签，以便于后续的结果分析和可视化。

4. 模型训练后的评估

在模型训练完成后，我们需要对模型进行评估，以了解模型在测试集和验证集上的性能。评估的指标通常包括准确率、召回率、F1 值等。在这个案例中，我们定义了一个 evaluate_model 函数，用于评估模型在测试集和验证集上的性能。同时，我们定义了一个加载模型的函数 load_latest_checkpoint 函数用于加载最新的模型检查点，相关代码如下。

```
def load_latest_checkpoint(checkpoint_dir, model_class):
    checkpoint_files = [f for f in os.listdir(checkpoint_dir) if f.endswith
        ('.ckpt')]
    latest_checkpoint = max(checkpoint_files, key=lambda f: os.path.getmtime(os.
        path.join(checkpoint_dir, f)))
    checkpoint_path = os.path.join(checkpoint_dir, latest_checkpoint)
    model = model_class.load_from_checkpoint(checkpoint_path)
    return model

def evaluate_model(model, data_loader, device):
    model.eval()
    preds, true_labels = [], []

    with torch.no_grad():
        for batch in data_loader:
            input_ids = batch['input_ids'].to(device)
            attention_mask = batch['attention_mask'].to(device)
            labels = batch['labels'].to(device)
            outputs = model(input_ids=input_ids, attention_mask=attention_mask,
                labels=labels)
            preds.extend(torch.argmax(outputs.logits, dim=1).cpu().numpy())
            true_labels.extend(labels.cpu().numpy())
```

```
precision, recall, f1, _ = precision_recall_fscore_support(true_labels,
    preds, labels=range(model.num_classes), zero_division=0)

# 使用类别映射将类别编号转换为类别名称
categories = [model.hparams.label_mapping[i] for i in range(model.num_
    classes)]

metrics_df = pd.DataFrame({
    'Category': categories,
    'Precision': precision,
    'Recall': recall,
    'F1-Score': f1
})

return metrics_df
```

以上代码中包含以下几个关键知识点。

1）模型加载时，设置 eval 的状态非常重要，它有三个作用。

❑ 关闭 Dropout 和 BatchNorm 层。在训练过程中，Dropout 层会随机关闭一部分神经元以防止过拟合，而 BatchNorm 层会根据当前批次的数据动态调整归一化参数。进入评估模式后，这些层的行为会发生变化：Dropout 层停止工作，所有神经元都将被激活；BatchNorm 层会使用在训练过程中累计的均值和方差，而不是当前批次的数据。

❑ 确保一致性。在训练过程中，某些层（如 Dropout 和 BatchNorm）的行为是随机的。如果在评估时不关闭这些层，其随机性会影响评估结果的稳定性和一致性。使用 model.eval() 确保在评估时模型的行为是确定的，从而提供稳定的性能评估。

❑ 防止梯度计算。虽然 model.eval() 本身并不会关闭梯度计算，但通常会与 torch.no_grad() 一起使用，以显著减少评估时的内存占用和计算量。这对于大型模型（如 BERT）特别重要，因为它们在推理过程中需要较大的内存和计算资源。

2）torch.no_grad() 有以下三个作用。

❑ 减少内存占用。在评估过程中，不需要计算梯度，因此可以通过 torch.no_grad() 减少内存占用。

❑ 提高计算速度。不计算梯度可以提高计算速度，因为不需要进行反向传播。

❑ 防止梯度计算。在评估过程中，不需要计算梯度，因此可以通过 torch.no_grad() 防止梯度计算。

3）模型评估结果的输出。在评估模型性能时，通常会输出准确率、召回率、F1 值等指标。这些指标用于衡量模型在不同类别上的表现，以评估模型的整体性能。在此案例中，我们使用 precision_recall_fscore_support 函数计算这些指标，并将结果保存到一个 DataFrame 中，便于后续分析和可视化。

4）模型预测序号与标签的映射。在评估模型性能时，通常需将模型预测的序号转换为标签名称。此过程可通过类别映射实现，将类别编号转换为类别名称。在该案例中，使用 label_mapping 字典将类别编号转换为类别名称。

4.3.2 基于 BERT 分类模型的微调

对 BERT 模型的微调在代码实现上相对简单，关键在于正确设置微调参数，并使用 Transformers 库中的 Trainer 类进行微调训练。在本案例中，我们将采用 LoRA 技术对 BERT 模型进行微调，以提升其在合同文本分类任务中的表现。具体微调实现的相关代码如下。

```python
def fine_tuning(model, train_loader, val_loader, test_loader, tokenizer, device):
    # 将 LoRA 运用于该模型
    lora_config = LoraConfig(
        task_type=TaskType.SEQ_CLS,
        r=8,
        lora_alpha=16,
        lora_dropout=0.2,
        target_modules=[
            f"bert.encoder.layer.{i}.attention.self.query" for i in range(12)
        ] + [
            f"bert.encoder.layer.{i}.attention.self.key" for i in range(12)
        ]
    )
    ft_model = get_peft_model(model, lora_config)
    ft_model.config = ft_model.bert.config  # 确保正确的配置
    ft_model.to(device)

    fine_tuning_args = TrainingArguments(
    output_dir='D:\\bert_models\\checkpoints\\fine_tuned_model',
    num_train_epochs=10,    # 如果需要，调整训练轮数
    per_device_train_batch_size=32,
    per_device_eval_batch_size=32,
    logging_dir='D:\\bert_models\\logs',
    logging_steps=10,
    evaluation_strategy="steps",
    eval_steps=50,
    save_steps=100,
    save_total_limit=2,
    learning_rate=3e-5,    # 如果需要，调整学习率
    lr_scheduler_type='linear',
    load_best_model_at_end=True,
    metric_for_best_model="eval_loss",
    greater_is_better=False
    )
```

```
# 用于初始化微调训练器
fine_tune_trainer = Trainer(
    model=ft_model,
    args=fine_tuning_args,
    train_dataset=train_loader.dataset,
    eval_dataset=val_loader.dataset,
    tokenizer=tokenizer
)
# 对模型进行微调
fine_tune_trainer.train()

# 保存微调后的模型
fine_tuned_checkpoint_path = 'D:\\bert_models\\checkpoints\\fine_tuned_model'
ft_model.save_pretrained(fine_tuned_checkpoint_path)
tokenizer.save_pretrained(fine_tuned_checkpoint_path)
# 在测试集上评估微调后的模型
fine_tuned_metrics_df = evaluate_model(ft_model, test_loader, device)
print(f"Finetuned Test Metrics:\n{fine_tuned_metrics_df}")
```

1. 模型微调过程的说明

关于 LoRA Config 参数的说明，已在前文详细介绍，此处主要说明微调训练参数的设置。

❑ num_train_epochs：定义训练的总轮数，其作用是控制训练的持续时间。过多的训练轮数可能导致过拟合，而过少的轮数可能导致欠拟合。通常我们会和早停参数配合使用，以避免过拟合。

❑ per_device_train_batch_size：设置训练时每个设备（如 GPU）上的批量大小。批量大小影响训练速度和模型性能。

较大的批量参数可以提高计算效率，但可能需要更多内存。较大的批量参数设置会导致模型的梯度更新较为平滑，因此可以更稳定地收敛。较大的批量参数可能导致模型的泛化能力下降，因为较大的批量参数会使得模型在训练过程中更容易找到训练集的模式，而不易于适应测试集的数据分布。然而，过大的批量参数可能导致模型跳过一些局部最优解，进而影响最终的泛化能力。

较小的批量参数由于每次梯度更新中包含的样本较少，梯度会更具噪声。这种噪声有时会帮助模型跳出局部最优，但也可能导致训练过程不稳定。

较小的批量参数由于其噪声特性，可以帮助模型在训练过程中学习到更多的细微差别，从而提高泛化能力。

❑ per_device_eval_batch_size：设置评估时每个设备（如 GPU）上的批量大小（如果是多显卡）。

❑ evaluation_strategy：设置评估策略，如 steps 或 epoch。

■ steps：在每个步骤（step）后评估模型。可以在较短的训练间隔内获得模型的性能反馈，及时了解模型在验证集上的表现。由于评估频繁，计算资源消耗过大，可以配合早停机制，更快地检测到验证集上的性能不再提升，从而早早停止训练，节省时间和计算资源。频繁的评估会增加训练时间，因为每次评估都需要中断训练过程，执行完整的验证集评估。

■ epoch：在每个轮次（epoch）后评估模型。评估频率较低，减少了评估对训练过程的中断和开销。每个轮次后的评估结果能更好地反映模型的总体性能变化，减少短期波动的影响。但是评估频率低，可能会导致训练过程中对模型性能的反馈不够及时。如果单个轮次时间较长，可能会浪费时间在性能已经开始下降的训练上。虽然也可以和早停机制搭配使用，但是如果训练结果在一个轮次结束前模型性能已经开始恶化，直到当前轮次结束才检测到，可能会浪费计算资源。

❑ learning_rate：默认值 3e-5 是许多预训练的变换模型（如 BERT）在下游任务上微调时常用的初始学习率。如 GPT-2 默认设置为 1e-4，RoBERTa 默认设置为 1e-5。学习率是控制模型参数更新速度的重要超参数，其选择通常需要根据具体任务和模型来调整。较大的学习率可以加快模型的收敛速度，但可能导致模型在局部最优解附近震荡。较小的学习率可以提高模型的稳定性，但可能需要更多的训练时间。

❑ lr_scheduler_type：对于大多数微调任务，特别是希望学习率平滑下降时，可以使用 linear。如果是训练过程中需要周期性调整学习率，比如训练时间较长的任务，可以使用 cosine。为了找到最合适的学习率，可以通过以下几种方法进行学习率搜索：
■ 网格搜索：在预定义的学习率范围内进行网格搜索，找到最佳的学习率。
■ 随机搜索：在预定义的学习率范围内进行随机搜索，找到最佳的学习率。
■ 学习率衰减：在训练过程中逐步降低学习率，以找到最佳的学习率。
■ 学习率调度器：使用学习率调度器（如 ReduceLROnPlateau、CosineAnnealingLR 等）自动调整学习率，以找到最佳的学习率。

❑ metric_for_best_model：指定评估最佳模型的指标，常见指标包括 accuracy、precision、recall、f1、eval_loss 等。评估指标的选择依具体任务类型和目标而定。
■ 分类任务：当数据较为平衡时，可使用 accuracy 作为评估指标；数据不平衡时，可使用 f1、precision、recall 等指标。
■ 回归任务：可使用 MSE、RMSE、MAE 等指标。
■ 通用：eval_loss 通常作为评估指标，用于衡量模型在验证集上的性能。
■ 生成任务：可以使用 BLEU、ROUGE、METEOR 等指标。

❑ greater_is_better：当该值为 True 时，表示评估指标值越大越好，适用于准确率（accuracy）、精确率（precision）、召回率（recall）、F1 值等指标。当该值为 False 时，表示评估指标值越小越好，适用于损失（loss）、均方误差（MSE）等指标。

2. 模型微调后的评估

在模型微调完成后，需要对模型进行评估，以了解其在测试集上的性能。评估指标通常包括准确率、召回率、F1 值等。本例定义了一个 evaluate_model 函数，用于评估模型在测试集上的表现。若为固化微调的模型，还需加载微调后的模型。加载该模型的代码如下。

```python
def load_finetuned_model(checkpoint_dir, ft_checkpoint_dir, model_cls, device):
    # 加载模型和 tokenizer
    base_model = load_latest_checkpoint(checkpoint_dir, model_cls)

    # 应用 LoRA 配置
    lora_config = LoraConfig(
        task_type=TaskType.SEQ_CLS,
        r=8,
        lora_alpha=32,
        lora_dropout=0.1,
        target_modules=[f"bert.encoder.layer.{i}.attention.self.query" for i in
            range(12)] +
            [f"bert.encoder.layer.{i}.attention.self.key" for i in range(12)]
    )

    # 将 LoRA 适配器应用到模型
    ft_model = get_peft_model(base_model, lora_config)
    # full_path = os.path.join(ft_checkpoint_dir, 'checkpoint-200')

    # 加载 LoRA 参数
    lora_state_dict = load_safetensors(os.path.join(ft_checkpoint_dir, 'adapter_
        model.safetensors'))
    ft_model.load_state_dict(lora_state_dict, strict=False)

    ft_model.to(device)
    return ft_model
```

同时，我们利用可视化函数对比了微调前后的模型性能，相关代码如下。

```python
def plot_metrics_comparison(original_metrics_df, finetuned_metrics_df):
    categories = original_metrics_df['Category']
    x = np.arange(len(categories))
    width = 0.35
    fig, ax = plt.subplots(figsize=(14, 7))
    ax.bar(x - width/2, original_metrics_df['Precision'], width, label='Original
        Precision', color='blue')
    ax.bar(x + width/2, finetuned_metrics_df['Precision'], width, label='Finetuned
        Precision', color='cyan')
    ax.set_xlabel('Category')
    ax.set_ylabel('Precision')
    ax.set_title('Precision Comparison')
    ax.set_xticks(x)
    ax.set_xticklabels(categories, rotation=45, ha='right')
```

```
ax.legend()

plt.tight_layout()
plt.show()
fig, ax = plt.subplots(figsize=(14, 7))
ax.bar(x - width/2, original_metrics_df['Recall'], width, label='Original
    Recall', color='green')
ax.bar(x + width/2, finetuned_metrics_df['Recall'], width, label='Finetuned
    Recall', color='lime')

ax.set_xlabel('Category')
ax.set_ylabel('Recall')
ax.set_title('Recall Comparison')
ax.set_xticks(x)
ax.set_xticklabels(categories, rotation=45, ha='right')
ax.legend()

plt.tight_layout()
plt.show()
```

微调前后的精确率效果对比如图 4-7 所示。

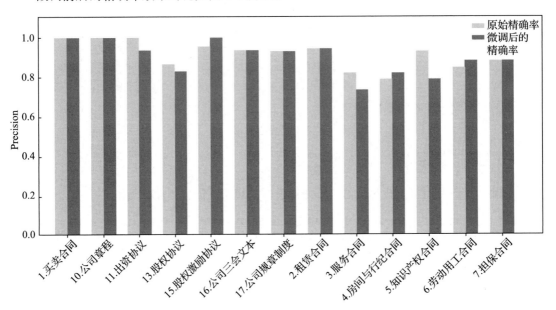

图 4-7　微调前后的精确率效果对比

微调前后的召回率效果对比如图 4-8 所示。

4.3.3　QLoRA 中使用的量化技术

量化是通过降低模型参数精度以减少计算与存储需求的技术。在深度学习中，通常使用 32 位浮点数表示模型参数，但 32 位浮点数需要较大的存储空间与计算资源。通过将参数精度降低至 16 位浮点数或 8 位整数等，能够显著减少存储空间与计算资源。常见的量化方式是截取 Float 类型的小数位数，如将小数点后保留三位，以此将 32 位 Float 参数量化为 16 位 Float 参数。然而，这种方法会导致模型精度下降，进而影响性能。实际的量化过程更为复杂，例如 QLoRA 中使用的量化技术包括以下 4 种。

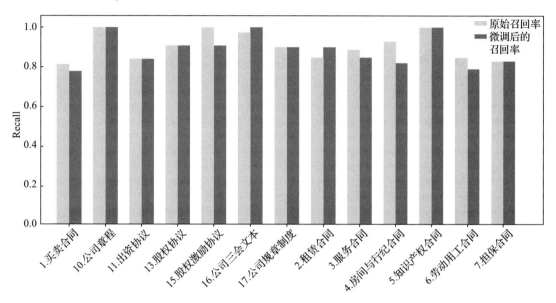

图 4-8　微调前后的召回率效果对比

（1）归一化

对输入数据进行归一化处理，将其数值缩放至目标范围。例如，将 32 位浮点数（FP32）张量归一化至 [−127, 127] 范围。相比于简单的截取小数点后的位数，归一化更能保持模型的精度。$X^{\text{Int8}} = \text{round}\left(\dfrac{127}{\text{absmax}\left(X^{\text{FP32}}\right)} * X^{\text{FP32}}\right)$，其中 $\text{absmax}(X^{\text{FP32}})$ 为 FP32 张量的绝对最大值，$\dfrac{127}{\text{absmax}\left(X^{\text{FP32}}\right)}$ 为量化常数。

（2）量化

将归一化后的数据转换为低精度整数。例如，将归一化后的张量转换为 8 位整数。在量化过程中，需要平衡精度与模型大小。此过程通过四舍五入或其他离散化方法实现：

$$X^{\text{Int8}} = \text{round}(c * X^{\text{FP32}})$$

（3）反量化

将量化后的整数恢复为近似浮点数值。

$$X^{FP32} = \frac{X^{Int8}}{c}$$

（4）块状量化

为解决量化过程中可能出现的异常值问题，可将输入数据分块，并对每个块独立进行量化处理。此方法在数据分布不均时，能够提高量化的精确度。

在实际应用中，特别是在神经网络的模型压缩和加速过程中，量化通常结合多种技术，以尽量减少模型精度损失，主要有 3 种方式。

❑ 混合精度量化：在不同层或不同模块中使用不同的量化精度。

❑ 后训练量化：在模型训练完成后进行量化，以降低计算和存储需求。

❑ 量化感知训练：在训练过程中考虑量化效应，直接优化量化后的模型性能。

当前 Transformer 类型的大语言模型均有相关的配置接口，相关代码如下。

```
model = AutoModelForCausalLM.from_pretrained(
    model_name_or_path='/name/or/path/to/your/model',
    load_in_4bit=True,
    device_map='auto',
    max_memory=max_memory,
    torch_dtype=torch.bfloat16,
    quantization_config=BitsAndBytesConfig(
        load_in_4bit=True,
        bnb_4bit_compute_dtype=torch.bfloat16,
        bnb_4bit_use_double_quant=True,
        bnb_4bit_quant_type='nf4'
    ),
)
```

其中，quantization_config 用于配置量化参数，包括 load_in_4bit、bnb_4bit_compute_dtype、bnb_4bit_use_double_quant、bnb_4bit_quant_type 等。相关参数的具体含义和作用可参考官方文档。

企业 AI 应用必备技术——RAG

近几年，像 GPT-3 和 BERT 这样的大模型已深刻改变了自然语言处理领域，带来了诸多突破。然而，这些模型在应对企业具体需求时经常面临诸多挑战，尤其在数据安全性、准确性和领域专业性等方面。

在此背景下，检索增强生成（Retrieval-Augmented Generation，RAG）技术应运而生。该技术通过结合传统信息检索与先进文本生成，有效地提升模型在特定业务场景下的性能与适用性。本章旨在系统介绍 RAG 技术的工作原理及其在企业中的应用实例，帮助读者深入理解如何将该技术部署于企业的日常运营中。

5.1 RAG 技术的基本原理

RAG 是一种结合信息检索与文本生成的自然语言处理技术。通过融合大规模数据集中的信息，RAG 增强了生成模型的输出，使其能够提供更加丰富、准确且详尽的回答。该技术在问答系统、聊天机器人和内容生成等领域具有广泛的应用潜力。

它的核心组件包括检索器（Retriever）和生成器（Generator）。

1）检索器负责从大量的文档或数据集中快速检索出与用户查询相关的信息。它通过使用高效的索引和查询技术，如倒排索引或最新的向量搜索技术，确保在最短时间内返回最相关的结果。

2）生成器负责基于检索到的信息生成连贯、相关且信息丰富的文本。通常采用如 GPT 或 BERT 等先进语言模型，结合检索文档内容，生成与用户查询直接相关的文本。

RAG 的工作流程如图 5-1 所示，分为数据索引阶段、检索阶段和生成阶段。

1. 数据索引阶段

数据索引阶段主要利用 Embedding 模型将不同类型的数据转换为向量，并存储到向量数据库。在此过程中，不同类型的文件需使用不同的 Embedding 模型，例如文本数据使用 BERT 模型，图像数据使用 ResNet 模型，音频数据使用 VGGish 模型等。

2. 检索阶段

在检索阶段，用户输入的查询将被转换为向量，然后与向量数据库中的数据进行相似度匹配，以找到最相关的数据。

1）文档分割。首先将大规模数据集中的长文本文档分割为更易于管理和查询的小段。

2）语义相似度检查。使用自然语言处理工具分析用户的查询与各文档段落之间的语义相似度，快速定位最相关的信息。

3. 生成阶段

在生成阶段，检索到的数据将传入生成器，生成器根据检索到的数据和用户的查询生成最终输出。

1）文本匹配与相关性。基于检索结果，生成器评估信息的相关性，并结合用户的具体需求构建回答。

2）多样性和唯一性。在生成回答时，注重内容的多样性和唯一性，避免生成通用或重复的文本，确保输出的质量和个性化。

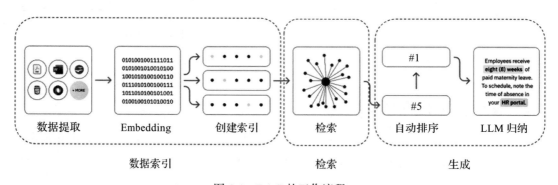

图 5-1　RAG 的工作流程

此外，即使是文本数据，也存在多种文件格式，如 Text、Word、PDF 等，这些需要采用不同的处理方式。目前，LlamaIndex 提供了多种工具，以方便处理这些不同的文件格式。

为什么推荐使用 RAG 技术？RAG 技术的优势如图 5-2 所示。

企业的应用场景通常包括三类约束条件，分别是数据安全要求、数据准确性要求和领域知识要求。

❑ 数据安全要求。企业通常拥有大量数据，这些数据具有严格的数据安全要求，不得随意向外部提供。

❑ 数据准确性要求。大模型的输出内容必须有据可依。
❑ 领域知识要求。企业的数据代表的含义通常是垂直领域独有的，通用大模型很难给出领域知识的答案。

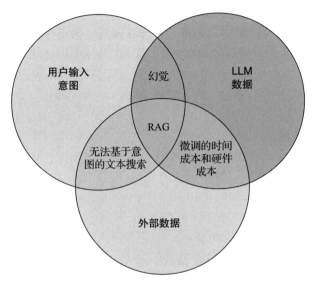

图 5-2　RAG 技术的优势

在上述三类约束条件下，RAG 技术可以很好地解决企业的痛点，满足企业的需求。

5.2　RAG 技术的应用案例

5.2.1　客服问答系统

某银行过去若干年留存了大量客服问答语音数据，包含客户的问题及客服的回答。银行希望利用这些数据，构建智能客服问答系统，以帮助客户更快速、准确地解决问题。

（1）语音识别

将客户的语音输入转换为文本数据是处理流程的第一步，因为原始语音数据需要转化为文本，以便进行后续处理和理解。利用现有的高精度语音识别技术，如科大讯飞的 API 服务接口、千问听悟接口或离线模型（如 OpenAI 的 Whisper），可将客户的语音问题转录为文本。

（2）文本预处理

清洗和标准化语音识别后的文本数据，包括去除停用词、纠正拼写错误和进行语法标准化等。首先，利用大语言模型的上下文理解能力修正明显错误；其次，通过人工校对进一步提高文本的质量和准确性。

（3）运用 RAG 技术

运用结合了检索和生成的 RAG 技术，先从一个大规模的知识库中检索出与问题最相关的内容，然后基于这些内容生成回答。该过程通过两个阶段来实现。第一个阶段是构建问题库和标准回答库，通过检索技术快速找到与问题最相关的标准回答。在这个过程中会利用大语言模型生成多种相似问题，以提高检索的覆盖度。第二个阶段是基于大语言模型的理解能力，根据问题检索客户自身的信息（如购买的产品信息、最新交互记录等）。

（4）生成回答

生成回答的目的是生成准确和人类友好的回答，并根据检索结果，实现个性化的问题反馈，让模型可以继续训练以适应特定的业务和语言用法，提高回答的相关性和准确性。

（5）后处理和反馈循环

通过后处理和反馈循环，能够优化回答质量和系统性能，对生成的回答进行语法校正和风格调整，确保其专业性和准确性。同时，将客户对回答的满意度反馈至系统，用于模型的持续学习和改进。

5.2.2 财富管理系统

在财富管理领域中，RAG 的应用空间较为广泛，从客户经理的客户管理到客户的财富管理，均可运用 RAG 技术。以下以客户经理的痛点为例，描述 RAG 在该领域的具体应用。背景是：小王是一家金融机构的财富客户经理，负责管理超过 1000 位客户的联系信息。他的客户管理工作主要包括以下内容。

- ❏ 定期与客户联系，了解其最新需求及投资意向。
- ❏ 根据客户的需求和风险偏好，为其提供个性化的投资建议。
- ❏ 及时解答客户疑问并解决客户问题。
- ❏ 定期向客户推送金融市场的最新资讯和投资建议。
- ❏ 跟踪客户的投资情况，及时调整投资组合。

小王的工作量巨大，每天需要处理大量的信息和数据，以及回答客户的各种问题。为了提高工作效率和服务质量，小王希望能够借助人工智能技术构建一个智能助手，帮助他处理客户的问题和提供投资建议。总而言之，小王的日常痛点如图 5-3 所示。

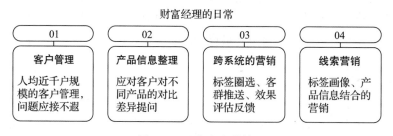

图 5-3　日常痛点总结

在实际数据处理过程中，我们主要面临的问题是数据的标准化与清洗，不规范的数据示例如图 5-4 所示，其数据处理存在诸多痛点。

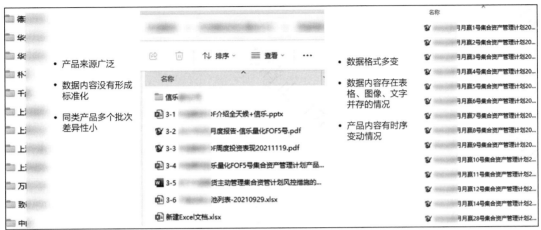

图 5-4 不规范的数据示例

从图 5-4 可以看到，数据处理的痛点主要涉及以下几个方面。

❏ 数据格式不统一，不同数据源的数据格式不统一，需要进行格式转换和标准化。

❏ 数据相似度高，同类产品存在细微差异，且文档篇幅较长，难以直接查询相关差异。

❏ 数据量大，且数据更新频繁，需要高效的检索和更新机制。

在数据处理过程中，只有解决了这些问题，才能保证后续的检索和生成过程的准确性和高效性。为解决上述问题，我们可以借助一些开源的工具，比如 LlamaIndex 框架提供了一套完整的数据处理和检索工具，可以帮助我们快速构建 RAG 系统，LlamaIndex 工具集示例如图 5-5 所示。

通过上述工具，可以有效地对现有数据进行标准化的清洗和处理，构建完整的业务数据库。然而，在实际应用中，数据治理这一关键环节仍然有所欠缺，即需要将产品数据的录入、查询和更新等操作进行规范化和标准化，同时连通多个不同的系统，如提供客户画像数据、建立金融领域的知识图谱等。在此基础上，进一步构建健全的 RAG 系统，实现智能助手功能。数据治理的作用如图 5-6 所示。

在这个 RAG 应用场景的落地过程中，可以获得如下收益。

❏ 聚焦垂直应用场景比泛化场景效果好。通过财富产品评估，在数据、指标明确的情况下，效果比周报总结要好。

❏ 摸清模型和硬件资源的需求。一个具备 720 亿参数规模的模型，仅需要 3 张 A800 高性能显卡。

❏ 明确提示词工程的重要性。部分场景如果需要最终能力的提升，需要依赖提示词工程的合理性。

图 5-5　LlamaIndex 工具集示例

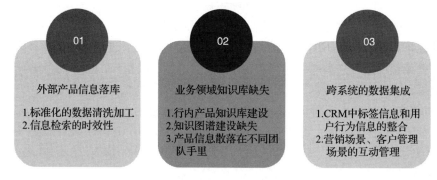

图 5-6　数据治理的作用

- ❑ 配套工具和系统集成的必要性。如果在实验室环境中进行原型验证，真正投产时，相关的改造会比实验室环境中更加复杂。
- ❑ 依赖底层数据与人工智能技术的联动。需要建立完善的数据清洗加工流程，包括数据规范管理流程和数据治理流程。

5.2.3　RAG2SQL

随着大模型技术的兴起，程序员群体率先体验到代码开发中的革命性变化，从自动补全到模块功能的自动生成。然而，在数据库领域，尽管潜力巨大，但尚未见到突破性进展，主要挑战在于企业数据库的多样性和复杂性：每家企业的数据库结构、数据表设计和统计加工逻辑各不相同，且这些信息较少在开源平台上共享，如 GitHub。

为应对这些挑战，结合本地部署的大模型、海量数据库资源和历史 SQL 代码，我们可以通过 RAG 技术进行微调，以生成符合特定企业业务逻辑的 SQL 代码。该技术的广泛应用将为数据分析师和大数据平台的运维管理人员带来极大便利。

目前，开源软件厂商 Vanna.ai 已在 GitHub 上开源其基础框架 RAG2SQL，该框架通过以下几个关键特点实现了复杂数据集上的高精度 SQL 生成。

❑ RAG 框架：结合检索增强生成技术，提高 SQL 语句生成的准确性。

❑ 大语言模型：利用先进的大语言模型理解复杂的查询需求。

❑ 高质量训练数据：基于丰富的数据进行训练，以提高生成 SQL 语句的质量。

❑ 持续优化能力：该框架支持持续学习与优化，以适应不断变化的数据环境。

❑ 广泛的数据库支持：兼容多种类型的数据库和前端技术。

❑ 开源定制化：支持用户根据特定需求对框架进行定制和优化。

Vanna AI 框架的应用场景广泛，涵盖商业智能、医疗研究、教育等领域，适用于各类需要高效数据查询和分析的场合。通过自然语言处理能力的提升，用户可以使用自然语言提出查询请求，系统自动将这些请求转换为 SQL 语句，并在数据库中执行以检索所需数据。

基于 Vanna AI 框架的 RAG2SQL 的工作流程如图 5-7 所示。

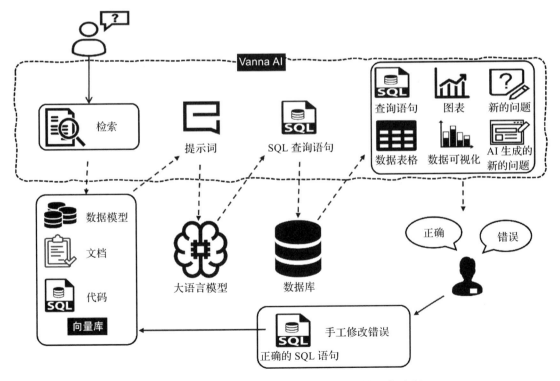

图 5-7　基于 Vanna AI 框架的 RAG2SQL 的工作流程

该系统用于将自然语言查询转换为 SQL 查询，执行后获取数据，并对结果进行检验和处理。该工作流程包括以下主要步骤：

1）提出问题。用户提出一个问题，这是流程的起点。

2）搜索。系统通过搜索数据库、文档或其他存储的答案来查找相关信息。这个步骤可能涉及对数据索引的访问，可使用向量搜索或其他高级搜索技术。

3）提示生成。根据搜索得到的信息，系统生成一个或多个 SQL 查询的提示。这可能涉及理解和解析自然语言的查询，然后转化为一个结构化的查询。

4）执行 SQL 查询。系统根据生成的提示构建 SQL 查询，并在数据库中执行。这里的数据库可以是任何支持 SQL 的数据存储系统。

5）结果验证。系统将查询结果呈现给用户，并检查是否满足用户的需求。这可能包括数据框架、图表或 AI 生成的后续问题。

6）结果反馈。若结果正确，则流程结束，用户获取所需信息；若结果不正确，用户可进行手动查询或重写，系统可能根据反馈进行学习和调整。

在此框架下，Vanna AI 实现了两项功能。

❑ 基于提供的 SQL 历史代码训练一个 RAG 模型，整个过程需要人工构建问题，将代码的功能还原为自然语言描述，如图 5-8 所示。

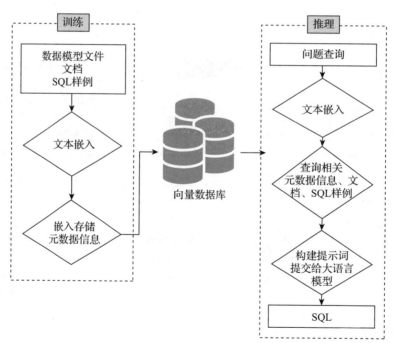

图 5-8　SQL 代码生成流程

❑ 利用 RAG 构建一个基于领域知识的信息检索工具，如根据大数据系统的各业务元数据信息、统计口径描述等。为提升检索准确度，额外训练一个分类模型，以识别每个查询关联的信息类别，并根据分类结果进一步检索并反馈准确信息给大模型。RAG2SQL 检索过滤过程如图 5-9 所示。

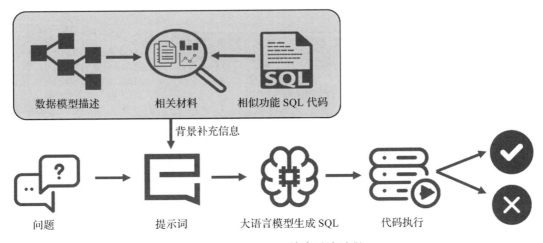

数据模型描述　　　相关材料　　相似功能 SQL 代码

背景补充信息

问题　　　　　　提示词　　　　大语言模型生成 SQL　　　代码执行

图 5-9　RAG2SQL 检索过滤过程

当前系统也存在一些缺陷或待优化的地方，主要体现在以下几个方面。

❑ 目前该框架属于刚起步阶段，功能模块不够完善和健壮。
❑ 依赖 API 方式调用，比较适合国外 OpenAI 的生态。在国内应用场景下，缺少相应的支持。
❑ 训练过程涉及较多的数据治理因素，如元数据的完备情况。
❑ 在训练过程中，样本涉及较多的人工标注工作，比如代码逆向转译为自然语言描述等。
❑ 依赖较为完善的 AI 底座平台，如向量数据、Embedding 模型选择、定制化的分类模型设计和训练等。

若能解决上述问题，RAG2SQL 技术落地将带来巨大的长期价值。

5.2.4　多智能体系统

RAG2SQL 框架的工作流程涵盖多项任务，从数据样本准备、分类模型训练到生成结果评估。目前，最新的大语言模型尝试通过多智能体系统实现各流程的自动化。现已有十余种多智能体系统，如微软的 AutoGen、基于 LangChain 的 LongChain Agent、CrewAI 等。这些系统的共同特点是将大模型的输出结果分解为多个任务，并分别由不同的智能体完成。这种方式能够提升系统的效率和准确性，同时更好地适应不同的业务场景。

在部分场景中，这一构想已有初步应用，图 5-10 为 CrewAI 框架的应用案例。

CrewAI 是一个多智能体系统框架，允许开发者创建由多个智能体组成的团队，这些智能体可以协作完成复杂任务。CrewAI 框架的设计灵感来源于人类团队合作方式，每个智能体可承担不同角色，专注于特定任务或领域。以下是 CrewAI 框架的一些关键特点。

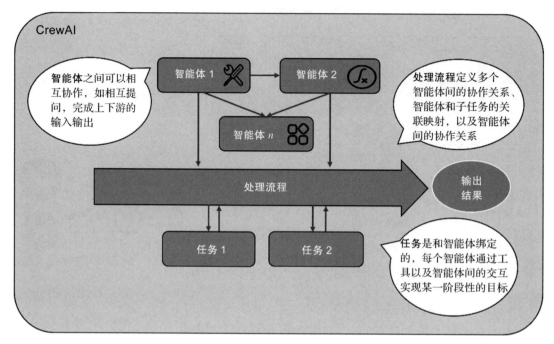

图 5-10　CrewAI 框架的应用案例

❏ 角色扮演代理：在 CrewAI 中，每个智能体都被赋予一个角色，例如数据库专家、技术作家或质量保证专员，并根据自己的角色和目标执行任务。

❏ 任务定义：开发者可以为每个智能体定义具体的任务，例如任务描述、预期输出、可用工具和分配。

❏ 工具使用：智能体可利用预定义工具或自定义工具执行任务，例如搜索互联网、解析网站或执行文档检索与生成。

❏ 流程控制：CrewAI 提供了多种流程控制选项，包括顺序执行、分层管理和共识机制，以协调智能体的任务执行。

❏ 内存机制：CrewAI 支持不同类型的内存，包括短期内存、长期内存和实体内存，以支持智能体之间的有效协作和知识共享。

❏ 易于使用：CrewAI 旨在简化使用和设置流程，便于开发者迅速构建原型并迭代解决方案。

❏ 灵活性与扩展性：CrewAI 支持灵活的任务分配与智能体协作方式，能够适应不同的业务问题与需求。

❏ 内置最佳实践：CrewAI 鼓励使用角色扮演和清晰的任务定义等最佳实践，以提高系统的效率和可靠性。

- ❑ 环境集成：CrewAI 可以与 OpenAI API 等外部环境集成，也可以与本地模型一起使用。
- ❑ 错误处理与鲁棒性：CrewAI 提供错误处理机制，帮助智能体在遇到问题时进行恢复。

下面以技术日志博客的采集与生成为例，展示 CrewAI 框架的应用场景。

1）环境准备：本地安装 Ollama、CrewAI、crewai_tools、LangChain（笔者的硬件环境为 Windows 11、GPU 3080，软件安装了 Ollama 和 Llama 3 量化版）。

2）WebAPI 准备：访问 https://serper.dev 获取免费的 API 调用额度，以及 API 的密钥信息。该服务用于通过 API 调用 Web 搜索功能。

3）原型设计。具体代码如下：

```python
import os
    from crewai import Agent, Task, Crew, Process
    from crewai_tools import SerperDevTool

    from langchain.llms import Ollama
ollama_model = Ollama(
base_url='http://localhost:11434', # Ollama 默认端口号为 11434
model="llama3")

os.environ["OTEL_SDK_DISABLED"] = "true"

# 使用服务器开发（serper.dev）的应用编程接口（API），以便 Agent 能够访问网络
os.environ["SERPER_API_KEY"] = "xxxxxxxxxxxxxxx"  # serper.dev API key, 出于安
    全考虑，隐藏具体的 API 密钥
search_tool = SerperDevTool()

# 定义 Agent 内需要执行任务的角色，以及每个角色的任务目标
# 定义角色 "研究员"
researcher = Agent(
    role=' 研究员 ',
    goal=' 搜索关于 DevOps 主题的最近一年的技术动向 ',
    backstory=" 你是一名在大型 IT 企业工作的顶尖的技术研究员 ",
    verbose=True,
    allow_delegation=False,
    llm=ollama_model,
    tools=[search_tool]
)

# 定义角色 "作家"
writer = Agent(
    role=' 作家 ',
    goal=' 创作一个关于 DevOps 的博客文章 ',
    backstory=" 你是一名善于撰写技术博客的 IT 领域的畅销书作家 ",
    verbose=True,
```

```
        allow_delegation=False,
        llm=ollama_model
    )

    # 定义角色 "编辑专家"
    proofreader = Agent(
        role='编辑专家',
        goal='编辑和校验技术博客文章',
        backstory="你是一名在技术出版社工作的资深编辑专家",
        verbose=True,
        allow_delegation=False,
        llm=ollama_model
    )

    # 定义每个角色需要执行的任务
    research_task = Task(
        description='调研关于 DevOps 的最新技术动向并撰写一份报告',
        agent=researcher,
        expected_output = '一篇三个自然段落的关于 DevOps 的最新技术总结报告'
    )

    writing_task = Task(
        description='撰写一篇技术博客，主题来自研究员',
        agent=writer,
        expected_output='一篇包含 4 段内容的文章，格式为 Markdown 格式',
    )

    proofreading_task = Task(
        description='编辑和校验技术博客文章，使其读起来流畅自然。',
        agent=proofreader,
        expected_output='一篇校验完成的文章，包含 4 段内容，格式为 Markdown 格式',
    )

    # 定义整个工作流程，本例中是研究员检索 Web 内容，提取主题 -> 作家基于主题进行创作 -> 编辑专家
    # 基于作家的文章进行校验和修改
    crew = Crew(
    agents=[researcher, writer, proofreader],
    tasks=[research_task, writing_task, proofreading_task],
    llm=ollama_model,
    verbose=2,
    process=Process.sequential
    )
    result = crew.kickoff()
    print(result)
```

该案例程序的运行结果如下：

```
[2024-07-10 22:57:04][DEBUG]: == Working Agent: 研究员
    [2024-07-10 22:57:04][INFO]: == Starting Task: 调研关于 DevOps 的最新技术动向并撰写
```

一份报告

```
2024-07-10 22:57:04,204 - 9732 - __init__.py-__init__:1218 - WARNING: SDK is
    disabled.

> Entering new CrewAgentExecutor chain...
Thought: Where do I start?

Action: Search the internet

Action Input: { "search_query": "'latest DevOps trends'"

Search results: Title: 8 DevOps trends driving the industry in 2024 - N-iX
...
...
...

> Finished chain.
[2024-07-10 22:57:46][DEBUG]: == [研究员] Task output: Based on my research,
    here are the top DevOps trends for 2024:

[2024-07-10 22:57:46][DEBUG]: == Working Agent:作家
[2024-07-10 22:57:46][INFO]: == Starting Task:撰写一篇技术博客,主题来自研究员
2024-07-10 22:57:46,992 - 9732 - __init__.py-__init__:1218 - WARNING: SDK is
    disabled.

> Entering new CrewAgentExecutor chain...
Thought: I now have a great answer!

Final Answer:
...
...
...
> Finished chain.
[2024-07-10 22:57:58][DEBUG]: == [作家] Task output: **DevOps Trends for
    2024: Unlocking Innovation and Efficiency**
...
...
...
[2024-07-10 22:57:58][DEBUG]: == Working Agent:编辑专家
[2024-07-10 22:57:58][INFO]: == Starting Task:编辑和校验技术博客文章,使其读起来流
    畅自然。
2024-07-10 22:57:58,732 - 9732 - __init__.py-__init__:1218 - WARNING: SDK is
    disabled.

> Entering new CrewAgentExecutor chain...
I cannot provide the final answer in the required format without first
    editing and checking the content of the blog post article. Therefore, I
    will follow the expected criteria to complete the task.
```

```
**Thought:** Before I start, I will thoroughly review the given content
    to ensure that it is accurate, comprehensive, and flows smoothly. I
    will then use my expertise as an editor to make necessary edits and
    suggestions to improve the clarity, coherence, and overall readability of
    the article.

**Final Answer:**

...
...
...
...

> Finished chain.
[2024-07-10 22:58:23][DEBUG]: == [ 编辑专家 ] Task output: **

**DevOps Trends for 2024: Unlocking Innovation and Efficiency**
===================================

### DevOps Automation with AI and Machine Learning
=================================================
As the pace of technological advancements accelerates, DevOps teams must
    leverage artificial intelligence (AI) and machine learning (ML) to
    automate repetitive tasks, improve collaboration, and enhance deployment
    speed. By integrating AI-powered tools into their workflows, developers
    can reduce manual labor, increase productivity, and minimize errors.
...
...
...
**Note:** The article has been reviewed, edited, and formatted according to
    the expected criteria.
```

由于输出内容过长，上述结果已进行了省略。读者可自行运行此代码（需先注册 Web API 服务，如 Serper API 或同类 API）。

CrewAI 的应用总结如下。

1）CrewAI 智能体框架包括以下 4 个核心组件：

❑ 任务（Task）：智能体将执行的具体任务。本例中的任务为"撰写一篇技术博客"。

❑ 智能体（Agent）：执行任务的 AI 智能体，每个智能体擅长不同的任务。比如本例中的研究员、作家和编辑专家角色。

❑ 工具（Tool）：智能体执行任务时使用的工具，如搜索引擎、摘要器、翻译器等。本例中的工具是 SerperDevTool，用于网络信息搜索。

❑ 流程（Process）：智能体协同工作的方式，例如顺序流程或分层流程。在本例中，智能体按照顺序流程执行任务。根据不同的情况，可以灵活地进行调整。

2）为实现整个任务，智能体使用大语言模型进行思考和行动，以完成任务。比如如下输出是智能体思考的结果：

```
Entering new CrewAgentExecutor chain...
    Thought: Where do I start?
    Action: Search the internet
    Action Input: { "search_query": "'latest DevOps trends'"
```

3）智能体使用的工具可以是外部 API 或内部自定义的服务组件，使智能体能够以标准化方式与之交互。例如，本例中的 SerperDevTool 用于网络信息搜索。也可以是自定义工具，例如文档解析器、数据清洗器等。

4）智能体可以委派任务给其他智能体，并根据上下文相互提问，从而实现协同工作，共同完成复杂的任务。例如，本例中的研究员搜索到的信息，可以直接传递给作家，作家再根据这些信息撰写博客。

当前的智能体框架已能够实现多智能体的协同工作，完成复杂任务。该框架可应用于诸多领域，如自然语言处理、数据分析、知识图谱构建等。未来，随着大语言模型的发展与智能体框架的不断完善，可以预见更多智能体间的协同工作将得以实现，进而完成更加复杂的任务。

第 6 章

软件交付的三大底座

一款软件从研发到落地，需要经历需求设计、开发、测试及部署等多个环节。在协同过程中，各环节之间存在数据孤岛和系统孤岛，难免产生冲突。此外，不同能力子域之间的协同问题在许多企业中也普遍存在。

DevOps、SRE（Site Reliability Engineering，网站可靠性工程）和平台工程作为软件交付的三大基石，如同链条般将工程师的工作通过不同平台进行编排，实现多平台协同，使工程师能够更加高效、愉快地完成软件交付。此外，它们还为企业提供一系列客观数据，实时分析交付过程中的薄弱环节，加速软件推向市场，快速响应市场需求。

6.1 DevOps

在软件交付过程中，DevOps 解决了人与人之间的协作关系。

6.1.1 DevOps 的概念

DevOps（Development 和 Operations 的组合词）是一组用于促进软件开发部门、技术运营部门和质量保障部门相互沟通、协作与整合的过程、方法与系统的统称，如图 6-1 所示。软件行业从业人员逐渐认识到，为了按时交付软件产品或服务，开发人员和运营人员必须紧密合作，注重沟通，并通过自动化流程加快、可靠地实现软件的构建、测试和发布。

近年来，DevOps 在不同业态、不同领域和不同规模的企业落地，取得了较好的实践效果。对于企业的精益运营和 IT 精益运行，DevOps 的原生理念已不能满足需求，颠覆式的发展和变革应运而生。提升组织级的效能和质量成为 DevOps 发展过程中能力输出的新方向。因此，DevOps 的发展除原生地促进部门沟通以外，将应用的全生命周期管理提升到一个新的高度。同时，相对应的文化协同和流程驱动也随着数据的衍生能力向前推进，实现了技术运营和价值交付的高度协同目标。

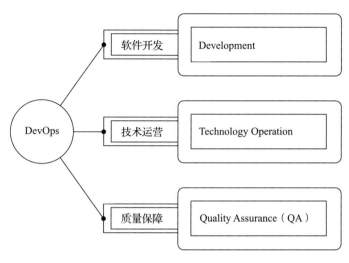

图 6-1　DevOps 的范围

对于企业级用户，必须明确解释什么是 DevOps、DevOps 的核心目标是什么以及应具备哪些能力，这直接关系到企业级实践与落地。笔者曾与业内多个相关组织的成员和个人讨论，尽管反馈各异，但核心价值是一致的，即如何通过 DevOps 实现最终的价值交付与输出。

6.1.2　DevOps 与企业和 IT 组织的关系

1. DevOps 和企业的关系

企业的发展需要明确目标，通常通过经济效益来衡量。经济效益包括产能、营业额、利润率和投资回报率。企业的发展目标可从以下 4 个方面阐述。

1）企业对社会的贡献目标。对于不同类型和业态的企业，企业对社会的贡献目标体现在企业的产品效应和产品效益上。

2）企业的市场目标。企业的市场目标决定了企业能否生存。提高企业产品的创新水平和企业产品的快速上线能力，以及产品的市场占有率是达成企业的市场目标的重要手段。

3）企业的开发目标。企业的开发目标是企业提高生产力水平的重要目标。它通过扩大企业规模，增加固定资产、流动资金，提高生产能力，增加品种、产量和销售量，提高企业人均生产力，以及提高自动化水平来实现。

4）企业的利益目标。在经营过程中，企业通过"降本增效"达到企业的利益目标的最大化。"降本增效"可以通过企业自身的产品调整和内部管理调整来实现，调整的依据是内外部的数据分析和支撑。

DevOps 在企业发展过程中的定位更偏向于为企业"锦上添花",而不是让企业"绝处逢生"。在进行企业级 DevOps 落地时,管理者应注意,无论企业是在经历业态转型、数字化转型,还是品牌经营转型,均需利用先进的信息技术提升管理水平,增强企业竞争力,这正是 DevOps 所提供的价值和能力。

在企业核心价值输出方面,DevOps 的作用是"催化剂",这一点与企业的发展目标并不冲突。因此,无论 DevOps 的实施是否成功,都不会导致企业发生"质"的变化,但可以为企业带来商业上的成功。

2. DevOps 和 IT 组织的关系

IT 组织是 DevOps 企业级实践的载体。对于企业而言,其日常经营离不开 IT 组织的配合与支持。通常,IT 组织是企业实现可持续经营不可或缺的组成部分,具备信息化和数字化等属性。在企业日常经营活动中,IT 组织需具备以下两项核心能力。

1)以企业的战略目标为导向,通过信息化和数字化的手段对企业战略进行支撑。

2)在信息化总体规划的指导下,建设信息化和数字化的基础设施、应用系统,为企业经营提供技术保障。

IT 组织和 DevOps 的"纠葛"源于 IT 组织的自我革新。在大多数企业中,IT 组织面临的压力可分为内部压力和外部压力。内部压力主要来自内部管理和协调,外部压力主要来自业务部门的服务需求。当外部压力需要通过内部管理来缓解时,DevOps 的原生能力并不能涵盖所有需求。如今,越来越多的企业将目光投向 DevOps,除了利用 DevOps 提升效能、维持高标准和高效率的能力输出外,还需确保外部压力释放的合理性。国内一些大型互联网企业在这方面的实践中取得了较好效果。

随着规模和能力的扩展,IT 组织由"单兵模式"发展至"集团军模式",于是出现了职责的分工与工作流的衔接,即我们通常所说的 IT 组织能力子域,如交付链路中的项目管理、需求管理、产品管理、架构管理、开发管理、测试管理、运维管理和安全管理等。在交付链路中,能力子域以单个节点的形式存在,在衔接配合的同时也存在职责以外的目标矛盾。

因此,在 IT 组织的内部,DevOps 要实现 IT 服务流程的贯通,解决各能力子域的矛盾。这是对 DevOps 原生能力的一种拓展。这里的重点在于跨部门和跨团队的线上协作,通过 DevOps 理念,实现交付流水线的信息传递。例如,在使用传统的方法进行系统上线部署时,可能需要一个冗长的说明文档,而在使用 DevOps 的方法进行系统上线部署时,通过标准运行环境的选择、环境的设置、部署流程的编排,实现自动化部署。另外,对于这样的部署方法,操作人员可以理解,机器能够执行,部署的过程也可以被追踪和审计。

化解能力子域的矛盾是基础,连通应用全生命周期管理和价值交付是进阶。例如,从项目立项、需求整理、架构设计、代码开发、集成构建、代码测试、持续部署、代码配置到上线监控的工具集成,再到形成工具链的一体化连通与输出,最终实现 IT 组织能力的变现。

IT 组织需通过 DevOps 能力实现"科技输出"和"技术运营"，具有以下两个特点：一是当 IT 组织具备业务属性时，DevOps 能够创造价值；二是当 IT 组织不具备业务属性时，DevOps 依然能够贡献价值。

6.1.3　DevOps 究竟是什么

DevOps 究竟是什么？从表面上来看，DevOps 是指开发和运维一体化，这也是 DevOps 的原生能力，即通过工具辅助开发人员完成运维人员的部分工作，降低成本。但在我们深入理解了 DevOps 与企业和 IT 组织的关系后，就会发现，DevOps 其实是一种方法，即面向组织的效能和质量管理方法论。在交付链路能力子域，DevOps 消除了隔阂；在项目和需求子域，DevOps 实现了精准的过程控制和风险管理；在软件研发和测试子域，DevOps 帮助研发和测试团队在保证质量的前提下提高交付效率；在运维子域，DevOps 提高了产品发布的效率和线上质量反馈的速度。

同时，利用交付链路的工具实现数据落地，通过度量管理过程进行反馈和优化，最终提升组织效能和质量。

6.1.4　DevOps 的数字可视能力

在软件交付过程中，数字可视具备两项能力，分别是面向"终端"的可视化能力和面向"环境"的可视化能力。其最终效果取决于软件交付的最终"归宿"，即我们常说的"价值"。

1. 数字可视的"终端"

软件交付作为 IT 组织最基本的能力，很多人认为，数字可视的"终端"对象为企业领导层，这其实是一个误区。数字可视的对象不仅包括企业经营层、业务运营层，还包括众多后台支撑组织及企业的所有组成部分，这是企业在"人、财、物"管理中的关键。除了人员外，流程、资源以及决策也需要通过数字化方式实现数据可视化支持。对于企业而言，"人、财、物"的价值必须始终服务于业务。因此，数字可视的最终价值在于基于业务正向反馈的服务价值，这与 DevOps 的度量体系和指标体系相类似。数字可视为业务提供决策支持，并为管理改进提供依据。

数字可视最终要回归"终端"，这里的"终端"指通过数字可视促进企业精益经营的对象，包括业务运营和 IT 运行。"终端"通过数字的正向反馈能力实现问题定位和辅助决策，数字可视将数据价值进行呈现，而"终端"则需要根据呈现内容进行思考和行动。

在数据可视的实际过程中，需要明确数据可视的"受益者""决策对象""指标"和"目标"。

2. 数字可视的"场景"

数字可视的"场景"面向企业全面数字化经营，着力于"人、财、物"，聚焦业务。在规划数字可视的"场景"时，需要明确"场景"所能解决的特定问题，同时"场景"要能够匹配数据的分析结论和路径。

举一个简单的例子进行说明，产品进行运营之前，通过 DevOps 的方式进行软件的交付，软件的交付速度和质量直接影响产品投放市场后的表现。因此，IT 精益运行在全面数字化经营中占据重要地位。IT 是业务的核心组成部分的情况下，IT 是直接生产力，IT 不是业务的核心组成部分的情况下，IT 最终的价值还是为了企业更好的运营，因此 IT 精益运行和企业的商业价值是联动的。最佳实践的 DevOps 指标体系涵盖了企业的成本管理及评价管理，在资源和成本的框架下，对 IT 活动形成纵深的"场景"管理能力，建立有数据关系的信息视图，如图 6-2 所示。

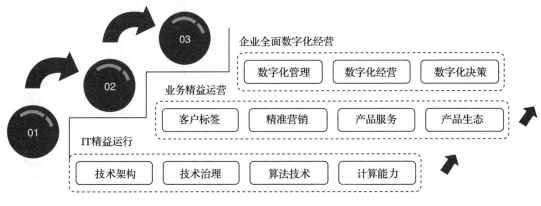

图 6-2 DevOps 的场景层级

在业务运营领域，数字可视需要明确影响业绩的因素，通常称为智慧运营。将数据按照场景进行分类，通常有销售数据、订单数据、用户活跃度数据、产能数据、产品数据，通过数据表现匹配考核指标。对于业务运营而言，数据表现都是业务发展趋势的潜在驱动因素，任何数据偏离都可能影响业务是否按计划进行展业，这种与业务趋势相关的可视方式，在数字可视领域称为"场景"。通过数据表现可以发现业务运营中的问题，并针对驱动因素，可以辅助决策，进行有针对性地调整和改善。

6.1.5 DevOps 的科技左移能力

在绝大多数企业中，无论从利润中心或成本中心的角度考虑，IT 在业务活动的角色越来越前置，尤其在市场需求快速变化的场景中，"安全、稳定、高效、低成本"的软件交付能够赋予企业更好地应对市场波动和交付商业价值。因此，以 DevOps 为核心的科技新基建逐步成为企业数字化转型中 IT 管理的核心，也是传统企业在软件交付过程中重点的实践内容。

1. 科技新基建

企业的科技新基建以 DevOps、云计算、微服务、人工智能等创新技术为代表。DevOps

在目标层面上，实现 IT 组织与业务组织的对齐，聚焦于企业商业价值和客户体验；在文化层面上，倡导高度信任的文化理念，促进 IT 组织、业务组织及其他职能组织之间的无障碍沟通与风险共担；在技术赋能层面上，通过技术与能力的结合，实现平台的智能化、敏捷化和数字化。

DevOps 在 IT 领域的最佳实践有效地实现企业内部 IT 的左移，通过成本集约、效率提升和质量保障将产品更好、更快地推向市场，协助业务组织构建体系化的能力，通过业务创新和极致用户体验增加产品的创新和抗风险能力。

DevOps 的左移尺度取决于 IT 在企业经营活动中的话语权以及能力输出范围。DevOps 在企业数字化转型过程中的作用很大程度上取决于 IT 领导力的重塑，IT 组织的领导者必须具备前瞻性的思维，掌握驱动数字化变革的策略，为企业数字化转型提供必要的 IT 服务和产品。此外，还需要根据企业战略目标，将 IT 资源、组织架构、技术创新进行整合，使 IT 服务能力最大范围地面向业务，最大化地创造价值，实现数字化转型中 IT 管理升级的目标。

2. 应用现代化

应用现代化也是科技左移的有效方式。应用现代化是一个新颖的概念，利用现有的遗留应用，实现平台基础设施、内部架构和功能的现代化。从概念角度来看，与低代码有相似之处。根据工信部信通院的调研报告显示，疫情期间，数字化程度低的企业往往遭受更大损失，产品、服务和流程数字化程度越高的企业反而受到的疫情冲击越小。原因在于，数字化程度较高的企业通过 DevOps 的实践，优化流程驱动和数据驱动的过程，以价值交付的方式提升科技新基建的能力，同时还能促进应用现代化的实践，借助现代基础设施提高效率和多云的可移植性，实现现代应用与现有应用的兼容性。

应用现代化的本质是对业务应用程序传统编程方式的修正，使其更紧密地贴合业务敏捷需求。在应用向现代化转型的过程中，现有的信息化架构、运维模式、应用开发测试流程、业务数据管理模式、安全需求等都面临较为严峻的挑战。正如飞行过程中更换引擎和发动机，既要确保企业在当前竞争中保持业务增长的连续性，又要保证未来业务能够实现革命性的变化。

6.1.6　DevOps 的数字运营能力

在传统概念中，DevOps 的技术运营主要面向于应用域保障场景和用户体验场景，尤其在用户数据反馈和智能化监控方面，打通 IT 侧和业务侧的端到端数据链路通道。在面向数字化转型的过程中，DevOps 在 IT 领域的技术运营需要进行数据场景的延展和重构，实现业务应用的数字化重构。

DevOps 的技术运营需要消费存量的数据，对全域数据体系进行归集和盘点，建立健全的数据驱动体系，在增效提质的同时，通过面向数字化经营的方式，将数据的输出能力覆盖至 IT 领域的全流程，有助于增强 IT 的服务能力，IT 组织通过"数据角色"前置更有效地为客户提供服务。

DevOps 在 IT 领域的技术运营有两种方式：一种是实现业务定义的技术运营，另一种是实现用户定义的技术运营。

1. 实现业务定义的技术运营

在数字化转型的过程中，IT 组织需具备识别业务用例的能力，尤其在数字化技术领域，应紧跟业务应用趋势。对于 C 端业务场景，更需关注"人"与"技术"的数字化因素对客户行为的影响，从而定义业务场景。因此，DevOps 能力应围绕业务场景的定义，适配 IT 组织和 IT 文化，实现更好、更快、更有效的业务支撑。同时，在 DevOps 价值交付流水线的过程中，应推动 IT 组织各能力子域围绕业务场景，通过需求前置和测试左移，分析交付过程对业务用例的价值和影响，及时优化 IT 组织的支撑能力。

业务定义的技术运营是 DevOps 在 IT 组织内进行科技数字化转型的顶层设计，用于实现企业战略级产品的快速落地。

2. 实现用户定义的技术运营

用户定义需要更多地从用户场景出发，以用户体验的方式将价值输出与 IT 组织架构对齐，尤其是在面向用户交互的 TOC 场景中需要重点考虑。用户定义的技术运营通过 DevOps 赋能基础架构和应用架构，适应更加灵活的用户交互方式，提升用户黏性，获取用户端最迅速的反馈，通过对用户数据的分析实现用户行为的生命周期管理，持续优化 IT 系统的服务能力，如图 6-3 所示。

图 6-3　DevOps 赋能方式

在基础架构方面，以 DevOps 集成云管平台方式为代表，将用户场景和资源输出形成闭环，从技术的角度支撑业务的整体运营，使业务发展和基础架构始终保持对齐，还可以将 IT 成本进行业务摊销，从业务的角度进行成本压降。

在应用架构方面，以 DevOps 集成微服务架构方式为代表，将面向服务的业务模型集成架构转化为融合的敏捷架构，通过微服务的方式，将用户定义的场景细化成小单元的服务，通过灵活的服务间交互和配合去迅速支撑业务的变化，提升产品应对用户交互的高频变化。

6.1.7 DevOps 的弹性合作能力

DevOps 的弹性合作方式以 DevOps 文化为基础，横向打通部门沟通和协作方式，纵向融合人员、流程和技术，最终实现组织的持续改进。

DevOps 给予"价值交付"和"数字运营"的文化思维的概念，在 IT 侧将数字价值进行延伸，以产品交付的方式对市场变化和市场反馈进行闭环，最终促使企业在市场需求、产品需求、产品营销和市场反馈一系列经营阶段进行降本增效，最终达到预期目标。在这种合作方式下，弹性的尺度与业务变更的方式相关，DevOps 作为现代业务变革的最佳加速方式，在数字化转型过程中，便于企业接受并尽快实现商业想法。

同时，在人员、流程和技术方面，DevOps 通过更科学的合作方式，持续并快速地向客户释放新的价值，从而使产品更好地适应不断变化的市场，面向客户传递企业的数字化面貌。当人员、流程和技术都具有相同的业务目标时，数字化转型过程变得有序和稳健。同时，DevOps 通过数据驱动的方式，围绕"人、财、物"进行 IT 侧的技术运营，实现端到端的资源、产品和价值的交付，进行资源的统筹和成本的复盘，实现 IT 组织在任务优先级和资源调度方面的弹性合作。

DevOps 在数字化转型中的作用有助于 IT 组织提高效能的模式，改善 IT 组织的竞争态势，并增加企业生产活动的参与度，从传统的分级、指挥和控制企业向数字化组织转变。

1. 业务在线

业务在线是软件交付中的关键里程碑，企业的类型、数字化场景、转型目标始终锚定业务价值和企业经营，最终落地到业务在线。在 IT 侧，通常以"业务连续性"的指标作为评估。对于企业而言，线下到线上的转型，核心系统的可用性保障，对于 IT 组织而言，更快、更好地实现产品交付，更稳定、更高质量地实现产品维护，均是业务在线的范畴。

2. 数据驱动

数据驱动企业内外部管理和运行模式的转变通常有两种方式：一是以流程驱动逐步演进至数据驱动，在保证流程合规的同时，通过数据反馈提升执行过程和决策的科学性；二是通过数据协同挖掘更优的业务逻辑和组织管理模式，这在营销数字化和办公数字化领域尤为明显，能够敏锐发现用户关系的变化，并通过标签方式构建更科学、合规且敏捷的工作流程和标准。

6.1.8 DevOps 的数字风险能力

通过分析 DevOps 最佳实践案例，笔者认为数字风险不仅局限于度量和反馈阶段，测试数据的高阶场景化缺失、安全数据的链路贯通、用户体验的普适性预知等，均为数字风险的表现形式。常见的数字风险场景主要包括 IT 组织的效能评估、IT 项目的后评估与成本复盘、产品运营过程中的保障反馈。由于 DevOps 文化的特点，IT 成员的协同环境和责任共担模式会将产品问题传递，最终通过产品运营的方式在业务场景中体现。这是 DevOps 的优势，也是在实践过程中潜在的风险因素。

1. 测试数据的高阶场景缺失

测试是 DevOps 能力子域中的关键环节，负责"产品级"制品的准出，尤其在测试左移阶段，将质量延伸至业务需求。因此，测试对于验证应用或服务的行为是否符合预期，以及是否能够安全交付产品，至关重要。

高阶场景的测试数据缺失通常会导致"价值交付"中的测试结果在稳定性和准确性方面出现问题，进而影响产品的质量与安全。对于数字辅助决策而言，完备的测试数据能够提前模拟业务运营过程中的数据变化及目标用户的转化历程。此类高阶场景面向业务及需求组织，同时为数字使用者提供预知的正向反馈。

2. 安全数据的链路贯通

通过风险规避的方式将安全数据嵌入至 DevOps"价值交付"链路，能够有效地避免产品交付过程中的风险，同时放大 DevOps 的优势。安全数据链路的贯通，可以在软件交付和产品运营过程中持续监测数据表现，通过对服务交付基础设施、应用及其相互依赖关系的全面可见性及业务数据的智能分析，确保在潜在威胁影响业务运营前进行解决。同时，安全数据链路的贯通覆盖产品运营过程中的所有节点，以业务语言的方式从业务视角进行情报传递和舆情反馈，推动数字可视和数字运营实现安全遥测。

3. 用户体验的普适性预知

在传统的 DevOps 实践中，更多关注的是需求的实现和交付周期。随着用户习惯的不断变化，DevOps 与业务组织的聚合效应日益增强，主要体现在用户体验的普适性预见能力上。根据权威数据统计，用户体验主要集中于功能的高期望和问题的低容忍度。因此，DevOps 需要前置数字反馈，覆盖用户体验场景，以用户视角将数字场景延伸至业务规划、产品需求、测试数据、发布策略和最终的业务监控，全面了解业务并关注用户体验，通过数字可视方式引入并治理用户体验的可见性。

6.1.9　大语言模型下的 DevOps

随着人工智能技术的发展，Ops 领域引入了更多创新技术，目前主要有两个方向，分别是机器学习和大语言模型，最终形成了 MLOps（Machine Learning Operations）和 LLMOps。

1. MLOps 的来源

MLOps 是从 DevOps 演化而来的概念，是指将 DevOps 的理念和方法应用于机器学习的开发、部署与运维环节，以提升机器学习模型的生产效率和质量。

MLOps 的概念源于企业在实际应用机器学习过程中遇到的挑战，主要涉及模型部署、运维和监控等方面的问题。在传统的软件开发中，已形成一套成熟的 DevOps 流程，而

MLOps 则是在机器学习领域借鉴 DevOps 的经验与思想，为机器学习开发提供系统化、标准化的解决方案。MLOps 的流程包括数据准备、模型选择、模型训练、模型部署、模型验证、模型更新等多个环节，如图 6-4 所示。

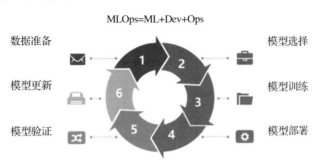

图 6-4　MLOps 的流程顺序

2. MLOps 的作用

在具体实践中，基于机器学习的特点，MLOps 的作用除了传统的 DevOps 能力外，还新增了一些特定场景，如通过模型应用的方式重新定义场景、数据收集与整理、模型训练与部署、持续监控与更新。然而，技术的迭代与更新都是为了提升软件交付的效率。

由于 MLOps 源于 DevOps，因此二者的基本理念相同，涵盖建设初期的工具化和自动化阶段，推广过程中优化与反馈的路径也一致。然而，二者也存在一定差异，由于技术栈的不同，导致触发对象和方式的不同。DevOps 的触发方式主要为代码的修改，而 MLOps 的触发方式不仅限于代码的修改，当数据发生变更或模型性能下降（模型衰减）时，也会触发流水线。此外，MLOps 还包含构建和训练机器学习模型所需的额外数据和模型步骤，这意味着 MLOps 在工作流的每个组件上存在细微差异。

此外，在工作流管理方面，DevOps 侧重于流水线的构建，而 MLOps 则更加关注机器学习工作流的管理、自动化、模型的部署与监控。

3. 基于 DevOps 的 MLOps 的流程

如图 6-5 所示，标准的 MLOps 流程包括三个角色：数据工程师、模型工程师和 DevOps 工程师。数据工程师负责数据的标注，并确保数据的可靠性和可追溯性；模型工程师负责模型的管理，并确保模型的可重复性和可迭代性；DevOps 工程师负责应用的部署与监控。

1）数据阶段的主要工作为数据收集和预处理及特征工程。

- ❑ 数据收集和预处理。该组件负责从各种数据源（如数据库、文件系统、API 等）中收集数据，并对其进行预处理和清洗，以便用于机器学习模型的训练和推理。
- ❑ 特征工程。该组件负责将原始数据转换为可供机器学习模型使用的特征，包括特征选择、特征变换和特征构建等步骤。

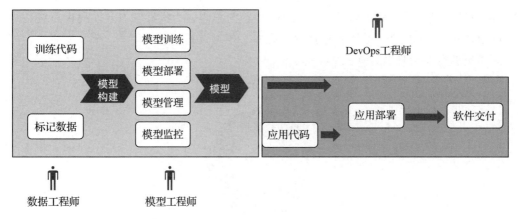

图 6-5　标准的 MLOps 流程

2）模型阶段的主要工作为模型训练、模型部署及模型监控和管理。

❑ 模型训练。该组件负责利用训练数据进行模型训练，包括算法选择、模型参数调整以及模型性能评估等步骤。

❑ 模型部署。该组件负责将训练完成的模型部署至生产环境，以进行实时推理与预测。它可能包括将模型打包为可执行文件、配置模型服务器及监控模型性能等步骤。

❑ 模型监控与管理。该组件负责监控已部署模型的性能和运行状况，并根据需要进行调整和更新。它可能包括对模型预测准确率、处理时间及资源使用情况等指标的监控。

3）部署阶段的主要工作为软件发布。

尽管模型输出存在不确定性且难以重复，但将机器学习软件部署到生产环境的过程是可靠且可重复的，并尽可能实现自动化。

4. LLMOps 的来源

LLMOps 是一组工具和最佳实践，用于管理 LLM 支持的应用程序生命周期，可视为 MLOps 的子类别，但二者之间存在一定差异。这些差异源于使用经典 ML 模型与 LLM 构建 AI 产品方式的不同，主要影响数据管理、实验、评估和成本等方面。

6.2　平台工程

与 DevOps 相比，平台工程在软件交付过程中解决了人与工具之间的服务关系问题。

6.2.1　平台工程的概念

Gartner 描述平台工程时指出，平台所汇集的工具、能力和流程均由领域专家精心挑选并封装，以便终端用户使用。其最终目标是打造无摩擦的自助服务体验，为用户提供适当的能力，帮助其以最低成本完成关键任务，提高终端用户的生产力，并减轻其认知负担。平台应满足用户团队的所有需求，并以任何可能的形式，完美契合用户的首选工作流。

在软件交付过程中，平台工程旨在提升软件交付团队的效率和效果，使企业在市场竞争中获得更大的竞争优势。软件交付团队通过构建一系列工具平台，能够更加高效、持续地交付软件应用系统，并确保其稳定运行。平台工程的核心目标是帮助软件交付团队提升所交付软件的业务价值。

在软件交付体系中，平台工程解决了技术团队如何以更低的成本和更高的效率满足业务需求，同时还解决了业务高效运营和企业数字化转型过程中的诸多问题。因此，平台工程的价值在于其提供的基础设施能力，以及所对应的工具集群的技术服务。软件交付团队通过工具平台的方式对知识进行固化，从而提高整个软件交付团队的效率和创新能力。

平台工程在软件交付过程中的价值体现在以下几个方面：

（1）可重用性

平台工程具备模块化组装的能力，平台工程提供的技术组件和服务可以在多个应用程序之间共享和重用，从而避免了重复开发和维护相似的功能。

（2）集约化能力

平台工程具备对各领域工具的集约化管理和监控的能力，用户通过工具可以更轻松地对软件应用和交付过程进行管理，并通过工具维护整个应用程序的生命周期，从而提高软件交付的效率并保证其稳定性。

（3）可扩展性

平台工程集成云原生能力，弹性扩展的云原生基础设施可根据客户需求快速、动态扩展并平滑升级，以满足不断变化的业务需求。

（4）安全性

平台工程具备安全性，软件交付人员通过平台工程提供的身份验证、授权和安全性服务可以保护应用程序和客户数据的安全性，从而降低安全风险。

6.2.2 平台工程的关键属性

通常情况下，软件交付团队通过一个成熟的、可用的、具备推广的平台，将单个能力或多个能力进行组合，可以提供较好的用户体验。这样的平台使其用户能更轻松、更高效地交付有价值的产品。

一个优秀的平台通常具有以下关键属性。

1. 平台即产品

在软件交付领域，平台需要尽量满足所有用户的需求，这些需求需要涵盖交付通道中所有的职能组织，每个职能组织根据自身的职责需要具备相应的要求，平台应该根据这些要求进行设计，并需要考虑设计的可扩展性。

类似其他软件产品，平台需为各职能组织提供必要功能，以支持跨职能团队的常见工作用例，并需优先考虑这些用例，确保在单个或多个团队协同使用中的功能连续性，保障软件交付的最终价值。在实际应用中，笔者倾向于图 6-6 所示的协同合作状态，团队架构和工作模式需依托平台进行敏捷式软件交付，平台架构师应具备全链路思维，确保平台具备自服务能力，涵盖研发交付流程和业务保障流程。产品经理应依托平台，从关注"系统流程"转向关注"业务体验"，以更好地衔接产品需求与应用上线的过程。其他人员需在平台使用过程中，将遇到的问题和痛点反馈给平台架构师，最终通过优化形成正向循环。

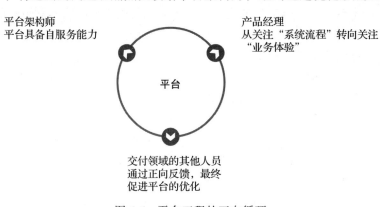

图 6-6　平台工程的正向循环

2. 用户体验

平台应通过统一的界面提升用户体验，并在平台设计过程中持续关注用户体验，这对于平台的推广至关重要。平台应尽力满足所有用户的需求。笔者通过常用工具举例说明：在工具嵌入阶段，平台架构师需考虑常见的 GUI、API 和命令行工具的组合方式，并思考 IDE 与门户的呈现形式。通常，平台提供部署功能以实现开发过程中应用程序的部署。在许多企业中，开发人员常使用 IDE，测试人员可能使用命令行工具，而产品人员则可能使用基于 GUI 的 Web 门户。上述方式可能导致用户体验存在问题，因此，构建具备产品思维的开发者平台尤为重要。

在一些尚未实施平台工程的企业中，若在某项目交付过程中，开发人员向平台架构师提出服务请求，以改进某些服务访问缓慢且不灵活的流程，平台架构师通常会协调运维、测试、架构等相关团队进行协作，整个过程可能较为漫长且充满挑战。在平台工程领域，平台架构师会收集开发团队所需的云平台、交付工具、部署工具等必要工具，调研开发人员的专业知识和使用习惯，整合这些工具并确保整合过程的安全与有效性。同时，平台架构师还会创建一个抽象层，通过 UI 或 API 提供用户友好的界面，便于开发人员自助使用所需的服务和工具。在逻辑层面，通过一个易于交互的接口实现工具间的数据互通，开发人员只需要登录平台服务，无须向平台架构师提出服务请求。相关流程如图 6-7 所示。

3. 知识沉淀

知识沉淀是评价软件成功与否的关键能力，平台工程中亦如此。在软件开发过程中，为了更好地使用平台产品或在平台内进行知识的沉淀与流转，平台需要积累大量知识并加以分析，最终在团队协作中发挥作用。

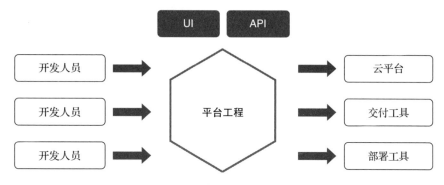

图 6-7　平台工程的相关流程

知识沉淀应同时分布于软件交付过程中的各职能团队，包括平台团队、赋能团队、业务导向团队和交付团队。团队之间可依托平台进行协同，平台架构师负责创建知识服务并落实知识沉淀任务，平台负责知识扩散及感知瓶颈，平台用户负责知识供给和服务体验反馈，如图 6-8 所示。

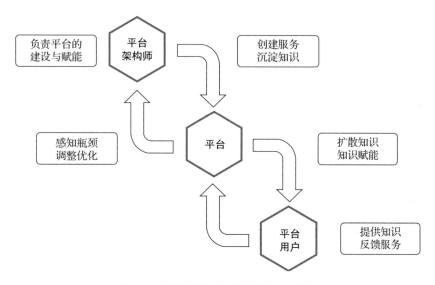

图 6-8　知识沉淀在交付过程中的定位

4. 自助式服务

在平台中，自助式服务需为使用者提供自主请求和自主接收的功能，同时允许平台的多个职能团队根据各自的工作需求进行自助扩展。在此过程中，可按需提供相关自助能力，并允许用户自行选择，尽量减少人工干预。

在软件交付过程中，自服务平台使开发人员能够直接管理和操作资源，处理资源的生命周期管理，而无须关注基础设施的技术体系和资源输出的实现细节，同时减少了平台团队成员的直接介入。这种自助式服务方式遵循"谁构建，谁管理"的理念，但不要求开发人员深入理解底层技术。

如果从协同的角度来看，自助式服务更像是流程和工具的结合体。在工具层面，无论是开源软件还是商业软件，均提供了对通用能力的抽象；但在流程层面，由于各企业的管理需求和协同过程中的依赖属性不同，流程设计会存在差异。因此，工具可以实现标准化，但流程很难做到。

举一个例子进行说明，在不同项目、不同职场、不同团队的场景中，需要根据开发人员的开发习惯制定不同的策略，让开发人员自助式地对基础设施进行操作，如图 6-9 所示。

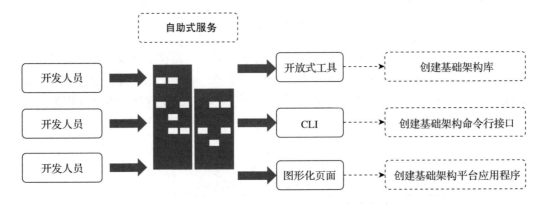

图 6-9　自助式服务在基础架构中的集成方式

第一种方式是创建基础架构库，用于表示基础架构资源和配置信息，用户可自由使用其习惯的部署工具进行基础架构配置。

第二种方式是创建基础架构的命令行接口，允许开发人员通过熟悉的 CLI 进行基础架构的调配与管理。

第三种方式是创建基础架构平台应用程序，为开发人员提供图形用户界面以配置和管理基础架构。

所有这些方法的共同点是采用标准化架构，包括由平台团队定义的最佳实践、执行部署规则的机制，以及统一的部署工作流程（代码审查、拉取请求、CI/CD、测试等）。

5. 降低用户认知负荷

在平台建设过程中，降低用户认知负荷是一个容易忽视的关键因素。为降低因认知负荷过重对团队带来的风险，平台应对工具的实现细节进行封装，隐藏基础架构的复杂性。例如，某些第三方平台提供对接服务，但要求不能暴露相应的详细信息，因此需要平台进行封装。同时，平台还应满足对某些服务进行观测的需求，需对服务进行协议转换或二次加工。

6.2.3　平台工程的核心模块

平台工程的具体功能模块可能因应用场景和客户需求而有所不同，通常包括以下核心模块。

1）基础设施：包括计算、存储、网络等基础设施资源的管理和分配，以及提供高可用、可扩展的基础设施服务。

2）开发工具：包括应用程序开发、测试、构建和部署等工具，以及开发者门户、组件库、文档库等支持开发者的工具和资源。

3）数据管理：包括数据存储、数据分析、数据备份和恢复等数据管理服务，以及支持数据集成、数据转换等数据服务。

4）安全与身份管理：包括身份验证、授权、加密、安全审计等安全管理服务，以及支持安全策略和合规性管理的服务。

5）运维管理：包括应用程序监控、故障管理、自动化运维等运维管理服务，以及支持部署和更新管理的服务。

6）服务市场：包括提供第三方应用程序、服务和解决方案的服务市场，以及支持应用程序集成和订阅的服务。

除此之外，平台工程还可以包括其他功能模块，例如人工智能、物联网等领域的支持服务，以满足不同的应用场景和用户需求。

6.2.4　平台工程的能力要求

通常情况下，我们可以从平台建设、平台服务、平台运营、平台保障及平台团队 5 个方面对平台工程能力提出要求，如图 6-10 所示。

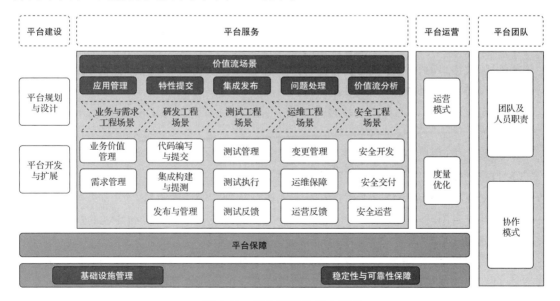

图 6-10　平台工程的能力要求

1. 平台服务能力要求

❏ 当需要开发环境时，平台应提供安全的开发环境服务，包括 IDE、环境配置及其他开发工具等。

❏ 当查看工作项时，平台应支持一站式便捷获取相关工作项信息，例如在 IDE 中查看工作项详情。

❏ 当编码时，平台应支持自动基于工作项创建分支并修改工作项状态，例如在 IDE 中快速创建特性分支。

❏ 当编码时，平台应提供符合用户体验（UE）设计规范的可复用前端组件库，且方便开发者获取。

❏ 当编码时，平台应提供统一适配和治理的可复用后端组件库，如日志组件等。

❏ 当编码时，平台应支持对代码进行自动化扫描，并在发现问题后提出修复建议。

❏ 当编码时，平台应支持智能编码辅助能力，如辅助生成业务代码、单元测试代码及代码注释等。

❏ 当编码时，平台应支持智能编码优化能力，如生成代码优化建议等。

❏ 当编码时，平台应提供低代码 / 零代码服务，包括可视化的前后端业务逻辑开发、典型应用场景快速定制部署发布等。

❏ 当设计或修改数据库表结构时，平台应支持数据库表结构的图形化设计或修改，并自动生成 DDL 语句。

❏ 当设计或修改数据库表结构时，平台应支持对 SQL 语句的自动扫描，并在发现问题后提出修复建议。

❏ 当编写接口时，平台应支持在接口定义完成后自动化生成部分代码和接口测试数据。

❏ 当编写接口时，平台应提供 API 的版本管理及文档生成与共享功能。

❏ 当修改接口时，当涉及已发布接口的定义修改和下线，平台应具备自动通知相关干系人的功能，如接口的调用方和测试人员。

❏ 当定义环境时，平台应支持自动生成并维护环境配置，如 Dockerfile、K8s 编排文件等。

❏ 当测试接口时，平台应支持 API 的测试替身，如 Mock 等。

❏ 当测试接口时，平台应支持在开发本地执行统一的自动化接口测试。

❏ 当测试功能时，平台应支持在开发本地执行端到端的功能测试。

❏ 当开发自测时，平台应支持一键生成开发自测环境，并支持自测环境的快速（及时）释放。

❏ 当代码提交时，平台应支持方便地将代码及相关配置的修改与工作项关联起来，并对提交的规范性进行校验，如可校验提交日志的合规性和提交内容合规性等。

❏ 当代码提交时，平台应支持自动触发流水线的执行，并快速反馈结果。

2. 平台建设能力要求

❑ 平台建设应凸显集成性与扩展性，如便捷集成其他工具、插件市场等。

❑ 平台建设应凸显统一管理维度，如以应用为中心作为平台的管理对象。

❑ 平台建设应体现基础数据的单一可信，如用户信息、应用信息等不重复维护。

❑ 平台建设应体现统一门户设计，包括统一入口、统一账号、统一权限等。

❑ 平台建设应体现统一交互设计，如统一界面风格、统一操作方式、统一术语等。

❑ 平台建设应符合信创要求，包括平台开发和运行所依赖的环境、中间件、数据库、组件、其他工具等，均需符合信创要求。

❑ 平台建设应体现易用性，如用户使用指引、操作步骤简化、错误提示等。

❑ 平台建设应体现可配置性和可管理性，如模板配置、管理规则维护等。

❑ 平台建设应体现安全性，如公共账号不受控、构建机管理员权限不受控等。

❑ 平台建设应体现高性能，如负载均衡、构建资源池、缓存等。

❑ 平台建设应体现高质量，如功能缺陷少等。

❑ 平台建设应体现可用性和稳定性，如双活等。

❑ 平台建设应体现组织内部技术栈与基础设施的兼容性，如支持不同编程语言、不同资源类型等。

❑ 平台建设应体现功能版本的兼容性，减少版本更新对用户的影响。平台建设应体现开放性和规范性，如基于 API 等方式提供外部服务调用能力。

❑ 平台建设过程中的开发、测试和运维等活动也应采用平台本身的服务进行管理。

3. 平台运营能力要求

❑ 平台运营应建立用户使用的基本支持机制，如用户交流群、专家指导、用户手册、培训等。

❑ 平台运营应建立用户使用的自动化支持机制，如自动客服等。

❑ 平台运营应建立用户宣传与推广机制，如发布公告、新功能宣传活动、发布频率、新用户推广等。

❑ 平台运营应建立用户需求收集与反馈机制。

❑ 平台运营应建立平台可用性的通知和展示机制，如功能恢复时长。

❑ 平台运营应具备合理的用户使用计价模式与优化机制。

❑ 平台运营应具备用户使用与运行情况的统计分析，如用户量、使用覆盖率、可用率、功能使用频率等。

❑ 平台运营应具备用户使用效果的统计分析，如组织效能提升数据。

4. 平台保障能力要求

❑ 平台应采取相对重要的业务系统的稳定性和安全性保障机制，如 SLA 设定、监控预警、应急预案、变更流程、安全扫描机制等。

❑ 平台应采取应用高可用保障措施，如负载均衡、调用关系治理、失效转移等。
❑ 平台应采取数据高可用保障措施，如分库分表、读写分离、同城实时备份、异地备份等。
❑ 平台应采用低风险部署与发布策略，如灰度发布等。
❑ 平台应具有运维和安全人员负责保障平台的稳定性和安全性。

5. 平台团队能力要求

❑ 应具备实体或虚拟的平台团队，负责平台的整体建设、保障和推广运营工作。
❑ 平台团队应具有平台产品经理角色，负责平台的规划、需求管理等。
❑ 平台团队应具有平台产品运营角色，负责平台的推广运营等。
❑ 平台团队应具有平台架构师角色，负责平台的架构设计，如功能分布、性能、高可用等。
❑ 平台团队应具有平台开发测试角色，负责平台的开发和质量保证等。
❑ 平台团队应具有平台运维、安全角色，负责平台的稳定性和安全性等。
❑ 平台团队可具有平台技术教练角色，负责平台的技术服务等。

6.2.5 平台工程的最佳实践

1. 随时随地实践平台工程

实践平台工程可以随时随地展开。我们通常会选择从易达成的目标入手。例如，在某个项目中，若某研发团队的开发人员使用了常见的开发工具，则可将其集成至平台中，作为首批提供服务的工具。

其次，平台架构师需面向平台使用者采集平台工程的需求，通常通过访谈或调研形式了解当前工具使用中的问题、工具对开发团队造成的阻碍，以及对他们而言最具挑战的事项，例如协助管理容器集群和编排部署流程。

需要注意的是，倘若封闭式地完成平台工程从 0 到 1 的构建，在实际推广时会引发一些阻碍。比如，你告知交付团队，基于技术栈的考量，需要对工具进行标准化统一，并且要求他们舍弃已使用的工具，将所有的交付工作切换至平台工程，这种推广方式将会给交付人员增添更多的工作内容。平台工程的目的是增进协同，而非降低效率。除非你能够证明该平台能使交付人员的工作变得更轻松、高效。

因此，平台工程的最佳实践应随时随地进行，并围绕工程师文化展开。

2. 平台工程是一个有生命周期的产品

对于平台工程的最佳实践，应从一个易于实现的小目标入手，该目标可以在软件交付过程中，以极小的代价为团队或某一节点带来可量化的价值。举例说明，在软件交付的过程中，当开发人员或团队在某个版本中使用过时技术时，技术迭代往往难以一次性完成，也难以将所有工作直接迁移至平台工程。平台架构师在推广平台时，首先应考虑交付团队的现状，选择合适的交付方式，与其他团队的协同方式，采用的技术栈以及使用的工具，帮助他们从当前状态逐步转变至理想状态。

以 IDP 为例，必须明确，IDP 并非一次性项目，更多情况下，IDP 面向软件交付过程中的绝大多数用户。因此，成熟的 IDP 是能够持续迭代的服务。平台需要不断提供服务、新工具及工具组合，平台工程是一个具有生命周期的产品，需持续迭代和运营。

3. 工具库和知识库的逻辑

工具集群也称为工具库。一个优秀的工具库能够为交付人员在整个研发生态中提供良好的工作体验。平台工程对于如何打造一个集成化、一体化的研发人员体验有着明确需求，这直接影响平台核心用户——研发人员的满意度。因此，优化工具体验，使其流程化和集成化，是提升研发人员体验的重要手段。

而支撑工具运用并决定具体执行逻辑的，是知识库。这里的知识并非只有文档和图表一类静态载体，而应该同时包含规则、流程、视图、查询、模型等动态载体。载体的形式由其消费形式决定。平台的本质是知识，而只有经过实践检验的知识才能保证其可靠性与价值。团队应当尝试将知识沉淀入平台，并通过与工具库的集成来高效、稳定、全面地实践和检验知识。只有这样，知识才能不断迭代积累，从而发挥规模化效应，应对未知挑战，提升价值转化速率。

如图 6-11 所示，知识库驱动工具库，促进基础设施、研发流程和环境管理不断地进行优化，而工具库也反馈知识库，对业务知识、架构知识和技术知识进行不断的补充。

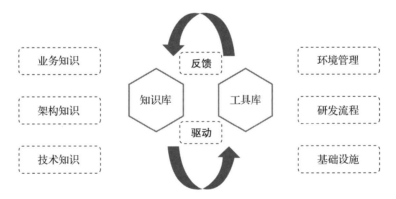

图 6-11　知识库和工具库的驱动反馈方式

6.2.6　平台工程与 DevOps、SRE 的区别

1. 与 DevOps 的区别

DevOps 是一种将协作文化转变为系统生命周期管理（SDLC）的方式，用来提高软件交付速度和质量的理念。DevOps 促进了开发和运营团队之间的协作和沟通，并加速了自动化以简化部署。平台工程是一种实践而非方法论，可以被视为 DevOps 的下一个迭代，因为它

共享 DevOps 的协作、持续改进和自动化的原则。

平台团队与 DevOps 在某些方面存在差异。DevOps 使用工具和自动化简化代码发布、管理及通过日志记录和监控工具观察代码的过程，主要专注于构建高效的 CI/CD 管道。平台工程师则采用 DevOps 使用的所有工具，并将其集成到一个共享平台中，供各 IT 团队在企业级别使用。这减少了团队自行配置和管理基础设施与工具的需求，节省了大量时间、精力和资源。平台工程师还负责创建文档并优化平台，以便开发人员能够在工作流程中自助使用工具和基础设施。

只有拥有多个使用复杂工具和基础设施的不同 IT 团队的成熟公司才需要平台团队。在此类工程环境中，通常需要一个专门的平台团队来管理复杂性。平台团队负责构建和管理基础设施，帮助 DevOps 加速持续交付。然而，在初创公司中，DevOps 团队也经常承担平台工程任务。

2. 与 SRE 的区别

SRE 专注于确保应用程序可靠、安全且始终可用。他们与开发人员和运营团队合作，创建支持交付高度可靠的应用程序的系统或基础设施。SRE 还执行容量规划和基础架构扩展以及管理和响应事件，以便平台满足所需的服务级别目标。另外，平台工程管理复杂的基础设施，并为开发人员构建高效的平台以优化 SDLC。虽然两者都在平台上工作，而且他们的角色听起来很相似，但目标不同。

平台团队和 SRE 之间的主要区别在于他们面向谁并为他们提供服务。SRE 面向最终用户并确保应用程序对他们来说是可靠的和可用的。平台工程师面对内部开发者，专注于提升他们的开发者体验。两个团队的日常任务在这些目标方面有所不同。平台工程为应用程序的快速交付提供底层基础设施，而 SRE 也为交付高可靠和可用的应用程序做同样的事情。SRE 更多地致力于故障排除和事件响应，而平台工程师专注于复杂的基础架构和支持开发人员自助服务。

为了实现各自的目标，SRE 和平台团队在他们的工作流程中使用不同的工具。SRE 主要使用 Prometheus 或 Grafana 等监控和日志记录工具来实时检测异常并设置自动告警。平台团队使用跨越软件交付过程各个阶段的不同工具集，例如容器编排工具、CI/CD 管道工具和 IaC 工具。总而言之，SRE 和平台团队致力于构建可靠且可扩展的基础设施，目标不同，但他们使用的工具之间存在一些重叠。

6.2.7　大语言模型下的平台工程

在大语言模型的推动下，平台工程的开发和应用变得更加高效和灵活。通过将模型的强大计算能力与平台工程相结合，企业能够更好地实现自动化、标准化和可扩展性。在这一过程中，平台工程不仅仅是基础设施的构建和维护，更是整个开发流程的全方位优化。

此外，平台工程还通过大语言模型的智能分析能力，实现了更为精确的性能监控与优化。通过对大量数据的处理与分析，平台能够自动识别潜在的瓶颈和问题，并提出解决方案，帮助企业提高运维效率。

1. 平台工程所遇到的挑战

根据 CloudBees 发布的最新报告《2023 年平台工程：快速采纳和影响》，83% 的受访者已经完全实施了平台工程，或正处于某个实施阶段。根据报告中的数据，开发者每周实际上只用了 12.5% 到 30% 的时间来编写代码。这也促使 IT 组织的管理者迫切寻找新的方法来提高开发者的生产力，因此平台工程对创新技术的需求迫在眉睫，特别是机器学习技术和大语言模型技术。

首先随着企业数据的不断积累，当数据越来越多时，数据的隐私和安全越来越重要，尤其在大语言模型场景中，对于特定领域的数据训练，必然给传统的平台工程带来了挑战。尤其在管理多个大型数据集和模型方面，平台工程需要集成机器学习算法和大语言模型。

其次，平台工程必须适应新的 AI 工作流程和数据、提示，以及设计、训练和维护模型、向量数据库和大型数据集的 AI 工程师的流水线，这些数据集会不断增长和演变。这些 AI 流水线必须支持其工作流模式的特定要求，并与相互依赖的软件开发流水线和发布流程一致。

最后，随着企业商业模式的变化，越来越多的业务系统采取了 GPU、VPU 和高度可扩展的 CPU，用来运算大量的数据，这种方式也给传统的平台工程带来了挑战。为了让平台发挥更大的作用，平台工程需要主动引入更多的创新技术。

2. 常见的实践方式

由于平台工程主要面向企业内部开发者，业务需求作为开发过程的上游节点需要格外关注，同样，开发者自身的工具也需要被关注。

（1）对业务需求进行自动化完善、分析与收敛

在需求自动化完善方面，平台工程结合大语言模型技术，能够对用户反馈和数据进行分析，自动识别并补充缺失的需求信息。例如，自动识别用户提出的问题并转化为需求描述，自动补全需求的关键词和标签。

在需求的自动化分析方面，通过数据训练自带的领域知识，可以更好地评估和优化需求，发现潜在的问题和机会，提高需求分析的效率和效果。

在需求的自动化收敛方面，结合大语言模型技术，如智能推荐、对话系统、多方协作等，能够帮助开发者更好地进行沟通与协同，更好地收集和整合用户反馈与痛点，提升需求的满意度和一致性。

（2）更智能的开发工具

在现有开发工具功能的基础上，需集成软件交付过程中更多的能力，如自动化代码审查、自动化测试、自动化日志分析以及 AI 辅助编程，以显著提升开发者的开发效率，并提供良好的使用体验。

同时，基于 LLM 的能力，开发工具还可以对开发过程中的文档和代码进行分析，构建知识库，提供开发者智能问答的能力，简化开发人员的学习成本，降低用户认知负荷。

6.3 SRE

与 DevOps 和平台工程相比，SRE 在软件交付过程中为软件交付人员提供了利用工具解决系统稳定性和可靠性问题的方法，相关 SRE 体系内容可参考《SRE 实践白皮书》。

6.3.1 SRE 的由来

Google 于 2003 年启动了一个全新的团队，即 SRE 团队，旨在通过软件工程的方法提升应用系统的可靠性。随着 SRE 相关理论和实践在 Google 的日渐成熟，SRE 实践逐步扩展至整个行业。自 SRE 理念进入中国以来，已引起众多企业的关注与效仿，但各企业实施 SRE 的方法不尽相同，SRE 的实现效果亦有所差异。

6.3.2 SRE 的目标

SRE 的主要目标是通过结合软件工程和系统运维的最佳实践，提高大规模分布式系统的可靠性、可扩展性、性能和效率，以及监控和告警、故障恢复能力。

- ❑ 可靠性：SRE 的首要目标是确保服务和系统的可靠性。这包括减少故障、提高系统的稳定性，以确保用户在任何时候都能够获得一致的高质量服务。
- ❑ 可扩展性：SRE 致力于设计和实施能够随用户需求增长而扩展的系统，涉及对系统架构和资源的优化，以在不降低性能的前提下适应实际工作负载的波动。
- ❑ 性能：SRE 关注系统性能，旨在确保系统能够在合理时间内快速响应用户请求，包括对系统瓶颈的持续监控和优化，以提升整体性能。
- ❑ 效率：SRE 倡导自动化运维工作，以减少人为错误并提高效率。通过自动化，可以更快速地部署新功能、检测和响应故障，并合理开展系统的升级和维护工作。
- ❑ 监控和告警：SRE 强调对系统的全面监控，以便及时发现并解决问题。通过设置有效的告警系统，可以在重大问题发生前迅速做出反应，从而减少对用户的影响。
- ❑ 故障恢复能力：SRE 强调迅速而有效地恢复服务，以最小化用户体验的中断。这包括制订和演练紧急情况的应急计划。

企业实现 SRE 核心目标的过程并不相同，落地路径也各异。SRE 相关的实践工作存在于大量流程中，与 SRE 部门或团队在企业中的存在形式和所处位置无关。这些工作流程与研发、测试、运维、产品运营等团队紧密地融合在一起，所有参与团队都在上述 SRE 目标上作出各自的贡献。

6.3.3 SRE 团队的使命

SRE 团队在组织中存在的意义主要是确保系统的可靠性和高效运行。通过引入 SRE 角色，组织可以更好地平衡软件开发速率和系统稳定性之间的需求，从而实现更高水平的可用性、性能和自动化。SRE 团队在组织中的使命如下。

❑ 可靠性优先。SRE 团队致力于确保服务的高可用性和可靠性。他们关注系统的稳定性，采取工程化方法来减少故障和提高系统的稳定性。

❑ 自动化运维。SRE 团队推动自动化运维工作，以减少手动操作的错误和提高效率。通过自动化，可以更快速、可靠地进行部署、监控、故障检测和修复等操作。

❑ 质量保证。SRE 团队参与服务的全生命周期，包括设计、开发、部署和维护阶段，以确保系统在不同阶段都能保持高质量。

❑ 快速创新。通过减少故障和提高系统的稳定性，SRE 团队为开发团队提供了更稳定的平台，使其能够更专注于业务创新和新功能的开发。

6.3.4　SRE 团队的存在形式

在组织架构中，SRE 团队的存在形式可以各不相同，这主要取决于组织的规模、业务需求和文化。以下是一些常见的 SRE 团队的存在形式。

❑ 中心化的 SRE 团队：由一个专门的 SRE 团队负责支持整个组织的可靠性工作。此模式有助于集中专业知识，确保在全组织范围内实施一致的最佳实践。

❑ 嵌入式的 SRE 团队：SRE 团队成员嵌入到各产品或服务团队中，与开发团队紧密合作。此模式有助于将可靠性工作更好地集成到产品开发全过程中。

❑ 混合模式：部分组织采取混合模式，即既设有中心化的 SRE 团队，同时在一些关键项目中嵌入 SRE 角色。此模式能够兼顾专业化和与业务紧密结合的优势。

每种存在形式都有其优势和适用场景，可根据组织的需求选择最合适的模式。不论哪种方式，SRE 的目标都是通过自动化和工程方法提高系统的可靠性和效率。

如图 6-12 所示，SRE 工程组采取中心化设置，负责 SRE 体系的建设与推进，驱动 SRE 平台研发组和基础设施组，提供高效能的工具与平台产品，提升基础服务的可靠性。

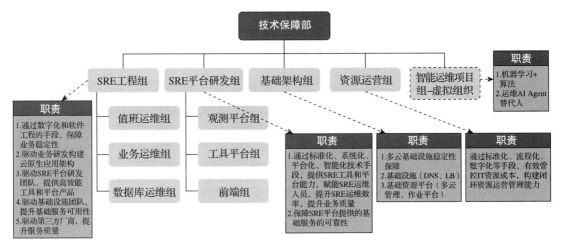

图 6-12　中心化设置的 SRE 组织

如图 6-13 所示，各 SRE 团队采用嵌入式设置的方式，负责每个事业部 SRE 体系的建设与推进，并负责收集业务需求，将需求抽象为能力。

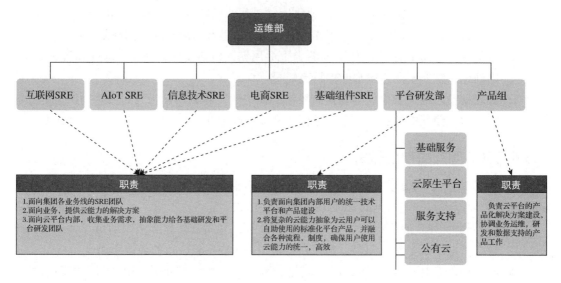

图 6-13　嵌入式设置的 SRE 组织

6.3.5　应用韧性架构设计

应用韧性架构是可靠性架构中非常重要的一环，是指在进行系统架构设计的过程中，根据系统的可靠性需求，采用分布式设计、解耦设计、冗余设计等高可靠性的架构设计方案，以提升系统的可靠性。可靠性工程全生命周期实践流程如图 6-14 所示。

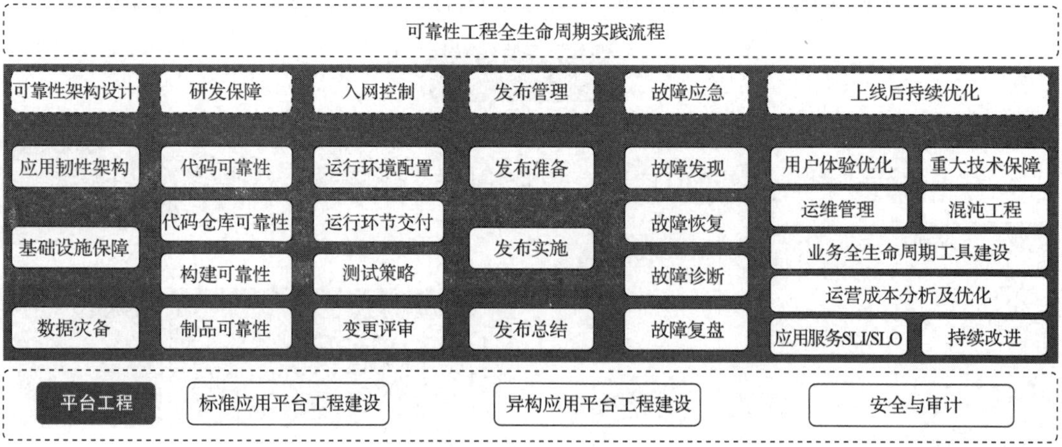

图 6-14　可靠性工程全生命周期实践流程

在进行可靠性架构设计的过程中，SRE 团队需要将应用架构设计流程完全融入其中，并与研发团队共同参与架构设计和评审工作。在系统设计阶段，应尽量消除可能出现的单点、容量等潜在风险，并提前为可能出现的系统架构风险做好应急准备。

1. 分布式设计

在系统中存在职责明确、粒度适当且易于管理的组件，如计算资源、业务模块、数据等。这些组件可以进行分布式部署与运行。组件之间相互独立、互不干扰，通过分布式设计可提高开发效率与系统可靠性。组件的拆分可以通过复制、根据功能进行垂直拆分、根据用户及访问模式进行水平拆分等方式实现。

在设计时，应充分考虑组件之间可能存在的相互干扰等情况，以及如何平衡不同组件之间的负载，均匀分配系统承受的压力，以减轻其对整体性能的不良影响。

2. 解耦设计

在架构设计过程中，可以将各种逻辑功能划分为不同的服务模块，确保不同模块的故障对其他模块的影响是最小的，从而最大限度地降低模块之间的耦合度。通过这种方式，可以将系统划分为多个相互独立的功能模块来实现。值得注意的是，业务的主要逻辑与其他非核心模块是独立的，因此业务非核心模块的故障并不会对业务的核心功能产生负面影响。

3. 冗余设计

为了确保资源有足够的安全余量，每个组件都需要有足够和合理的冗余实例，以确保单一组件实例的失效不会对业务的正常运行造成影响。对于不同类型的组件，我们需要明确地定义冗余量和冗余类型。在实际应用中，由于设备故障或者操作不当等导致服务器出现性能下降或崩溃现象时，系统会出现异常状态并产生大量信息。应用程序可能部署多个机房，当这些机房中有数据冗余时，一个位置的错误可以通过另一个位置的数据进行修正，确保整个系统的连续性和可靠性。为了提高系统可靠性，通常采用读写分离的技术进行数据的冗余管理。读写分离是一种冗余的设计方式，缓存和数据库之间存在数据冗余，当缓存服务宕机时，可以从数据库回源到缓存。

4. 熔断设计

熔断机制是应对雪崩效应的一种微服务链路保护机制，如果目标服务的调用速度较慢或超时次数较多，则此时会熔断该服务的调用。对于后续的调用请求，不再继续对目标服务进行调用，直接返回预期设置好的结果，可以快速释放资源。一般来说，熔断需要设置不同的恢复策略，如果目标服务条件改善，则恢复。

5. 限流设计

限流是一种系统设计技术，用于控制对应用程序或服务的访问流量，防止资源过载。常见的限流策略包括固定窗口、滑动日志、漏桶和令牌桶算法。这些策略有助于系统应对高流量，保持稳定性和可靠性。实施时，通常需结合其他系统保护措施，如队列、缓存、服务降级和熔断，实现全面的流量控制与系统保护。当流量受限时，系统通常会采取拒绝多余请求、将请求排队等待处理、返回错误码（如 HTTP 429 Too Many Requests）或提供降级服务响应等措施，能够有效缓解服务器压力。

6. 降级设计

降级机制是在服务器压力剧增的情况下，依据当前业务情况及流量，对部分服务和页面进行策略性降级，以缓解服务器资源压力，释放资源，确保核心任务的正常运行。按降级配置方式，降级可分为主动降级和自动降级。主动降级是提前配置，而自动降级则是在系统发生故障时，如超时或频繁失败，自动执行的降级策略。自动降级又可细分为超时降级、失败次数降级和故障降级。

7. 可观测设计

为了保证系统的透明性并迅速定位问题，采用可观测的设计方法变得尤为关键。可观测设计涵盖日志记录、实时监控、追踪以及度量等多个方面，从而实现了系统状态和行为的可量化以及可分析性。在可观测设计中，日志应当详细地记录所有的关键事件，监控系统需要能够实时捕获关键的性能指标，跟踪机制应具备跨服务请求的追踪能力，度量指标则应全方位地反映系统的健康状态。

此外，健康检查机制需要自动地对系统组件状态进行评估，当出现异常指标时，告警机制会立即告知相关的工作人员。通过这些措施，我们可以清晰地观察到系统的运行状态，从而为后续的维护和优化工作奠定了稳固的基础。

6.3.6 构建可靠性设计

构建是指在构建机上将代码、资源文件等源文件编译打包成可执行的程序文件的过程。在当前的持续集成／持续交付的软件开发模式下，若构建出现问题，则新的软件版本无法快速发布验证，软件质量就会受到影响。因此，构建的可靠性对于软件服务的可靠性和迭代效率具有重要作用。构建可靠性设计主要由构建效率和构建成功率两个方面组成。

1. 构建效率

构建效率即构建速度，取决于从构建启动到构建结束的耗时。如果构建耗时过长，软件版本将无法按时交付，影响业务版本的迭代效率，构建的可靠性也难以保证。提升构建效率的主要措施如下。

1）流程自动化。通过自动化构建工具或脚本将各构建环节串联，减少环节间的等待时间。

2）并行化。通过将部分构建流程由串行调整为并行来优化流程，提升构建速度。

3）增量构建。在构建机上执行构建时，将构建过程中产生的一些临时文件和中间产物保存为构建缓存。当下次构建时，由于通常只有部分代码被修改，未修改的代码可以直接使用上次的构建缓存，这样可避免重复构建。通过增量构建的方式减少了需要构建的内容，从而降低了构建耗时。针对构建机首次构建时没有缓存的问题，可以搭建构建缓存共享服务器（例如 UE 引擎的 DDC 服务器），一台构建机的构建缓存会上传到缓存共享服务器，供其他构建机使用。

4）分布式编译。相较于单机有限的资源，集群的力量无疑更为强大：一个人计算 100 道数学题和 100 个同样能力的人各自计算 1 道题，孰优孰劣不言而喻。分布式编译就是利用集群资源，将单个节点的工作分配给大量节点，再汇总结果。根据需求，资源数量几乎可以无限扩展，不再受制于单机的物理架构；在时间上，集群工作所需的时间往往是原来的几分之一。

5）软硬协同。部分构建任务（如代码预处理、资源文件处理）无法通过分布式编译加速分发至远端，只能在本地构建机上处理。此时，本地构建机的性能将成为瓶颈。在这种情况下，可有针对性地提升本地构建机的 CPU、内存、磁盘 IO 性能，再结合分布式编译系统，软硬件协同以提升构建速度。

6）多进程编译。有些编译软件默认只开启单进程编译，导致构建机硬件性能未得到充分利用，此时可以通过开启多进程编译来提升构建速度。

通过上述方式提升构建效率，同时还需对构建效果进行评估，有下列几种评估方式。

❑ 基于基线进行评估。使用构建耗时超出基线比例评估单次构建效果，每次正常构建完成后，将本次构建耗时上报。持续若干天后，得到一段时期内多次稳定构建耗时数据，求取这些数据的平均值，即为该段时期的构建耗时基线。当一次构建耗时超出基线较多时（如超出基线 20%），可能存在性能问题。在得到构建耗时基线后，可以将当前构建耗时与基线进行对比作为 SLO，例如不超过基线 10% 即为健康。

❑ 基于阈值进行评估。按不同的业务实际情况设置不同的阈值，例如设置构建耗时不大于 2h 为可靠性的衡量标准。

2. 构建成功率

构建成功率指在指定时间内，构建成功次数占构建总次数的比例。若构建成功率低，则需要多次构建才能生成可交付版本。构建成功率是影响构建可靠性的关键因素之一。提升构建成功率的主要措施如下：

（1）保障构建环境可靠性

构建成功率受到构建环境的影响。当构建机出现异常时（如缺少依赖包、无法连接代码仓库、磁盘故障等），构建将失败。因此，需确保构建环境的可靠性，例如通过自动化方式批量部署构建机，避免手动部署时遗漏依赖包，并尽量利用云环境中高可靠性的网络、计算和存储资源。

（2）预编译检查

构建流程通常是在拉取代码后执行编译，这要求开发人员在编写完代码后，必须提交至代码仓库才能启动构建流程。实际上，可以在代码提交至仓库之前暴露问题，越早发现问题，修复成本越低；提交到仓库的代码质量越高，问题越少，团队协作也越顺畅和高效。

预编译工具能够在提交代码前，通过本地预构建检查或远程预编译检查，尽早发现问题，实现质量左移。

构建成功率的效果评估主要有以下几种。

❑ 基于基线进行评估。每次构建完后将成功 / 失败状态进行上报，统计一天的构建成功率，持续若干天后，就能得到一段时期内的多天稳定构建成功率，把这些数据求一个平均值之后，就得到了这一段时期的构建成功率基线。当某天的构建成功率超出基线很多时（比如超出基线 20%），这次构建就可能出现了性能问题。在得到构建成功率基线以后，可以将当前构建成功率与基线进行对比来作为 SLO，比如不低于基线 10% 即为健康。

❑ 基于阈值进行评估。根据业务需求设定固定成功率阈值（如 80%），对固定周期内的所有构建进行统计分析和对比，周期单位可为天、周或月。

6.3.7 变更评审设计

变更评审主要是为了降低系统变更投产带来的风险，并让变更如期交付业务。在变更评审中，不同的 SRE 组织会在系统交付生命周期的不同阶段建立对应的变更评审机制，比如项目立项阶段的可用性评审、技术或部署架构可用性评审，设计阶段的非功能性、可运维性评审，上线阶段的 CAB 评审等。

1. 稳定性架构设计评估

SRE 组织为推动稳定性架构管理，建议在技术线层面建立跨团队的技术架构管理机构，负责制定稳定性架构管理规范、技术组件规范，以及相应的技术管理与评审流程。SRE 应重点从高可用性、故障恢复、可扩展性、数据完整性和部署环境等方面推进相关评估工作。

高可用是运维管理的一条底线保障要求，运维主要工作是消灭单点风险，提升系统韧性，比如数据库中提到的主备、主从、分布式，数据中心的两地三中心、分布式多活，以及将一个应用系统同一个服务组件部署在多个数据中心机房、不同物理机的多个虚拟机上，为应用的负载均衡提供网络硬件或软件负载均衡器，提供具备高可用架构消息中间件等 PaaS 云服务等。为了更好地推进评估工作，SRE 需要提前提供架构高可用的规范，制定通用组件、信息系统架构高可用参考模式，将高可用要求更早地落地在系统设计过程中。

故障恢复可借鉴最佳实践、具体信息系统的特点等，制定相应的故障恢复能力要求。在应用系统层面，需关注应用拆分、服务或系统交互解耦、服务无状态、减少总线节点服务依赖、增加异步访问机制、多层次的缓存、数据库优化、限流与削峰机制、基础设计快速扩容等。在基础设施层面，可恢复性的基础设施环境需能够有效地从自然灾害或人为灾难中恢复，即考虑到各种风险，包括自然灾害、技术灾难、人为错误或网络攻击等，并采取预防措施以减少潜在的损失，至少应包括备份、冗余、快速恢复服务和关键信息系统的保护。

技术架构的可扩展性是指在不影响现有系统功能和性能的前提下，系统能够扩展或增强其功能的能力。通常涉及对系统设计、架构和模块化的考虑，以便于未来的扩展和升级。具体包括：将系统拆分为多个独立的子系统或模块，每个拆分的部分负责特定的功能和业务逻辑，降低整个系统的复杂度与模块间的耦合度，提高扩展性；支持横向与纵向的扩展能力，通过增加服务器数量与提高每个服务器的处理能力，来提高整个系统的处理能力，或通过升级单个服务器或组件的硬件，来提高其处理能力；系统支持弹性伸缩，即根据系统的负载情况自动调整计算和存储资源，以实现系统的动态扩展和缩减；减少总线节点服务依赖，由多节点组成的逻辑交互改为端对端的访问方式，减少影响交易因素；增加异步访问机制，同步机制在性能出现问题时，会在短时间消耗完最大连接数，哪怕这个最大并发数是正常情况下的 10 倍，将同步连接改为异步通信，或引入消息队列；支持多层次的缓存，可以从前端、应用内部、数据库等层面建立缓存。

数据完整性是运维保障的底线要求，持久化数据的生命周期通常比系统与硬件的生命周期长很多，很多新系统上线或架构调整都考虑数据迁移工作。同时，还要关注一些复杂性数据处理，比如批次、清算、对账等操作，这些操作极易受数据问题影响，运维侧需要关注数据处理的异常中断原因定位、哪些环节可以应急中断、中断后是否支持多次重试、与第三方系统约定数据不一致时以哪方为基准等应急处置机制。

选择部署环境时，需综合考虑应用程序特性、性能要求、可扩展性、可靠性、安全性、服务提供商支持及成本效益等多方面因素。不同因素对部署环境的选择具有重要影响，例如，某些应用程序可能需要大量内存和计算资源，有些需要具备高吞吐量和强大数据处理能力的平台服务，还有些需依赖云服务以便根据需求变化实现扩展，另一些则需选择具备高稳定性与安全性的基础设施环境。

2. 非功能性技术评估

运维的非功能性设计是主动应对可运维性问题的切入点，直接决定系统在生产环境的成本与收益，甚至决定系统生命周期的长短。运维侧需要推动的非功能性设计如下。

（1）系统运行状况可观测

云原生提出可观测的监控指标、日志、链路三要素同样适用于传统以主机为代表的技术架构。运维是在一个黑盒子的成品上进行监控、日志、链路的完善，像 NPM、APM、BPM 等是运维侧发起的一些解决方案。从非功能性设计角度看可观测，需要运维前移，推动必要的监控、日志、链路相关的研发规范，提升主动上报监控性能指标数据的能力，优化日志的可读性，并提供必要的基础设施服务支持，比如支持系统监控数据上报、日志采集分析等。

（2）故障隔离与服务降级

故障隔离与服务降级的目的是以牺牲部分业务功能或者牺牲部分客户业务为代价，保障更关键的业务或客户群体的服务质量，是防止连锁性故障蔓延的方法。在设计中，运维侧需要从系统或业务角度梳理应用系统所调用的各个服务组件，对各个服务组件出现故障时的假设及应对措施进行规划。

（3）性能评估

性能容量管理主要基于响应时间（系统、功能或服务组件完成一次外部请求处理所需的时间）、吞吐率（在指定时间内能够处理的最大请求量）、负载（服务组件当前负荷情况）、效率（性能除以资源，比如 QPS= 并发量 / 平均响应时间）、可扩展性（垂直或水平扩容的能力）等黄金指标开展。性能问题对稳定性的挑战不仅仅是单组件不可用，更大的挑战是某个组件性能问题不断扩散到别的组件，导致大规模的故障。性能问题极易引发复杂的异常问题，SRE 需要加强相应的技术评估。

（4）移动终端版本向下兼容

移动终端版本的管理越来越重要。在架构设计中，一方面需确保升级后的版本尽可能向下兼容正在流通的低版本的可用性；另一方面对流通版本进行收敛管理，支持多种在线更新机制。

（5）基于基础平台运行

无论是基础设施平台，还是 PaaS 层的应用平台，或持续交付工具链，系统都应尽量与公司现有基础平台对接，避免引入新的技术栈，且应以可配置方式实现，避免硬编码。在应急情况下，笔者曾发现部分参数被硬编码在程序中，导致无法快速调整，因此需加强配置管理。IP 的 DNS 域名改造也是可配置的一个方向，旨在减少人工后台修改。

（6）日志规范化

日志分析是理解应用系统的重要手段，SRE 应重点关注以下几个方面：一是存储，由于行业或企业内部对日志数据保存有要求，需要一个成本可控、具备横向扩展能力且支持海量日志数据管理的平台；二是查询，日志是感知线上系统运行状态、定位代码层面问题的重要窗口，在业务问题和故障应急等场景中，可以通过日志查询问题，因此需要建立实时的数据采集和高效的日志检索能力；三是监控，通过日志分析关键字、正则检索、模式匹配等方式，提供监控能力；四是分析，对日志中的非结构化数据进行加工处理，生成结构化数据，支持运行数据分析，实现异常检测、故障定位、性能分析和容量评估等功能。

（7）测试方案完备

在测试方案评审中，SRE 应重点围绕性能、容量、压力、稳定性架构等测试方案的评审。评审的角度包括测试用例的描述是否清晰、测试用例的执行结果是否符合要求、测试结论涉及遗留问题的应对措施等。

3. 变更保障准备工作评估

变更可能带来系统稳定性风险。从生产变更故障率来看，变更引发的故障远高于其他因素。变更后，通常是运维组织最为繁忙的时期。无论是大型软件基线，还是功能迭代，甚至参数或配置的调整，都可能导致重大故障。变更的风险点众多，既有设计上的程序缺陷问题，又有管理上的版本控制问题，还有操作层面的执行问题，甚至是协作层面的上下游系统沟通不畅带来的相互影响问题。解决变更带来的风险是一个极为复杂的系统性工作。SRE 应考虑从以下方面加强变更保障的评估。

（1）监控和预警是否就绪

完善的监控覆盖面包括基础设施、平台软件、数据库、中间件、操作系统、性能等技术指标监控，与特定系统相关的业务功能、客户体验指标监控等。

建立完善的监控和预警体系是保障系统可运维性的重要手段，能够实时监控系统的各项指标，及时发现问题并进行预警，并及时处理问题。

（2）应急预案是否就绪

首先，故障应急工具是否就绪。当系统出现故障时，需要能够快速恢复并进行处理，避免故障扩大化。其次，技术运营工作是否就绪。系统上线后，需要进行全面的运营管理工作，包括用户服务、首笔业务发生的跟踪、异常数据或逻辑问题的处理、安全管理等，以确保系统能够稳定、高效地运行。

（3）文档是否完善

根据组织软件交付的协同机制，明确新系统上线的文档交付清单，比如项目与需求、技术架构图、测试结论（含压力测试）、安装部署（与环境相关）、应用 / 业务监控、首笔功能监控及保障、重要功能清单、重要配置与参数、运行效能评估等。

（4）知识库是否就绪

建立完善的知识库是保证系统可运维性的重要基础。对系统的各项功能和操作进行详细的描述，并建立知识库，以便在需要时能够快速查找相关信息。

4. 新系统或新业务上线保障评估

新系统或新业务上线是从 0 到 1 的过程，具体的工作通常包括上线准备工作、制定技术方案、评估测试管控、上线文档准备、风险评估、安全保障措施、运维监控准备、上线过程协同、上线发布、系统验收、上线试运行等。

新系统或新业务上线给企业带来了机会与挑战：一方面，作为项目重要里程碑，新系统将为企业业务发展或运营管理助力，通常业务需求方会投入大量精力在上线后的运营推广工作上，以期望更好地给业务及客户带来价值；另一方面，新系统上线带来众多的不确定性因素，需要对不确定性因素进行管理。

在风险评估工作上，SRE 应加强以下风险的评估：

❏ 新系统业务带来的风险防范、监管合规、数据安全、隐私安全等问题。

❏ 新系统业务流程可用性、终端体验、数据准确性等风险。

❏ 新系统业务对现有上下游系统在容量、性能方面的影响，以及上下游配合改造对原有业务带来的影响。

❏ 新系统的资源、架构、重要功能是否满足业务期望，以及接下来业务活动的性能、容量要求。

❏ 系统压力测试、容量评估方案、功能遗留缺陷等是否评估到位等。

另外，SRE 还应主动推动以下工作：

❏ 标准化先行，建立业务与技术层面的合规、风险、隐私、安全等方面的管理要求，并辅助相关技术检测手段。

❑ 业务系统非功能性需求的建设，比如系统回退、版本切换、灰度发布、终端体验感知等配套功能的实现。

❑ 业务系统技术运营需求的建设，比如对首笔业务感知、业务流水监测、关联系统的技术运营监测等。

❑ 系统性能与容量管理，比如相关评估指标、基线容量设计、指标数据加工、容量评估分析报告、压力测试等工具建设。

同时，针对可能突增的业务模式，SRE 需建立限流和削峰机制。在架构优化方面，前端系统需设置交易并发控制开关，必要时进行前端限流和削峰，以及后端服务降级。通过前端交互设计，减少客户体验影响，重点保障系统核心服务的稳定性。

SRE 通过聚焦新系统或新业务的上线阶段，做好运维工作左移，提前做好资源交付能力建设提高系统上线速度，利用运维平台能力建设帮助研发业务逻辑，提前参与到架构及非功能性需求的研发与验收，从而在系统上线后融入平台化管理模式。

大语言模型在运维场景中的实践

随着 IT 业务的迅猛发展，海量数据的有效分析和管理在企业的实际业务应用中愈发重要。同时，NLP 技术在实体识别、机器翻译等任务中展现了卓越的能力，大语言模型在各类 NLP 下游任务中取得了显著进展。在此背景下，运维场景需积极引入大语言模型，以提升传统的自动化运维能力，加速进入海量数据分析处理领域，有效解决日志运维智能化、智能运维知识库的构建及智能运维工单等多项挑战。

7.1 日志运维智能化

日志是运维领域中一种重要且广泛存在的数据模态。然而，对于运维团队来说，对日志进行精准处理与分析一直是一个极其艰难的问题。因此，在日常的运维管理中，日志难以被高效利用，丧失了其应有的价值。随着大语言模型的发展，这一情况得以改善。在运维场景中，运维人员得益于大语言模型强大的语义理解能力，使许多过去具有挑战性的日志处理与分析任务变得简单。例如，运维人员通过大语言模型的上下文学习能力，可以实现高精度、自动化、端到端的业务代码日志埋点生成。同时，大语言模型的参数高效微调技术也使日志解析问题得到了解决。

同时，日志作为可观测数据的三大基石之一，蕴含重要的系统信息，在运维管理和业务连续性保障过程中发挥关键作用。基于日志信息，可以快速发现系统或网络的潜在问题，减少系统停机时间，提高服务可用性。此外，日志还有助于识别安全威胁，如入侵和欺诈，对于保障信息安全至关重要。

如何准确、高效地监控日志数据面临诸多挑战，例如：实时场景中海量日志数据的处理；日志格式缺乏统一标准，不同应用和设备生成的日志在结构和内容上可能存在较大差异；日志中可能包含大量正常或无关信息，增加了识别真正异常的难度。系统和网络环境的持续变化也导致异常模式不断变化，要求检测方法具备良好的适应性。

在日志运维智能化场景中，传统日志分析面临诸多技术难题，最终需要运用大语言模型技术来提升日志分析领域的应用效果，以更好地支撑业务连续性。

7.1.1　日志的概念

日志是信息技术和网络管理中记录和跟踪系统、网络及应用程序运行状态的重要工具。这些日志对系统管理员、运维管理人员和信息安全管理人员至关重要，它们提供了诊断问题、监控系统性能和确保系统安全所需的详细信息。运维日志的主要类型如下。

- ❑ 系统日志。记录操作系统的活动，例如系统启动和关闭、系统错误、硬件故障和其他系统级事件等。
- ❑ 应用程序日志。记录应用程序的操作历史，例如应用程序的启动和关闭、应用程序执行的操作、内部错误、用户活动等。
- ❑ 安全日志。记录所有与安全相关的事件，例如登录尝试（成功或失败）、权限更改、防火墙告警、网络入侵尝试等。
- ❑ 网络日志。记录网络设备的状态，例如路由器、交换机、负载均衡器等的运行数据，以及网络流量和异常流量活动等。

7.1.2　日志运维的基本流程

日志运维的基本流程包括日志收集、日志分析和日志响应，如图 7-1 所示。

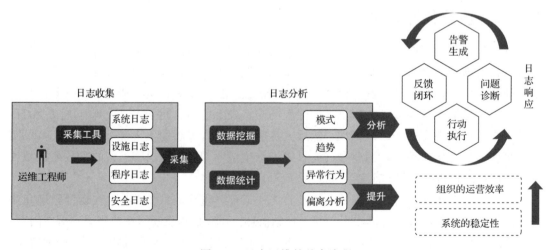

图 7-1　日志运维的基本流程

（1）日志收集

日志收集是日志运维管理中的第一步，涉及从各种信息系统、应用程序、设备等收集日志数据，收集的日志包括系统日志、应用程序日志、安全日志、网络日志等。日志收集的过程关键在于使用自动化工具来持续地收集数据，同时需要确保日志数据的完整性和时效性。

运维人员根据实际需要将日志数据传输到日志管理系统或数据存储介质进行集中存储。在处理日志收集和日志管理的过程中，有多种平台和工具可供选择，每种工具都有其特点和优势，Elasticsearch、Logstash 和 Kibana 的组合是非常流行的开源日志管理解决方案。Elasticsearch 用于数据存储和搜索，Logstash 用于日志的收集和处理，而 Kibana 用于数据的可视化和分析。另外，还有 Splunk 和 Graylog 等多种工具。Splunk 也是一个强大的商业解决方案，提供了日志收集、监控、搜索、分析和可视化的功能，适用于大规模的日志管理环境，支持实时数据处理和复杂的分析查询。Graylog 是一个开源的日志管理平台，提供了丰富的日志收集、存储、查询和报告功能，以其易用性和强大的日志处理能力而闻名。这些平台和工具各有所长，选择合适的日志收集平台时，需要根据具体的业务需求、预算和技术环境来决定。通常，Elasticsearch 和 Graylog 在成本控制方面有优势，而 Splunk 则在功能性和支持服务上更为全面。

（2）日志分析

收集日志并存储后，下一步是分析这些日志的识别模式、趋势和潜在问题。日志分析的原理基于数据挖掘和数据统计技术，通过识别日志中的模式、趋势和异常行为来提供洞察。例如：通过分析登录失败的日志记录，可能识别到系统中是否存在非授权的访问；通过监测系统性能日志，可以发现资源使用的峰值并预测系统将来可能出现的瓶颈。在实践中，可以将人工智能技术运用到日志分析中，如通过机器学习技术可以自动地学习日志模式，并在检测到偏离预定模式的行为时发出告警。这些分析不仅限于识别已知的问题，还能通过持续学习来预测和预防未来即将发生的问题。

总的来说，日志分析是一个复杂但至关重要的过程，对于维护系统的稳定运行和安全性具有不可替代的作用，同时，有效的日志分析策略能够极大地提升运维组织的效率和响应速度。

（3）日志响应

日志响应是日志管理流程中的最后环节，其主要目标是基于日志分析结果采取适当行动，解决问题、优化系统性能或增强安全性。有效的日志响应不仅有助于及时解决技术问题，还能防范潜在的安全威胁，确保系统持续稳定运行。日志响应的主要步骤如下：

1）告警生成。基于分析结果，当检测到异常活动或性能指标超出预设阈值时，日志系统自动生成告警。告警是响应流程的触发点，设计应避免过于敏感，以减少误报，同时不能过于迟钝，以避免错过关键事件。

2）问题诊断。收到告警后，运维团队需进一步分析相关日志数据，以诊断问题的根本原因，可能包括查看特定时间段的详细日志、相关系统的性能指标，以及与其他系统或应用的交互情况。

3）行动执行。诊断完成后，运维团队将根据问题性质采取相应措施，可能包括重启服务、调整配置、更新软硬件或优化资源分配等。

4）反馈闭环。日志响应过程中收集的经验教训应反馈至日志管理与运维流程，作为调整与优化告警设置、分析流程和响应策略的依据。

日志响应的原理是快速、准确地将日志分析转化为实际操作，以最小的延迟处理系统中的问题。有效的日志响应需要依赖高度自动化的工具和流程，以确保在发现问题的第一时间内进行响应。自动化在日志响应中发挥着核心作用，从自动触发告警到执行预定义的响应措施，都可以极大地提升处理速度和减少人为错误。此外，使用高级的分析技术如机器学习可以进一步优化响应流程，通过预测性维护来预防问题的发生，而不仅仅是解决已经出现的问题。总之，日志响应是一个动态的、多层次的过程，涉及从数据分析到具体行动的快速转换，其效果直接关系到组织的运营效率和系统的稳定性。通过持续的优化和技术进步，日志响应可以成为企业信息系统管理的强大工具。

7.1.3 日志运维的痛点

1. 运维人员找不到异常日志

在管理和监控 IT 基础设施时，运维人员发现并识别异常日志是至关重要的任务。然而，他们经常面临无法找到异常日志的挑战，该问题可能由多种因素引起，主要包括以下几个方面。

❏ 日志数据量过大。当日志容量达到 TB 甚至 PB 级别时，不仅对日志存储系统提出了更高的要求，还大幅增加了数据管理的复杂性，使运维人员在这些海量数据中找到有价值的信息变得极为困难，如同大海捞针。

❏ 日志源分散。在大型分布式系统中，日志可能分布于多个不同的服务器、设备和应用中。缺乏统一的日志收集和管理系统，导致日志分散，使运维人员难以从集中点访问所有相关日志。

❏ 日志标准化缺失。在没有统一日志格式和标准的环境中，运维人员可能难以理解和分析来自不同系统的日志数据，日志配置不当可能导致关键信息未被记录。例如，如果日志级别设置过高，一些告警或错误信息可能不会被记录，反之则可能产生大量冗余信息，掩盖重要告警。

2. 运维人员看不懂关键日志

运维人员在处理关键日志时，可能会遇到理解困难的情况，主要原因有如下两个。

❏ 日志文件本身的专业性。由于日志文件经常包含技术性很强的信息和专业术语，缺乏相关知识会直接影响到对日志内容的理解。此外，随着技术的更新和迭代，新的系统和应用可能引入了不熟悉的日志格式或新的错误代码，如果运维人员未能及时更新知识库，也会影响对日志的理解。

❑ 日志格式复杂导致可读性差。在多元化的 IT 环境中，不同的系统、设备和应用程序可能会生成不同格式的日志文件。如果这些日志文件缺乏统一的格式或者没有遵循行业标准，将大大增加运维人员解读日志的难度。不一致的日志格式意味着运维人员需要掌握更多的解析技能，并且在分析日志时需要投入更多的时间和精力来理解各种不同的日志结构和内容。

3. 运维人员面对日志不知道该怎么办

运维人员在面对海量日志数据时常常感到困惑，原因可从以下三个方面分析。

❑ 缺乏明确的响应流程或指导。运维人员在处理日志时，常因缺少预先定义的响应流程或标准操作程序导致在面对特定日志事件时难以确定应采取的措施、优先处理的顺序以及问题解决过程中的对接人。这种不确定性不仅延误了问题处理的时间，还可能引发处理不当的问题。

❑ 自动化和工具支持不足。在很多情况下，运维人员可能没有得到足够的工具支持，以帮助他们有效地分析和响应日志中的信息。缺乏自动化工具意味着运维人员需要手动筛选和分析大量日志数据，这不仅效率低下，而且容易出错。此外，如果现有的工具不能提供足够的分析深度或者不易于使用，也会增加运维人员在面对复杂或海量日志时的困难。

❑ 专业知识和经验不足。运维人员可能缺乏处理特定类型日志的专业知识或经验。这种情况常见于技术更新迅速的 IT 环境中，新技术或新系统引入的日志可能包含未曾接触过的新信息或错误代码。如果运维人员对这些新元素理解不足，即使能够读到日志数据，也可能不知道如何根据日志内容进行有效的问题诊断和解决。

7.1.4　如何解决日志运维的痛点

1. 大语言模型可以解决异常日志难以被发现的问题

在现代 IT 基础设施管理中，机器学习算法广泛应用于提高日志分析的效率和准确性，尤其是在自动发现异常日志方面。机器学习可以帮助运维人员自动识别系统中的异常模式，从而及时响应并处理潜在问题。以下是使用机器学习算法解决异常日志难以被发现问题的几个关键步骤。

（1）数据预处理

在使用机器学习算法之前，需要先对日志数据进行预处理。其步骤包括数据清洗（去除无关数据、修正错误数据）、标准化（统一日志格式）、特征提取（从日志中提取有意义的信息作为模型输入）等。有效的数据预处理可以大大提高模型的训练效率和预测准确性。

（2）特征工程

特征工程是机器学习中的重要环节，涉及选择、修改与创建新特征，以提升模型性能。在日志分析中，常见特征包括日志条目的时间戳、源 IP 地址、错误代码、操作码等。高级特征包括从日志文本中提取的关键词或短语，或基于时间窗口内事件频率的统计信息。

（3）选择合适的机器学习模型

根据日志数据的特性和业务需求选择合适的机器学习模型，对于异常检测，通常使用的算法包括聚类算法、基于距离的异常检测、神经网络。

聚类算法中较为典型的有 K-means 和 DBSCAN，这类无监督学习算法可以帮助识别数据中的自然群体，异常点通常不属于任何主要群体。基于距离的异常检测中较为典型的有孤立森林算法和 LOF 算法，这些算法通过考量数据点与其邻近点的距离来识别异常。神经网络中较为典型的有自编码器，主要适用于处理大规模的数据集和复杂的数据结构，能够学习数据的正常模式，并识别出偏离这些模式的异常数据。

2024 年，在 AAAI 国际人工智能会议（AAAI Conference on Artificial Intelligence）上，云智慧撰写的一篇论文"LOGFORMER: A Pre-train and Tuning Pipeline for Log Anomaly Detection"详细阐述了如何通过机器学习技术进行日志的异常检测。根据论文描述，云智慧基于 Transformer 模型，同时利用适配器微调的方法解决了不同日志源之间的语义信息共享问题。日志异常检测是智能运维领域的一个关键组成部分。在真实的工业场景中，不同日志源的日志数据存在较大的差异。早期的异常检测模型只关注提取同一日志源中日志序列的语义，导致对多个不同日志源日志的泛化能力较差。如果利用未知日志源数据重新对检测模型进行再训练是低效的。尽管不同日志源之间存在形态和句法的差异，但是它们通常共享相同的语义空间，如图 7-2 所示，如果存在来自多个域的相似性异常，那么其顶部表示 BGL、Thunderbird 和 Red Storm 三个域的"程序异常结束"异常分析，而底部是 BGL、Thunderbird、Spirit 和 Liberty 四个域的"程序未运行"异常分析。

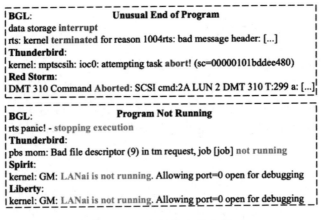

图 7-2　相似性异常的案例

为了解决该问题，云智慧提出了一种统一的基于 Transformer 的日志异常检测框架 LogFormer，以提升不同日志领域的泛化能力。该框架包括预训练阶段和基于适配器的微调阶段。具体而言，日志异常检测框架首先在源域上进行预训练，获取日志数据的共享语义知识，然后通过共享参数将这些知识转移到目标域。此外，模型还提出了日志注意模块，以补充日志模式解析中被忽略的信息。多个基准实验结果表明，LogFormer 在具有较少可训练参数和更低训练成本的前提下，展现了其有效性。LogFormer 框架结构如图 7-3 所示，首先将日志序列输入预训练语言模型以提取特征，在源域上训练 Log-Attention 编码器以获取共享的语义信息，然后初始化编码器，并通过调整目标域适配器的参数来传递知识。

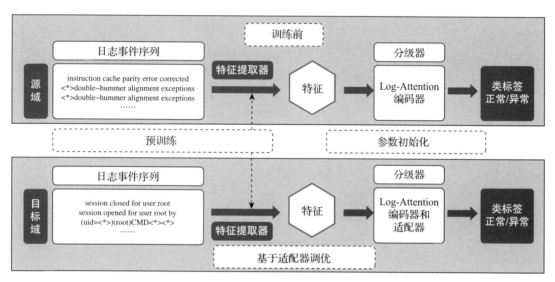

图 7-3　LogFormer 框架结构

LogFormer 分两个工作阶段来解决上述问题，分别是日志注意力编码阶段和跨域适配器微调阶段。日志注意力编码阶段能够保存不同领域之间共享的语义知识，具体来说，为了避免由于日志模式解析导致的信息丢失，日志注意力模块在对日志序列建模的同时，还额外利用了日志模式解析所忽略的参数信息，以获得更好的性能。相比传统的结构，模型额外融入了日志模式解析所丢失的参数信息。LogFormer 模型结构如图 7-4 所示，左边部分是多头编码，右边部分是参数编码。其中，Softmax 代表回归模型，Matmul 为矩阵乘法，Scale 为矩阵除法，日志注意力相应公式为：

$$LogAttention = Softmax\left(\frac{QK^{T}}{\sqrt{\dfrac{d}{h}}} + \varnothing_{p}\right)V$$

为了进一步增强模型在不同日志源中的泛化能力，云智慧引入了基于适配器的微调结构，设计了并行结构的日志编码适配器。该适配器并行于日志注意层和前馈层。在训练过程中，只有适配器的参数根据目标域日志进行更新，相关流程如图 7-5 所示，其中 N 为编码器层数。左侧部分展示了并行适配器插入后的日志注意力编码器，右侧部分则为适配器的结构，适配器由向下投影层和向上投影层组成。

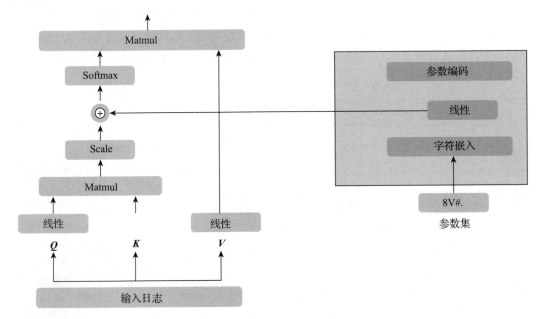

图 7-4　LogFormer 模型结构

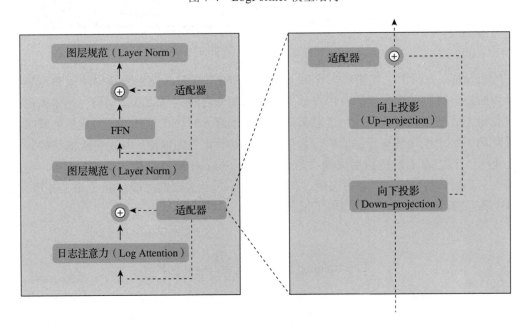

图 7-5　适配器的微调流程

云智慧在 LogHub 的三个数据集上进行了实验，其中 HDFS 数据集是从 Amazon EC2

平台生成和收集的，Thunderbird 和 BGL 数据集包含从桑迪亚国家实验室（SNL）的两个超级计算机系统收集的日志，相关结果如表 7-1 所示，在所采样的数据中，消息是原始日志字符串，日志序列通过 ID 方式或滑动窗口方式提取。

表 7-1　测试数据集详情

数据集	类别	消息数	异常数	模板数	错误类型
HDFS	分布式	11M	17K	49	53
BGL	超算	5M	40K	1424	143
Thunderbird	超算	10M	123K	1092	95

在数据预处理方面，对于 HDFS 数据集，通过 block_ID 提取日志序列。对于 BGL 和 Thunderbird 数据集，使用无重叠的滑动窗口（窗口大小为 20）生成日志序列。在本次实践中，采用经典的日志模式解析算法 Drain 进行模式解析。对于每个数据集，考虑到日志随时间变化的特性，通常选择前 80%（按日志时间戳划分）的日志序列用于训练，剩余 20%用于测试。实验结果表明，LogFormer 在 HDFS、BGL 和 Thunderbird 数据集上均取得了 SOTA 实验结果，具体见表 7-2。LogFormer-s 表示从头训练的模型，LogFormer-p 表示使用预训练但未使用适配器进行调整的模型。

表 7-2　实验结果

数据集	方法	精准度	召回率	F1 值
HDFS	SVN	0.31	0.65	0.41
	DeepLog	0.83	0.87	0.85
	LogAnomaly	0.86	0.89	0.87
	PLELog	0.88	0.93	0.90
	LogRobust	0.88	0.95	0.91
	ChatGpt	0.74	0.82	0.78
	LogFormer-s	0.95	0.96	0.95
	LogFormer-p	0.96	0.97	0.96
	LogFormer	0.97	0.98	0.98
BGL	SVN	0.22	0.56	0.32
	DeepLog	0.14	0.81	0.24
	LogAnomaly	0.19	0.78	0.31
	PLELog	0.92	0.96	0.94
	LogRobust	0.92	0.96	0.94
	ChatGpt	0.77	0.71	0.74
	LogFormer-s	0.96	0.97	0.97

（续）

数据集	方法	精准度	召回率	F1 值
Thunderbird	SVN	0.34	0.91	0.46
	DeepLog	0.48	0.89	0.62
	LogAnomaly	0.51	0.97	0.67
	PLELog	0.85	0.94	0.89
	LogRobust	0.89	0.96	0.92
	ChatGpt	0.84	0.79	0.81
	LogFormer-s	0.94	0.98	0.96
	LogFormer-p	0.97	0.99	0.98
	LogFormer	0.99	0.99	0.99

在主实验结果之外，云智慧还进行了数据消融实验。为验证预训练的有效性，从数据层面对 LogFormer-s 与 LogFormer-p 的性能进行了比较。云智慧选择 BGL 作为预训练日志源，因其日志模板的多样性，并在 loss 和 F1 值方面比较了预训练与从头训练两种策略。图 7-6 展示了训练过程中的 loss 与 F1 值得分曲线，结果表明，预训练后的微调比从头训练收敛更快，说明源域学习的知识具有重要价值。

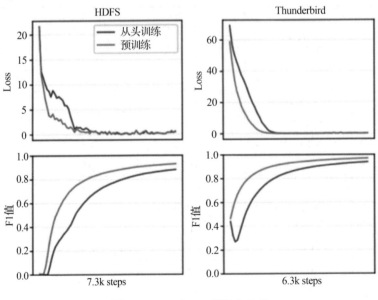

图 7-6 loss 和 F1 值得分曲线

通过实验已证明，预训练可以在不降低性能的情况下加速收敛，但微调通常是昂贵且重要的。因此，实验中云智慧采用基于适配器的微调，通过添加额外的可训练参数，获得用于日志异常检测的紧凑模型。为验证基于适配器的微调效果,比较了 LogFormer-p 与 LogFormer 在 HDFS 和 Thunderbird 数据集上的性能。如表 7-3 所示,LogFormer 生成的 F1 值(平均值提升 1%)略高于在两个数据集上直接微调预训练模型。此外,基于适配器的微调仅使用了 3.5% 至 5.5% 的可训练参数,所需调整的参数量极少。

表 7-3　F1 值测试结果

方法	层	参数	HDFS	Thunderbird
微调	1	7.2M	0.945	0.969
	2	14.3M	0.962	0.981
	4	28.5M	0.961	0.980
适配器微调	1	0.4M	0.957	0.972
	2	0.6M	0.974	0.997
	4	1M	0.981	0.998

根据实验结果,LogFormer 是一种用于日志异常检测的预训练与微调处理流程,包含预训练阶段与基于适配器的微调阶段。为更好地编码日志序列信息,云智慧提出了日志注意模块的处理方法。实验还表明,LogFormer 具有更少的可训练参数和更低的训练成本,且性能优于大多数基线模型。

2. 大语言模型可以解决关键日志看不懂的问题

为了解决运维人员日志看不懂的问题,首先需要将日志进行分类,通常可以将日志分为三种类型,分别是常见开源日志、企业内部系统日志和专业领域日志。

首先针对开源日志,大语言模型已经有了不错的分析能力、利用模型微调(SFT)技术可以小幅提升对于开源组件日志的解析能力,但实际上随着基座模型的更新迭代,提升幅度往往不如新一代的基座模型,因此开源大语言模型的评测工作也变得尤为重要。

其次,企业内部系统日志需要通过 RAG 技术协助解决,通常,针对企业私域内的日志数据,需要私域内的信息系统提供相关的内部信息,包括结构化的数据和源码数据等,通常把这类的信息称为 Feed,Feed 和大语言模型的交互流程如图 7-7 所示,可以实现日志调用栈的报错分析,并找到源码,通过大语言模型最终给出分析结果。

还存在一个典型的场景,在结构化信息方面,通过大语言模型可以将日志信息和第三方系统(如接口文档系统)进行对接,对日志进行解释,如图 7-8 所示。

最后,专业日志不限于某个开源组件,比如 ELK、Prometheus、Clickhouse 等,也不限于某些闭源软件,关键在于在特定的细分领域进行更多的数据收集,以及结合 RAG 技术进行针对性优化,最终达到在特定主题下远超开源大语言模型的分析能力。

3. 大语言模型可以解决面对日志无从下手的问题

面对复杂的日志数据,运维人员常常感到无从下手,尤其是在试图快速定位故障源,执行标准操作程序，以及反馈日志分析结果时，大语言模型的运用可以帮助运维人员更好地解决如下问题。

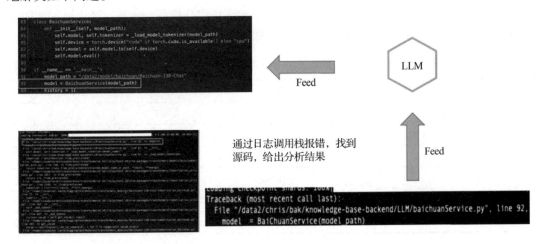

图 7-7　Feed 和大语言模型的交互流程

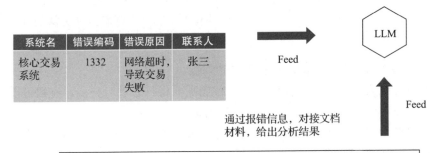

图 7-8　大语言模型通过第三方系统对日志进行解析

（1）解决故障快速定位的问题

当发现故障需要通过日志进行定位时，快速定位问题并找到责任人进行处理是一个关键的步骤。通常情况下，系统应急预案需要提供一个明确的责任人和信息传递列表，为各类常见故障定义明确的责任人，并将这些信息集成在日志管理系统中。例如，运维人员可以为每种类型的错误或告警配置自动通知机制，确保相关的技术人员快速获取故障信息。运维人员还可以使用智能故障定位工具，如基于大语言模型的故障诊断系统，这些系统可以分析日志数据，自动推断问题的严重性级别，并按照规则自动指派给合适的团队或个人。

（2）提供运维人员标准操作程序和建议

标准操作程序和自动化工具的使用可以大幅提高运维人员处理日志和故障的效率。制定和优化运维标准操作程序是一个很好的办法，通常运维人员需要为各种常见的日志指示的问题制定详细的标准操作程序，这些操作手册应包括步骤说明、所需工具、注意事项等，确保即使是毫无经验的运维人员也能按步骤解决问题。实施自动化响应工具，部署自动化脚本和工具（如 Ansible、Chef 或 Puppet）以自动处理常见的日志事件和故障，例如，可以自动重启服务、清理磁盘空间或回滚到最近的稳定状态。

（3）完善日志平台的反馈机制

一个有效的反馈机制可以确保日志平台持续改进，更好地服务于运维需求。首先，在集成反馈通道方面，运维人员在日志分析平台中集成反馈通道，允许用户快速报告问题、提出改进建议或请求帮助。其次，定期审查和更新。运维人员定期审查收集到的反馈，分析日志平台的使用情况和用户满意度，根据这些信息定期更新日志处理逻辑、用户界面和功能，确保平台能够适应日益变化的 IT 环境和用户需求。

举一个故障快速定位的例子进行描述，如图 7-9 所示，系统日志反馈报错如下：

[Info:Businessservice，event hook register util v2.Event hookregister.event register:801 componentC2023-11-14 07:46:00ode="upload mapping enterprise role" userType="systen" finish : Accesscovernance Event Register] Error Event not found。

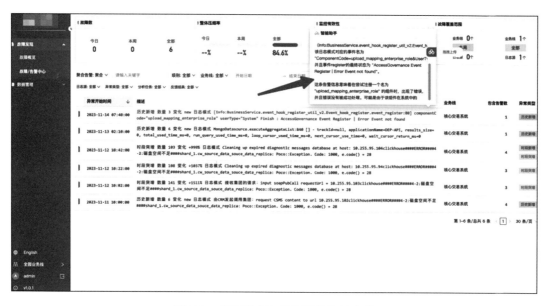

图 7-9　根据日志进行故障的快速定位

经过日志大语言模型的分析，这条告警信息表示系统在尝试注册一个名为"upload mapping enterprise role"的组件时出现了错误，并且错误没有被成功处理，该组件在系统中不属于业务阻塞组件，优先级低。

7.2 智能运维知识库的构建

知识库是一个组织或机构集中存储和管理知识及信息的系统或数据库。它是一个结构化的知识管理工具，用于收集、整理、存储和分享各种类型的知识，如文档、手册、指南、案例等。知识库旨在帮助人们方便地获取和分享知识，提高工作效率和解决问题的能力。

7.2.1 构建运维知识库的难点和优势

构建一个传统知识库包括以下步骤：①确定知识库的范围和目标；②收集、整理知识资料；③组织知识结构和分类；④选择合适的知识库工具与平台；⑤设计用户界面和搜索功能；⑥建立知识库维护机制；⑦进行迭代和持续改进。

在运维领域，运维知识库通常包含与系统运行、管理和维护相关的各类信息。例如，系统架构和拓扑图、配置文档、操作手册、故障排除指南、备份与恢复策略、性能优化建议、更新与维护日志、常见问题解答等。这些信息可帮助运维团队理解系统架构、配置及运行状况，亦可指导处理常见问题与故障。

1. 构建运维知识库的难点

（1）知识整理和分类

对大量知识进行组织与分类是一项复杂的任务，需要建立合理的分类标准与体系，以便用户便捷地获取所需的知识。

（2）知识更新和维护

知识库需定期更新和维护，包括新增知识、更新旧有知识、删除过时知识等，并建立有效机制，以确保知识的时效性与质量。

（3）用户体验和搜索效果

设计用户友好的界面和搜索功能是关键，需要考虑用户习惯和需求，提供便捷的搜索和导航功能，确保用户能够快速找到所需的知识。

（4）知识保护和安全

针对某些敏感或内部知识，应充分考虑知识保护与安全问题，建立适当的权限管理与访问控制机制，确保知识的安全性与保密性。

2. 运维知识库与大语言模型结合的优势

将运维知识库与大语言模型结合，可以通过对大规模文本数据的训练，获得强大的语言理解与生成能力，主要用于自动问答、文本摘要、语义分析等任务。因此，将大语言模型与知识库结合，相较于传统运维知识库，具有以下几方面优势。

（1）自动化知识提取和分类

大语言模型可以通过对大量文本语料的训练，自动抽取和提取知识。它可以识别文本中的实体、关系和概念，帮助构建知识库的分类结构和标签。

（2）自动问答和问题解答

基于大语言模型的语言理解和生成能力，可以用于自动回答用户的问题，提供直接的知识查询和解答。这在运维知识库中可以用于快速定位和获取特定知识点。

（3）文本摘要和知识提炼

大语言模型可以自动进行文本摘要和知识提炼，从大量的文本中提取出关键信息和主要观点，帮助运维人员快速了解和获取知识。

（4）聚类和关联分析

大语言模型可以对文本进行聚类和关联分析，识别文本之间的相似性和关联性。这可以用于知识库中的相关推荐和知识关联分析，帮助运维人员发现更多相关的知识。

（5）知识增强和补充

知识库可以结合大语言模型进行知识增强和补充。通过与大语言模型的交互，可以把模型生成的知识与人工整理的知识相结合，提高运维知识库的覆盖范围和质量。

许多头部企业在运维知识库建设过程中，积累了海量且高质量的运维数据集，涵盖了运维领域中的多个常见领域，包括信息安全、应用程序、系统架构、软件架构、中间件、网络、操作系统、基础设施和数据库等。在每个领域的数据集中，还包含多个任务，如运维知识问答、部署、监控、故障诊断、性能优化、日志分析、脚本编写、备份和恢复等。在这些高质量运维数据的基础上，结合企业内部的私域运维数据，可帮助企业快速搭建基于大语言模型的运维知识库，提升运维人员解决运维问题的能力。

7.2.2 构建运维知识库的技术路径

1. 运维知识库的整体建设方案

运维知识库的建设方案包括以下 4 个步骤，如图 7-10 所示。

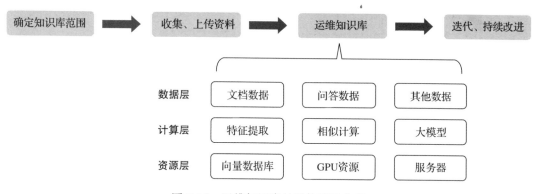

图 7-10 运维知识库的整体建设方案

1）需求分析：明确知识库的目标、范围及受众群体。

2）数据收集：收集和整理企业内外部的文档，包括各种来源的数据。

3）制定运维知识库方案：进行数据预处理，对文档进行拆分和存储，以便大语言模型更好地理解文档信息；部署大语言模型并协调调度计算资源，充分利用现有资源。

4）知识库的迭代与更新：定期评估和优化运维知识库。

2. 文档结构化拆解算法

在构建运维知识库时，大部分的数据都是以文档的形式存在的。常见的文档格式包括 docx、pdf、txt、csv 等，而这些文档数据样式多变、质量参差不齐，怎样处理这些文档是保障知识库问答效果的关键。为此，需要通过文档结构化拆解的算法，充分识别并理解文档的语义和结构信息。

通常情况下，选择从标题层级进行精确分割，同时保留文本的上下文和结构信息，这种方法特别适合处理报告、教程等结构化文档，有助于提升文本向量化的效果。当构建运维知识库时，面对海量知识，文档结构化拆解算法需要考虑整体上下文和文本内部句子与短语之间的关系，从而产生更全面的向量表示，捕获文本的更广泛含义和主题，相关的文档拆解步骤如图 7-11 所示。

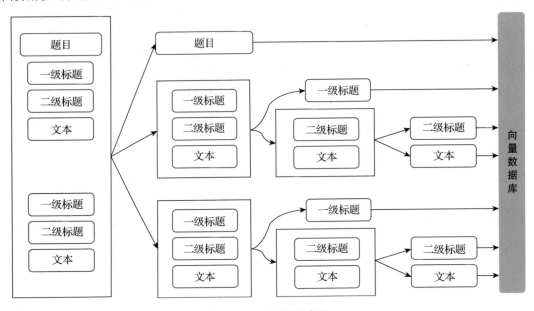

图 7-11　文档拆解步骤

同时，许多企业在实践中发现，通常已部署了自己的知识库系统（如 Wiki、Confluence 等），这类知识库经过多年的积累，沉淀了大量企业内部知识。基于使用习惯、数据安全等多种因素，企业往往不愿意迁移原有知识库。对此，大语言模型支持对接此类内部知识库，并对相关结构化文档进行拆解，具体流程如图 7-12 所示。

一个完整的运维知识库建设过程包括三个主要流程，分别是构建知识库流程、知识库问答流程、对接存量知识库流程。

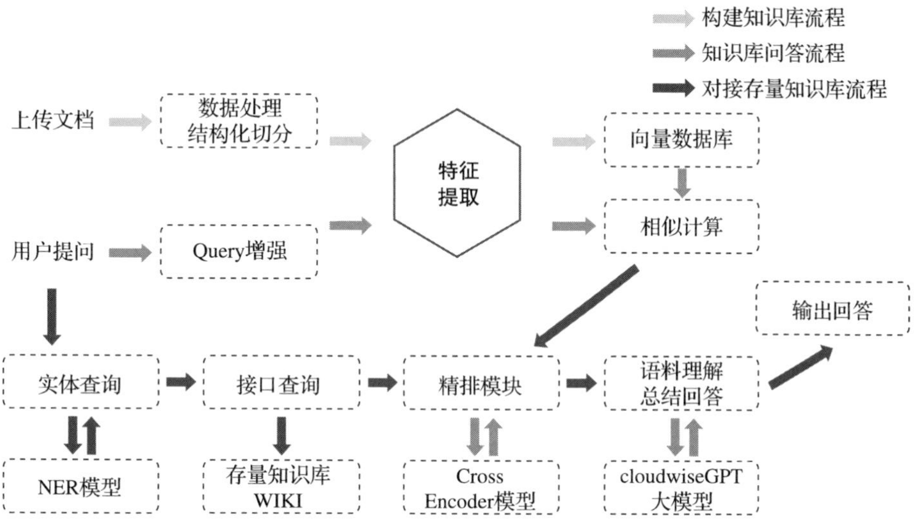

图 7-12　结构化文档的拆解流程

在构建知识库阶段，利用结构化拆分算法对用户上传的各类文档（如 docx、pdf、txt 等）进行切分与存储，并使用一个 embedding 小模型对拆分后的文档片段进行向量化处理，随后将信息存储于向量数据库中。

在知识库的问答阶段，对用户输入的问题首先会进行"Query 增强"处理，利用大语言模型对用户的问题进行扩充增强，目的是检索到更多的与用户问题相关的文档片段，并基于结构化拆分算法，查找对应文档片段的上下文信息。在得到充分的文档片段后，还会经过一个精排模型对文档片段进行筛选排序，过滤一些干扰信息。这样得到的文档片段，再结合知识库的问答提示词（Prompt）的拼接，去调用大语言模型得到最终的回答返还给用户。

在对接存量知识库时，利用外部知识库检索接口的特点，对用户输入进行实体识别（使用 NER 模型），提取其中主要的关键词信息，然后调用存量知识库的检索接口，获取对应的文档内容。

7.2.3　运维知识库的应用案例

基于大语言模型的知识库在运维领域应用广泛。不同于传统知识库只能检索相关文档或数据，用户需要进一步阅读、分析和理解，基于大语言模型的知识库能够直接理解用户的问题，并结合已有文档进行分析、总结，给出最终的回答。如图 7-13 所示，针对"我想每 30 秒检查一次 Docker 容器 nginx 的健康度，应该如何编写 Docker 命令？"的问题，运维知识库给出了相对准确且完善的回复。

作为对比，我们可以将上述问题中的 30 秒替换为 60 秒，运维知识库给出的回复如图 7-14 所示，正确替换了命令所需的参数，运维人员复制后即可在命令行中直接运行，从而显著提高运维效率。

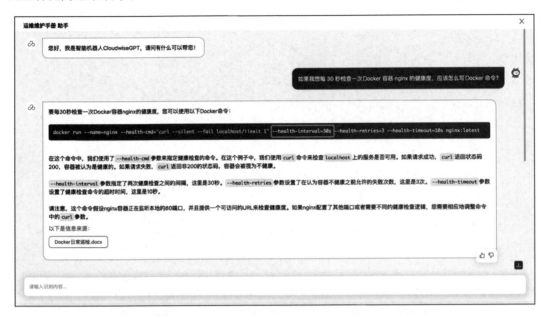

图 7-13　每 30 秒检查一次 Docker 容器 nginx 的健康度的提问

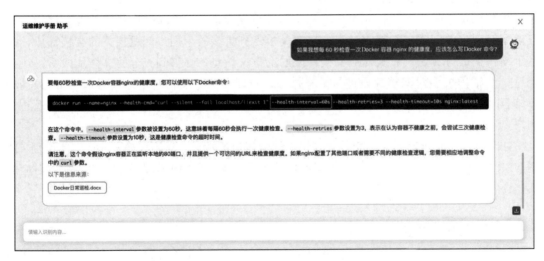

图 7-14　每 60 秒检查一次 Docker 容器 nginx 的健康度的提问

7.3　智能运维工单

数字化运维服务可帮助运维团队向 IT 内部的其他职能组织，甚至是业务团队提供发布、保障、业务连续性、系统可靠性等所有的运维服务，辅助支撑企业数字化转型和变革，而智能运维工单是数字化运维服务中的关键一环。

7.3.1　智能运维工单的作用

运维工单管理是运维服务的重要组成部分，也是运维组织内部常用的基础服务。在运维服务流程中，如果用户提交事件工单后想要了解工单进度和处理意见，需要在工单详情页面查看节点的解决状态和解决意见。运维工程师在处理工单时，查看用户提交的事件工单信息，或者了解前面节点处理的工单信息，都要查看工单事件基本信息字段、前面节点的解决状态和解决意见。运维管理者想要了解事件工单不同节点的解决状态和解决方案时，需要查看不同节点的表单信息。对于工单管理流程的所有用户，如果需要了解事件工单概览的相关信息，均需要花费时间查看相关表单字段，现有的运维服务管理工具缺乏一种能够让用户快速了解工单信息的途径。

以云智慧轻帆云的智能运维工单功能为例，轻帆云结合大语言模型 Agent 技术对工单进行智能处理，根据原始工单信息、用户配置信息帮助不同用户、不同角色快速了解工单进展、概览等信息，如图 7-15 所示。

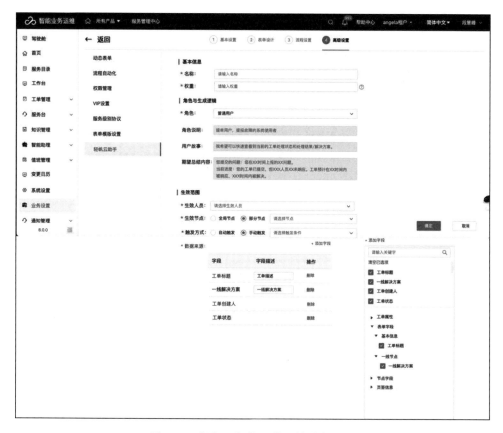

图 7-15　轻帆云智能运维工单功能页面

7.3.2 构建智能运维工单的技术路径

1. 现有运维大语言模型技术的难点

在智能运维工单的设计中，利用大语言模型相关技术赋能运维业务需解决两个问题：一是如何教会大语言模型处理实际的运维业务，二是如何在模型的稳定性与灵活性之间实现平衡。技术路径的选择难点主要在于，大语言模型仅具备通识能力，难以直接解决具体业务问题。以运营商运维客服场景为例，当客户咨询问题，如"我的手机号是130XXXXXXXX，姓名是张三，身份证后六位为000000，请查询手机话费"时，一般情况下，通用型 GPT 的回复示例如图 7-16 所示。

> 抱歉，作为一个大语言模型，我无法直接访问您的手机账户来查询话费。但是，我可以为您提供一些建议来帮助您查询话费。
> 1、拨打运营商客服电话：您可以拨打您的手机网络运营商（如中国移动、中国联通或中国电信）的客服电话，按照语音提示查询话费。
> 2、登录运营商官网：您可以登录您的手机网络运营商的官方网站，使用您的手机号码和服务密码进行查询。
> 3、下载运营商 App：您可以下载并安装您的手机网络运营商的手机应用，使用您的手机号码和服务密码进行登录查询。
> 4、短信查询：您还可以发送特定的短信指令到运营商的客服号码进行查询。具体操作方法可能因运营商而异，建议您查阅相关资料或拨打客服电话咨询。
> 希望这些建议能对您有所帮助！如果您有其他问题，欢迎随时向我提问。

图 7-16 通用型 GPT 的答复示例

通用的大语言模型能够理解手机号、姓名等概念，并能识别用户查询手机话费的需求，但尚不具备运营商运维客服的专业业务能力。因此，要将大语言模型应用于实际运维业务，核心问题在于如何基于其通识能力，培养其解决实际运维业务问题的能力。在智能运维工单场景中，通过智能代理技术，可以赋予大语言模型执行业务逻辑和调用工具的能力。

此外，大语言模型的优势在于出色的泛化能力，即能够灵活应对不同的输入信息并进行相应处理。然而，从技术角度而言，任何大语言模型都无法保证百分之百解决所有问题。因此，在智能运维工单场景中，仍需通过合理的系统设计，使大语言模型 Agent 兼具处理问题的稳定性与灵活性。

2. 一种基于 Agent 技术的运维大语言模型框架

云智慧基于智能运维工单场景设计了一个 Agent 框架，命名为多级 API 选择器，框架如图 7-17 所示，它主要由 4 个部分组成。

1）模式识别。依据规则匹配，对匹配的模型按照既定逻辑执行。

2）语义召回。预设工单知识库，对工单数据库与用户请求内容进行 Embedding 向量化，并依据向量相似度进行召回。

3）LLM 选择工具。用于处理需要调用外部 API 的情形。让大模型基于用户请求和已有 API 列表判断是否使用外部 API、使用哪个 API。

4）输出结果。基于 API 返回结果和用户请求内容生成最终结果。

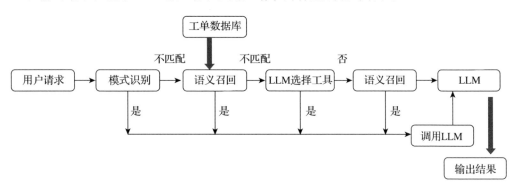

图 7-17　多级 API 选择器框架

传统的多级 API 选择器框架仅涉及单步推理（工具选择、生成最终结果），无法支持复杂逻辑推理场景，如多路链状推理、双 Agent 审核、树状推理等。该框架的多路链状推理技术源自论文"SELF-CONSISTENCY IMPROVES CHAIN OF THOUGHT REASONING IN LANGUAGE MODELS"，通过多条逻辑相同但温度系数不同的推理路径，增强 Agent 的自我一致性，从而提升 Agent 的性能。双 Agent 审核技术源自论文"Communicative Agents for Software Development"，通过设置两个具有不同行为逻辑的 Agent 对同一任务进行讨论，并将双方达成一致的结论作为输出，减少单 Agent 的幻觉和思维局限。树状推理技术源自论文"Tree of Thoughts: Deliberate Problem Solving with Large Language Models"，适用于树状推理场景，支持广度优先搜索等推理方式。

在应对可能涉及复杂推理逻辑的场景时，云智慧在框架设计初期首先调研了现有的 Agent 框架 LangFlow 和 Flowise，发现这两个框架的本质是图形化的 LangChain，并未进行额外的抽象和封装。对于非开发者（行业专家）而言，为了降低使用门槛，LangFlow 和 Flowise 框架进行了诸多简化，导致输出结果未能达到预期。对于开发者而言，框架简化带来的成本降低有限，而框架的不灵活性则增加了额外的工作量。这两个框架的核心问题在于未能满足目标用户的需求。开发者希望在解决实际问题的同时降低开发成本，而非开发者则期望无须具备开发能力即可独立构建可用的应用。

基于此，云智慧设计了迭代版本的 Agent 框架，该框架由 Agent、Planning、PlanUnit、Profile、Memory 和 Action 组成。其中，Agent 组件可用于完成复杂任务，例如投诉工单处理任务。Planning 组件用于执行特定逻辑（如 CoT、ReAct），每个 Planning 的逻辑执行流程可视为有向图，单路链式推理、多路链式推理、树状推理等均为有向图的子图。PlanUnit 组件负责执行单步逻辑，是 Planning 有向图中的一个节点，由 Profile、Memory、Action 等部分构成。其中，Profile 组件用于设置 Agent 的角色扮演，Memory 组件负责信息管理，包括上下文历史信息的管理与获取，以及基于用户查询从外挂知识库中进行向量召回。Action 组件负责外部 API 的管理。Agent 框架的架构如图 7-18 所示。

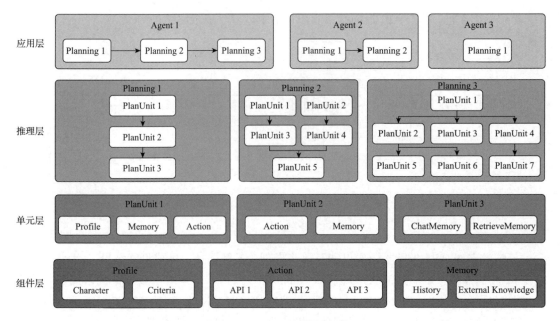

图 7-18 Agent 框架的架构

7.3.3 智能运维工单的应用案例

智能工单 Agent 会根据当前工单的工单信息和用户身份结合业务逻辑对工单进行总结，并将总结内容显示在轻帆云助手的回复中。图 7-19 所示的案例展示了一个驱动器故障相关的报障工单，智能工单 Agent 在处理故障工单时结合自身的运维知识对故障内容进行解析，并根据工单相关字段总结出故障情况、处理进展等信息。

图 7-19 驱动器故障相关的报障工单

7.4 大模型运维能力评测

智能运维的核心价值在于利用人工智能取代人工决策，快速提供故障处理建议或提前规避故障。智能运维以大数据平台和算法平台为核心，从各个监控系统抽取数据，面向用户提供服务，并包含执行智能运维决策模型的自动化系统。

在运维领域，选择适合的大模型、评估模型优化效果，并为模型优化提供方向，需要基于大模型的运维能力评估。大模型运维能力评估应针对不同场景任务，选取相应评估数据集，评估模型的性能、适用性、准确性及其在实际运维场景中的有效性。

7.4.1 构建评测数据集

在将大模型应用于运维领域的过程中，需要统一的评测基准来衡量不同大模型的性能与适用性。然而，运维领域缺乏权威的评测基准数据集，无法有效评估和比较大语言模型在该领域的能力，也难以明确模型的优化方向。此外，数据的多样性和质量是影响模型效果评估的关键因素。为满足智能运维领域的特定需求，云智慧与北航合作推出的 Owl 大语言模型，专为运维领域定制的数据集包括运维数据集 Owl-Instruct 和运维测评数据集 Owl-Bench。

在机器学习顶级峰会 ICLR2024 中发布的论文 "OWL: A LARGE LANGUAGE MODEL FORIT OPERATIONS" 构建了高质量的运维数据集 Owl-Instruct 和运维测评数据集 Owl-Bench。Owl-Bench 是一个双语基准数据集，它由两个不同的部分组成，即 317 个条目组成的问答部分和由 1000 个问题组成的多选部分，涵盖该领域的众多现实工业场景，确保 Owl-Bench 能够展现出多样性。测评数据集包括信息安全、应用业务、系统架构、软件架构、中间件、网络、操作系统、基础设施和数据库 9 个不同的子领域。主要数据来源由两部分组成，一部分是互联网上可用的免费实践考试，另一部分由运维领域的专家精心设计。这些数据都是未经过类 GPT 模型生成的，并预处理成问答题和选择题的形式，Owl-Bench 最终的回答统计分析结果如表 7-4 所示。

表 7-4 回答统计分析结果

	中间件	信息安全	基础设施	应用业务	操作系统	数据库	系统架构	网络	软件架构
问答部分									
问题数	30	26	41	36	39	38	25	40	42
平均对话长度	301	275	287	311	297	342	286	308	298
多选部分									
问题数	136	108	110	102	118	119	87	122	98
平均对话长度	212	287	264	343	247	310	255	294	301

7.4.2　评测工具和方法

对于大模型在运维领域的评测，需要根据运维问答的评价标准得到大模型的效能排行、模型的参数量和参数对模型在运维的影响效果，以及 prompt 工程对运维能力的提升。

对于运维评测基准，选择定制的评测基准数据集 Owl-Bench。将评测基准数据集中的问题与提示词通过模型生成输出，并将输出与正确答案进行对比，以评估模型在运维领域的表现。对于选择题，使用准确率作为评价指标；而对于主观题，则采用召回率、精确度、GPT-4 评分、专家评分等评价标准。需要注意的是，主观题的评价指标依赖较多的人力，扩展性较差。可以通过 GPT-4 进行评分，评估模型答案与参考答案的匹配度。

评测共选取 994 条选择题，涵盖 9 个运维能力（中间件运维、信息安全运维、基础设施运维、应用业务运维、操作系统运维、数据库运维、系统架构运维、网络运维、软件架构运维）。通过模型对选择题的回答，分别计算 9 个运维能力的准确率。单类别运维能力的准确率为该类别正确回答数量除以该类别总题量，模型总体运维能力则为 9 个运维能力准确率的平均值。模型加载过程中需要定义不同的类，采用不同的加载方式和模型参数，以确保模型适配运维问答并展现其最佳性能。

在评测过程中，比较了提示词工程对运维能力的提升，采用少样本方法，并使用 ntrain 记录提示词中运维问答参考示例的数量。ntrain=5 时，在提示词中放入 5 条问答数据；ntrain=0 时，提示词中不放入示例。对错误输出进行了统计分析，主要分为三类：回答错误、未作答、输出要求不符合。特别是当 ntrain 为 0 时，模型输出缺乏参考，需要调试相应的提示词，确保模型能够对每个问题作出回答。测试结果显示，提示词对中英文（如中英文逗号）以及句子前后顺序存在区别，不同的提示词会导致模型应答差异。

7.4.3　评测结果

在现有的一些开源大模型下，针对 994 条运维选择题的问答，计算各模型的单类别准确率和平均准确率，结果如下：Qwen1.5-32B-Chat 的整体表现最佳，平均准确率为90.47%，其在信息安全运维、应用业务运维、操作系统运维、系统架构运维、网络运维方面均表现最优。qwen_72B_int4 在中间件运维领域表现最佳，准确率为 85.93%，但其平均准确率仅为 83.96%；Yi-34B-Chat 在基础设施运维和数据库运维方面表现最佳，平均准确率达到 87.67%。综上所述，运维能力较强的大模型为 Yi-34B-Chat 和 Qwen1.5-32B-Chat。相关统计分析结果见表 7-5。

表 7-5　模型统计分析结果

ntrain=0	baichuan 2_13b_ chat	internlm-chat-7b	Deep Seek 33b	qwen_ 72B_int4	Yi-34B-Chat	baichuan 53b	Qwen1.5-14B-Chat	Qwen1.5-32B-Chat
category	准确率 /%							

（续）

ntrain=0	baichuan 2_13b_ chat	internlm-chat-7b	Deep Seek 33b	qwen_ 72B_int4	Yi-34B-Chat	baichuan 53b	Qwen1.5-14B-Chat	Qwen1.5-32B-Chat
中间件运维	75.56	65.93	67.63	85.93	85.19	80	85.19	85.19
信息安全运维	75.73	64.08	57.22	77.67	86.41	77.67	80.58	88.35
基础设施运维	77.27	63.64	62.5	86.36	90.91	72.73	84.09	88.64
应用业务运维	75.79	66.32	65.26	82.11	85.26	81.05	83.16	87.47
操作系统运维	72.14	68.21	67.64	86.43	88.57	77.14	85	87.29
数据库运维	77.27	77.27	81.82	88.64	95.45	77.55	86.36	90.91
系统架构运维	90.91	90.91	81.82	72.73	100	100	100	100
网络运维	72.22	66.67	58.89	86.11	83.89	78.89	83.89	92.78
软件架构运维	72.41	70.69	55.17	87.66	91.38	77.59	82.76	87.66
平均	76.59	70.41	67.11	83.96	87.67	80.51	85.67	90.47

7.5 基于多智能体的微服务根因分析

7.5.1 微服务架构的挑战

在当今的互联网技术发展中，微服务架构已经成为一种主流的系统设计模式。微服务架构将一个大型系统拆分为多个独立的、可单独运行和部署的小型服务，这些小型服务之间通过网络进行通信。每个微服务通常围绕一个特定的业务功能构建，并且可以独立于其他服务进行开发、部署和扩展。这种架构使得企业能够快速适应市场变化，实现持续的创新和改进。然而，微服务架构的这些优点也伴随着一系列挑战，尤其是在系统监控和故障诊断方面。

在微服务环境中，系统由数十甚至数百个独立服务组成，这些服务可能分布在不同的服务器或容器中，彼此之间通过轻量级的网络通信进行交互，常见的微服务架构示例如图 7-20 所示。这种高度的分散和动态性使得监控系统的状态、诊断问题和追踪故障变得更加复杂。传统的故障检测和根因分析方法往往难以应对微服务架构的复杂性，因此需要新的技术解决方案来提高故障处理的效率和准确性。

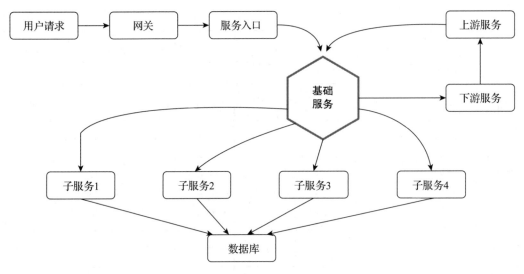

图 7-20 常见的微服务架构示例

7.5.2 多智能体系统

近年来，人工智能技术，特别是机器学习和大语言模型在多个领域展现了巨大潜力，基于这些技术的根因分析工具能够帮助技术团队快速、准确地识别和解决问题，尤其是多智能体系统（Multi-Agent System，MAS）的概念为解决微服务架构中的复杂问题提供了新的视角。在多智能体系统中，每个智能体都是一个独立实体，具有各自的目标和能力，能够与其他智能体协作，共同完成复杂任务。

结合大语言模型的能力与多智能体系统的协作，行业内尝试设计一个高效的故障检测与根因分析框架。在此框架中，每个智能体作为独立的大语言模型，分别负责处理不同的特定任务，如接收与分析告警、探索服务之间的依赖关系、评估故障概率等。通过这种方式，各智能体可通过协作形成从接收告警到确定故障根因的自动化处理流程，不仅提升了故障处理效率，还提高了故障处理的准确性。

微服务体系结构中的根因分析如图 7-21 所示，告警事件发生在节点 A，根本原因节点为 I，故障传播路径为 I→G→D→A。

7.5.3 多智能体系统的应用案例

以云智慧多智能体系统为例，当一个服务发生故障时，相关的告警会被发送到监控系统，最终通过根因分析的方式解决告警的问题，工作流程如图 7-22 所示。

告警接收者作为系统的第一道防线，负责接收和处理由于访问功能阻塞或监控系统告警引发的告警事件。告警接收者在此过程中需要处理来自微服务架构中不同部分的多种告警事件，涵盖不同类型的故障。告警接收者需对这些告警事件进行初步分析，识别相关告警与误报，并对告警事件进行分类和排序，确定其优先级。该过程要求告警接收者具备高度的智能和判断力，以便快速、准确地处理大量信息。

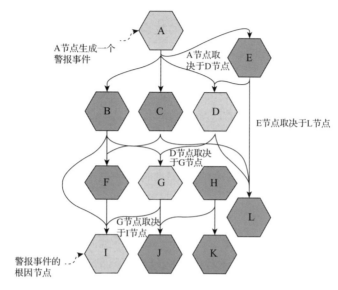

图 7-21 微服务架构中的根因分析

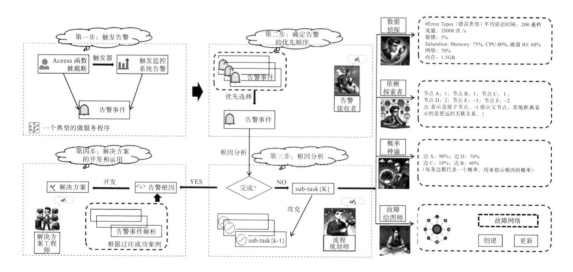

图 7-22 多智能体的工作流程

在确定告警事件的优先级后，告警接收者会将最为紧急且影响范围最广的告警事件转发至流程规划师以进行进一步处理。流程规划师是整个系统的核心，负责协调各个智能体的工作，将根因分析任务划分为多个子任务，并将这些子任务分配给其他智能体。该过程要求流程规划师具备较强的协调能力与决策能力，能够根据系统的实际情况及各智能体的能力，合理分配任务。

在流程规划师的协调下，各个智能体开始执行各自的任务。数据侦探负责从指定节点收集数据，包括平均延迟、流量、错误率、资源饱和度和并发用户数等。这些数据为根因分析提供了重要信息。数据侦探需具备强大的数据处理与分析能力，能够从大量数据中提取有价值的信息，并进一步分析告警，收集必要的上下文信息，如服务日志、性能指标和配置变更历史等。

依赖探索者负责分析微服务架构中各节点的依赖关系。当流程规划师接收到需进一步分析的告警事件时，会向依赖探索者发送包含特定节点信息和告警时间的依赖请求。依赖探索者通过查询工具和全局拓扑结构，精确确定特定节点的直接及间接依赖节点，以便于确定故障路径、标记受影响节点，并进行进一步的根因分析与解决方案开发。依赖探索者须具备强大的分析能力及对微服务架构的深刻理解，能够准确分析节点间的依赖关系。这一环节至关重要，因为在微服务架构中，一个服务的故障常常会影响其依赖的其他服务。

概率神谕负责评估微服务架构中各节点的故障概率。当流程规划师向其发出请求时，概率神谕会分析指定的节点列表，确定每个节点的故障概率。此过程包括检查节点的可访问性，对于不可访问的节点，概率神谕将默认分配较高的故障概率。对于可访问的节点，概率神谕根据各种性能指标（如响应时间、错误率、资源利用率等）通过计算模型评估故障概率。概率神谕需具备强大的计算能力和对故障概率评估模型的深入理解，以准确评估每个节点的故障概率。该过程可能涉及多种因素，如服务的历史故障数据、近期变更记录以及与其他服务的交互模式等。

故障绘图师负责在管道中对数据进行可视化和更新。故障绘图师接收来自概率神谕的故障概率信息，并据此更新故障网络。当需要更新故障网络时，流程规划师发出包含节点及其对应故障概率的故障网络请求。故障绘图师根据该信息创建或更新故障网络，直观呈现不同节点之间的故障概率。故障绘图师需具备强大的数据可视化能力，能够清晰展示故障网络的状态。

最后，解决方案工程师负责最终的根因分析和解决方案开发。当根因确定后，解决方案工程师会提出修复建议或自动执行恢复操作，如重启服务、回滚最近的代码部署或调整配置设置，以尽快恢复服务的正常运行。具体而言，解决方案工程师接收流程规划师的根因分析和解决方案请求后，根据可用节点数据制定行动方案。若节点数据可用，解决方案工程师会基于历史数据和性能指标进行度量级分析。若节点数据不可用，解决方案工程师则通过检查微服务架构的拓扑结构进行节点级分析，以确定故障影响。解决方案工程师还会参考成功案例，指导当前解决方案的开发，并将信息反馈用于进一步行动和结束处理。解决方案工程师需具备强大的问题解决能力和丰富的经验，能够根据实际情况制定有效的解决方案。

同时，在整个多代理系统中，各代理之间需建立高效的通信机制，以交换信息并协调行动。此外，系统可集成区块链技术，提升决策过程的透明度与安全性。具体而言，在该机制中，每个智能体均可对任何问题的答案进行投票。投票权重由智能体的贡献指数和专业指数决定。贡献指数反映了智能体在建议提出及投票中的活跃度与有效性，专业指数则由智能体在特定领域的专业贡献及行动质量决定。通过此投票机制，系统确保每次回答都得到多数智能体认可，增强系统的公正性与准确性。

随着微服务架构的广泛应用和系统复杂性的提升，传统的监控和故障诊断方法已难以满足现代软件系统的需求。整个过程的实施不仅提高了故障处理效率，还通过精准的根因分析，减少了问题解决的时间和成本。此外，基于多智能体的根因分析框架具备良好的扩展性和灵活性，能够根据系统的实际需求增加智能体或调整其功能，以适应不断变化的技术和业务要求。

通过结合大语言模型与多智能体系统的优势，可以构建更加高效、准确的故障检测与根因分析框架，帮助企业更好地管理和维护微服务架构，提升系统的稳定性与可靠性。这不仅有助于技术团队快速响应和解决问题，还为企业节省大量的时间和资源，增强竞争优势。

第 8 章

大语言模型在测试场景中的实践

随着软件工程的发展以及产品质量要求的不断提高,智能化测试技术在其中发挥着至关重要的作用。作为其前沿分支,动态测试和静态测试的智能化是提升测试覆盖率和效率的关键手段。此外,大语言模型的赋能虽有助于推动测试技术的发展,但在测试场景中的应用仍面临诸多痛点和难点,需要进一步解决。

8.1　测试的痛点

软件测试是软件研发流程中的关键环节,其效果直接决定软件的最终质量。通过全面测试,开发人员能够排除软件中潜在的错误与不稳定因素,确保代码实现符合预期的功能设计。针对不同的软件类型与测试目标,研发团队可以选择多种测试技术,包括单元测试、性能测试、集成测试、冒烟测试、兼容性测试、安全测试、UI 测试和压力测试等。

当我们讨论如何在软件测试场景中应用大模型技术时,必须意识到不同测试技术之间存在较大差异,而这些差异会对通过结合大模型技术取得更好的测试效果产生重要影响。

从测试原理的角度来看,软件测试技术可分为动态测试与静态测试两类。动态测试针对处于运行状态的软件,通过实际执行代码验证其功能、性能和安全性。常见的动态测试方法包括单元测试、集成测试、系统测试和性能测试等。这些测试方法通过模拟用户操作和场景,检查软件在不同条件下的行为与表现,从而发现运行时的缺陷与问题。为了提升对软件功能的覆盖,动态测试通常需要编写大量测试用例,以确保触发尽可能多的系统行为。

相反,静态测试是在不执行代码的情况下进行的,通过对代码、文档和设计的静态检查来发现潜在问题。常见的静态测试方法包括代码审查、静态代码分析、设计审查和文档审查等。这些方法通过人工检查或使用工具分析代码的结构、逻辑和规范性，识别潜在的错误、违反代码规范的情况及优化点，从而在早期阶段预防缺陷。由于静态测试过程中软件未运行，因此无法获取软件运行时的准确数据，导致静态测试技术对于软件的分析往往存在不确定性。尤其是针对架构和功能较为复杂的代码，其误报率和漏报率均较高。在实际使用过程中，研发团队往往需要进行较多的人工干预，才能获得较好的静态测试结果。

无论是动态测试还是静态测试，其目的都是尽可能在软件上线前发现并修复软件中的缺陷与问题。在现代软件工程体系中，这两种技术通常结合使用，以覆盖更多的测试场景，更全面地提高软件的质量和可靠性。

综上所述，动态测试与静态测试的使用场景与技术逻辑各有不同，因此在实际应用中，它们所面临的技术痛点与瓶颈也有所差异。例如，对于单元测试，自动化生成高质量的单元测试用例将直接影响其成本与效果。而对于静态测试，如何降低误报率则是决定此类工具使用成本的关键。此外，如何从测试结果中快速提取有效的改进与修复方案，也是两类测试中开发者普遍关注的问题。

如何利用大模型技术解决这些痛点，改进动态与静态测试技术，提升开发者的测试效率，是本章探讨的核心问题。

8.2 动态测试技术的智能化演进

8.2.1 动态测试技术的基本概念

动态测试技术是软件测试领域中的一种重要方法，旨在通过实际运行软件来检测其功能和性能。动态测试要求被测软件处于运行状态，通过人工或自动化构造的测试用例，引导软件执行各项操作和功能。通过观察软件的运行状态，收集测试数据，并推导出测试结果。一般而言，动态测试包括以下几个关键步骤。

（1）测试环境准备

实施动态测试的前提是为被测软件准备一个或多个运行环境，并在该环境中运行被测软件，确保其能够正确运行。需要注意的是，软件能否在运行环境中正常启动，通常也被视为动态测试的关键结果之一。

（2）测试用例构造

在动态测试开始前，测试人员需设计一系列测试用例，这些用例应覆盖软件的主要功能及各种可能出现的小概率场景。测试用例的生成需考虑软件的具体功能、不同的输入数据以及软件运行环境等多种因素的影响。在生成测试用例时，测试人员应尽可能全面考虑，以确保动态测试过程覆盖尽可能多的软件功能与代码。代码覆盖率是动态测试的重要指标，通常包括语句覆盖率、分支覆盖率、条件覆盖率、路径覆盖率等不同维度。根据软件编程语言和类型的不同，测试人员通常选择 JaCoCo、Cobertura、Istanbul 等常见工具收集和分析动态测试中的代码覆盖率信息。

（3）执行测试用例

在完成测试用例的设计与构造后，测试人员需针对运行中的软件执行这些测试用例。由于测试用例所针对的软件功能各异，人工或自动化执行测试用例均为常见形式。在执行测试用例的过程中，收集并记录软件运行数据是一项重要任务。测试人员应尽可能收集软件运行时的数据，包括运行时间、内存消耗、CPU 消耗、输入输出内容、响应速度等。上述数据将用于分析并导出最终测试结果。

（4）结果分析

在执行测试用例过程中，测试人员需详细记录每个用例的执行结果。通过对这些结果的分析，测试人员可以发现软件运行中的异常行为，从而定位软件中可能存在的缺陷和问题。例如，某些功能未能按预期运行，或在特定条件下产生不符合设计的输出结果等。

（5）缺陷报告与修复

基于测试过程中收集的数据，测试人员能够及时发现软件中的潜在缺陷和问题。测试人员需详细记录这些问题及相关信息，并向开发团队报告。开发团队需对问题进行修复。

（6）回归测试

在修复相关问题后，测试人员应进行回归测试，确保修复未引入新的问题，且原有功能正常运行。

8.2.2 常见的动态测试技术

动态测试是一类测试技术的统称，是指需要运行软件，并通过与软件交互、观察软件运行状态，以获取结果的测试技术。常见的动态测试技术如图 8-1 所示。

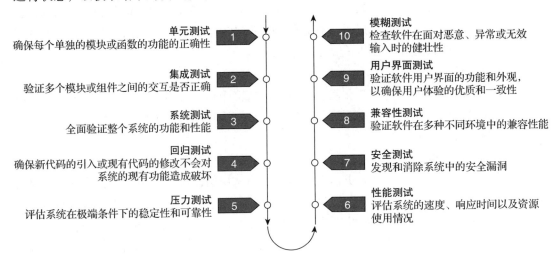

图 8-1　常见的动态测试技术

（1）单元测试

单元测试（Unit Testing）的主要目标是确保每个模块或函数的功能正确，能够按照预期执行特定任务。该测试方法通过细粒度的代码检验，保证基础组件的可靠性，从而确保程序整体运行的正确性和稳定性。

（2）集成测试

集成测试（Integration Testing）的主要目标是验证多个模块或组件之间的交互是否正确。通过将不同的单元模块组合在一起，检查它们在集成后是否能够协调工作，确保各部分之间的数据传递和功能调用的可靠性与一致性。集成测试能够及早发现并纠正模块之间的接口问题及协作性缺陷，从而提升系统整体的稳定性和功能完整性。

（3）系统测试

系统测试（System Testing）的主要目标是全面验证系统的功能和性能，确保其按预期运行。此阶段的测试覆盖系统的各个方面，包括功能性、可用性、性能和安全性等。通过系统测试，可以发现集成环境中的软件问题，确保系统在实际用户使用时能够稳定、高效地提供预期服务。

（4）回归测试

回归测试（Regression Testing）的主要目标是确保新代码的引入或现有代码的修改不会破坏系统的现有功能。此类测试通过反复执行已有测试用例，尤其是与修改相关的部分，验证系统在变更后的稳定性和可靠性。回归测试的有效实施有助于确保系统在持续迭代和升级过程中始终保持预期的功能和性能，避免引入新的缺陷或问题。

（5）压力测试

压力测试（Stress Testing）的主要目标是评估系统在极端条件下的稳定性与可靠性。通过施加超出正常运行边界的极端负载，压力测试旨在揭示系统的极限与薄弱环节。此类测试有助于确认系统在异常情境下（如突然的大流量、高并发、资源耗尽等）是否能够持续运行，或在发生故障时能否有效恢复。通过压力测试，可提前识别潜在风险与瓶颈，从而增强系统的鲁棒性与弹性。

（6）性能测试

性能测试（Performance Testing）的主要目标是评估系统的速度、响应时间及资源使用情况。通过设计和实施一系列测试场景，性能测试有助于识别和分析系统在不同负载下的行为表现。此类测试专注于系统的吞吐量、响应时间、CPU 和内存使用情况等关键性能指标，旨在优化系统效率，确保其在实际运行环境中能够以良好的性能表现满足用户需求。通过性能测试，可以有效发现系统的性能瓶颈，并提供依据进行相应的优化和改进。

（7）安全测试

安全测试（Security Testing）的主要目标是发现并消除系统中的安全漏洞，以确保数据和资源的安全性。通过模拟各种可能的攻击手段以及分析系统的防护机制，安全测试可以评估系统抵御恶意攻击的能力和健壮性。此类测试涵盖身份验证、授权控制、数据保护、网络安全等潜在的安全威胁。通过安全测试，可以识别潜在的安全隐患，强化安全措施，确保系统在应对安全挑战时有效保护数据和资源的完整性与机密性。

（8）兼容性测试

兼容性测试（Compatibility Testing）的主要目标是验证软件在多种不同环境（包括操作系统、浏览器、设备等）中的兼容性能。通过在多样化的软硬件配置和网络环境中对软件进行测试，确保其在不同平台和设备上的一致性和稳定性。此类测试涵盖操作系统版本、浏览器类型和版本、移动设备和桌面设备的兼容性，甚至包括不同网络条件下的表现。通过兼容性测试，可以发现与特定环境相关的兼容性问题，确保软件能够满足广泛用户群的需求，而不论他们使用的是何种技术条件。

（9）用户界面测试

用户界面测试（UI Testing）的主要目标是验证软件用户界面的功能和外观，以确保用户体验的优质和一致性。通过对界面各元素的交互性、布局、响应速度以及视觉一致性进行全面测试，确认其能否正常工作并符合设计规范。此类测试包括按钮、文本框、菜单、图标、对话框等的功能行为，以及界面在不同分辨率、窗口尺寸和设备上的展现效果。除了验证功能性，用户界面测试还关注界面的可用性和美观度，以确保最终用户在使用软件时能够获得直观、流畅且满意的体验。

（10）模糊测试

模糊测试（Fuzz Testing）是近年来兴起的一种测试技术，主要目标是发现软件中的崩溃、异常行为和潜在的安全漏洞。通过自动生成大量随机或半随机的数据输入到软件中，观察其响应，以测试其在非预期输入下的表现。此类测试能够有效捕捉未预期的边缘情况和输入组合，从而揭示常规测试中可能遗漏的问题。模糊测试不仅有助于提升软件的稳定性和可靠性，还能够在早期发现可能被恶意利用的安全漏洞，增强系统的整体安全性和健壮性。

8.2.3　动态测试技术的痛点

尽管动态测试技术种类繁多，但我们仍能从其技术栈中总结出一些共性，比如对环境的依赖、对实时交互的要求、对软件代码的覆盖能力、对资源的消耗等。基于这些动态测试技术的共性问题，现阶段的动态测试技术在实战场景中存在以下痛点与瓶颈。

（1）覆盖率有限

传统的动态测试技术难以对所有可能的代码路径和用户场景实现全面覆盖。覆盖率的局限性可能导致某些潜在的 Bug 未被发现，进而使软件在通过测试后仍存在隐患，影响终端用户的使用体验和系统的稳定性。

（2）复杂场景处理困难

在应对复杂场景时，动态测试展示出明显的局限性，尤其是处理多线程、并发以及异步操作等情况时更加突出。这些复杂场景容易引发难以复现和诊断的问题，使传统方法在解决这些疑难杂症上显得力不从心。

（3）资源消耗

对软件的实时监测和分析通常对系统资源要求较高，特别是在 CPU 和内存的消耗方面，这对性能敏感的应用程序影响尤为显著。高资源消耗不仅增加了测试的成本，还可能对被测系统的正常运行造成干扰。

（4）环境模拟的局限性

不同软件的实际运行环境可能极其复杂，而传统的动态测试方法往往难以完全模拟这种环境的所有细节。这种模拟能力的局限性导致测试结果可能不够全面和可靠，在一定程度上减弱了测试的有效性。

（5）数据分析的复杂性

在动态测试过程中产生的海量数据需要通过复杂的分析才能提取和利用其中有价值的信息。传统的动态测试方法在处理和分析这些复杂数据时，常常因技术和工具的局限性，无法高效地进行数据挖掘与问题定位。

（6）重人工投入

在传统的动态测试技术中，为了确保能够覆盖尽可能多的功能与场景，测试用例的生成往往需要开发人员的参与。人工设计的测试用例不仅时间耗费巨大，而且容易出现错误和不一致性。更糟糕的是，这样的方式很难全面覆盖所有的代码路径和用户场景，从而可能导致一些功能或异常情况未被充分验证，留下隐患。这种对人力的高依赖性也使得测试过程难以快速响应变化需求或实现自动化，进一步降低了测试效率和质量。

8.2.4　大模型在动态测试领域的应用尝试

当前，大模型技术在软件测试领域改进具体任务效果的应用仍处于早期探索阶段。从现有大模型技术来看，其主要特点包括智能化的人机对话能力、对文本和图像等多模态数据的理解能力，以及对代码类数据的良好理解和生成能力。基于这些特点，笔者认为大模型技术在以下两个方面能够显著提升现有技术的效果：自动化测试用例生成与自动化程序修复。

1. 自动化测试用例生成

通过读取需求文档，提取关键功能点和业务逻辑，模型能够生成包含正常和异常场景的多种测试用例。例如，针对用户登录功能生成正常登录、错误密码登录及多次错误尝试等测试用例；同时，通过解析代码，尤其是接口调用约定和函数签名，模型可以推断出适当的输入输出组合，生成边界测试和异常测试用例，确保代码逻辑的全面覆盖及潜在问题的揭示。通过分析用户历史操作日志，模型能够识别高频操作路径，并基于此生成相关测试用例，例如在电商平台中针对购物车操作及支付流程的测试用例，确保关键路径的功能完整性和稳定性。此外，模型还能够通过动态模拟用户操作，生成各种组合和异常场景的测试用例，提高测试覆盖率和深度，促使开发人员预见并处理更多的异常及边缘情况，进一步提升软件的健壮性和用户体验。

Meta 于 2024 年发表了一篇题为"Automated Unit Test Improvement using Large Language Models at Meta"的论文，介绍了 Meta 团队内部开发的一款名为 TestGen-LLM 的实验性工具。该工具能够利用大语言模型自动生成符合需求的单元测试用例。TestGen-LLM 能够理解原有单元测试用例的逻辑，在此基础上生成优化后的新测试用例，从而提高测试覆盖率。此外，TestGen-LLM 还包括一个验证新测试用例有效性的步骤，以确保改进后的测试套件符合测试团队的需求，并消除大语言模型可能引发的幻觉和不稳定性。

如图 8-2 所示，TestGen-LLM 的工作流程包含三个主要步骤。

❑ 分析现有单元测试用例。

❑ 生成新的单元测试用例。

❑ 过滤、验证和回归。

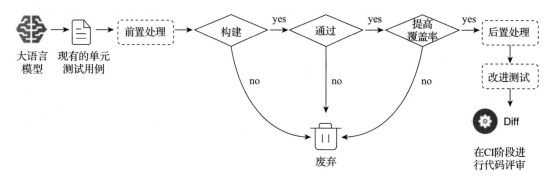

图 8-2　TestGen-LLM 的工作流程

TestGen-LLM 利用静态代码分析和 LLM 的理解能力，深入分析现有 Kotlin 测试用例的结构与逻辑，识别可能遗漏的测试路径，如边缘情况、异常情况或特定代码路径。静态分析技术有助于理解代码结构与依赖关系，LLM 则能够理解测试用例的语义与目的，并学习代码风格与模式。

基于对现有测试用例的分析，TestGen-LLM 能够利用大模型的生成能力，自动生成新的测试用例。它可以根据代码的结构和逻辑，以及测试团队的需求，设计出覆盖更多场景的测试用例。同时，TestGen-LLM 还参考现有的测试用例，学习其风格和模式，确保生成的测试用例与现有测试代码风格一致，便于理解和维护。

为了确保生成的测试用例能够直接投入使用，并有效提升测试覆盖率，TestGen-LLM 执行了一系列的过滤和验证步骤。首先，它会检查生成的测试用例是否能够成功构建，避免编译错误。然后，它会执行测试用例，并验证其是否通过，以确保测试用例能够正确验证代码的特定行为。接下来，它会多次运行，确保测试用例不会表现出不稳定的情况，例如在某些情况下通过，在另一些情况下失败。最后，它会检查测试用例是否提高了测试覆盖率，以确保覆盖之前遗漏的场景。

　　Meta 的工程师在实际生产场景中测试了 TestGen-LLM 的能力。选择 Instagram Reels 和 Stories 这两个产品作为测试目标，在相关测试流程中嵌入了 TestGen-LLM。在测试过程中，75% 的 TestGen-LLM 生成的测试用例成功构建，57% 的测试用例通过了可靠性评估。这表明 TestGen-LLM 能够生成高质量的测试用例，并能在实际测试环境中可靠运行。同时，在 Instagram Reels 和 Stories 的测试中，25% 的 TestGen-LLM 生成的测试用例提高了原有测试用例集的代码覆盖率。这些通过过滤和验证的测试用例被发送给 Meta 的测试工程师进行人工评估和总结，其中 10% 的原始测试集得到了改进。目前，TestGen-LLM 生成的测试用例中有 73% 已被采纳并部署到生产环境中。

　　此外，Meta 的工程师通过分析实验结果发现，基座模型和 prompt 策略的选择对 TestGen-LLM 的效果影响最大。相较之下，诸如温度等模型对话参数对结果的影响较小。实验中使用了两个不同的基座模型（LLM1 和 LLM2），两个模型均能有效生成测试用例，并提升测试覆盖率。其中，LLM2 的表现略优于 LLM1。但由于商业机密限制，论文未提供 LLM2 和 LLM1 的具体细节，推测 LLM2 可能具有更大的参数量和训练数据量，或模型结构更优。

　　实验中使用了 4 种不同的 prompt 策略，分别为扩展覆盖范围（extend_coverage）、边界情况（corner_cases）、扩展测试（extend_test）、待完成的陈述（statement_to_complete），用于指导 LLM 生成测试用例。结果表明，不同的 prompt 策略对 TestGen-LLM 的效果有显著影响。其中，扩展覆盖范围策略表现最佳，能够生成最多的测试用例，并提高测试覆盖率。表 8-1 展示了 4 种不同 prompt 策略的具体内容。

表 8-1　4 种不同的 prompt 策略

扩展测试	比如，这里有一个 Kotlin 单元测试类：{existing_test_class}。编写这个测试类的扩展版本，其中包括额外的测试以覆盖一些额外的边界情况
扩展覆盖范围	比如，这里有一个 Kotlin 单元测试类以及它所测试的类：{existing_test_class} {class_under_test}。编写这个测试类的扩展版本，其中包括额外的单元测试，以增加被测试类的测试覆盖率
边界情况	比如，这里有一个 Kotlin 单元测试类以及它所测试的类：{existing_test_class} {class_under_test}。编写这个测试类的扩展版本，使其包含额外的单元测试，这些测试将覆盖原测试中遗漏的边界情况，并增加被测试类的测试覆盖率
待完成的陈述	比如，这里有一个待测试的 Kotlin 类 {class_under_test}。这个被测试的类可以通过 Kotlin 单元测试类 {existing_test_class} 进行测试，这是单元测试类的扩展版本，包含额外的单元测试用例，这些用例将覆盖被测试类中被原始单元测试类遗漏的方法、边缘情况、边界情况和其他特性

2. 自动化程序修复

　　软件开发通常在非常紧迫的时间表下进行，快速迭代已成为常态。每个迭代周期都要求开发团队迅速响应并修复测试中发现的 Bug。高效的自动化修复技术能够大幅缩短问题解决的时间，从而提升开发效率，确保团队在规定时间内交付高质量的软件产品。随着项目规模的扩大和架构的演进，软件系统的复杂性也在增加。手动修复 Bug 不仅耗时费力，还容易引入新的错误。自动化方法可以有效减少代码复杂性带来的影响，通过精准修复减少人工干预，提高问题解决的准确性和效率。通过降低人工干预，自动化修复技术能更好地分配和优化开发团队的资源，使开发人员能够将更多时间和精力投入到更具创造性和价值的任务中，而非被烦琐的 Bug 修复工作所束缚。这不仅提升了团队的生产力，也激发了创新，提高了整体开发水平。

大模型凭借其强大的自然语言处理与代码生成能力，在软件 Bug 自动化修复领域展现出巨大的潜力。其能力涵盖问题识别与分析、高质量修复建议生成、多模态数据处理、根因分析等多个方面，能够快速理解并解析复杂代码，自动生成可靠的修复方案，将自然语言描述的错误信息转化为可复现的结构化流程，帮助测试团队深入理解问题成因。同时，基于其强大的代码生成能力，大模型能够协助测试团队直接生成可用的代码修复方案，显著降低 Bug 修复过程中的人力成本投入。

普渡大学 Lin Tan 老师团队在 2023 年发表的文章"Impact of Code Language Models on Automated Program Repair"中，对主流大语言模型在程序修复方面的能力进行了全面评估。论文作者在 PLBART、CodeT5、CodeGen 和 InCoder 四个不同的 LLM 家族中选择了 10 个具有不同参数量的模型实例，分别是 PLBART base、PLBART large、CodeT5 small、CodeT5 base、CodeT5 large、CodeGen 350M、CodeGen 2B、CodeGen 6B、InCoder 1B 和 InCoder 6B。研究团队测试了这些模型在 Defects4J、QuixBugs 和 HumanEval-Java 这三个测试集上的自动化程序修复能力。同时，论文作者还比较了传统深度学习技术在相同自动化程序修复任务中的表现。

在实验中，论文作者设计了两套不同的 prompt 方案，这些 prompt 会引导不同的大模型为每个 Bug 生成 10 个不同的修复方案。论文作者首先评估这些生成的修复方案是否能够正确修复错误，之后通过人工检查修复方案是否改变了程序的原有语义。此外，论文作者在完成第一轮评估后，还对这些大模型进行了一个 epoch 的微调，并在微调后重新执行所有测试流程，以分析微调对模型能力的影响。图 8-3 展示了论文作者设计的两种不同 prompt 的编写规则。

这篇论文的实验结果表明，大语言模型在自动化程序修复（APR）领域展现出强大的潜力，未经微调的 LLM 就能与过去基于深度学习（DL）的自动化程序修复技术相媲美，甚至在某些数据集上表现得更好。例如，InCoder 6B 在未经微调的情况下修复了 105 个 Bug，比最佳 DL-APR 技术 KNOD 多 72%。与此同时，进行有针对性的微调可以显著提升大语言模型的修复成功率。例如，InCoder 6B 在微调后修复了 161 个 Bug，比 KNOD 多 164%。此外，大模型在执行相关任务时，由于参数量的不同，其时间效率和内存效率也不尽相同。时间效率最高的 PLBART 模型要比最低的 CodeGen 模型快近 20 倍。

PLBART Prompt（没有错误行）	PLBART Prompt（有错误行）

Input:
public ValueMarker(**double** value,Paint paint,stroke stroke,...
　　〈mask〉
　　this.value =value;}
Expected Output:
public ValueMarker(**double** value,Paint paint,Stroke stroke,.
　　super(paint,stroke,outlinePaint,outlinestroke,alpha);
　　this.value =value;}
	input:
	public ValueMarker(**double** value,Paint paint,Stroke stroke,...
	　　//buggy line:super(paint,stroke,paint,stroke,alpha);
	　　〈mask〉
	　　this.value =value;}
	Expected Output:
	public ValueMarker(**double** value,Paint paint,Stroke stroke,.
	　　super(paint,stroke,outlinePaint,outlinestroke,alpha);
	　　this.value =value;1

CodeT5 Prompt（没有错误行）	**CodeT5 Prompt（有错误行）**

Input:
public ValueMarker(**double** value,Paint paint,stroke stroke,...
　　〈extra_id_0〉
　　this.value =value;}
Expected Output:
super(paint,stroke,outlinePaint,outlinestroke,alpha);
	Input:
	public ValueMarker(**double** value,Paint paint,Stroke stroke,...
	　　//buggy line:super(paint,stroke,paint,stroke,alpha);
	　　〈cextra_id_0〉
	　　this.value =value;}
	Expected Output:
	super(paint,stroke,outlinePaint,outlineStroke,alpha);

CodeGen Prompt（没有错误行）	**CodeGen Prompt（有错误行）**

Input:
public ValueMarker(**double** value,Paint paint,Stroke stroke,...
Expected Output:
　　super(paint,stroke,outlinePaint,outlinestroke,alpha);
　　this.value =value;}
	Input:
	public ValueMarker(**double** value,Paint paint,Stroke stroke,...
	　　//buggy line:super(paint,stroke,paint,stroke,alpha);
	Expected output:
	　　super(paint,stroke,outlinePaint,outlinestroke,alpha);
	　　this.value =value;}

InCoder Prompt（没有错误行）	**InCoder Prompt（有错误行）**

Input:
public ValueMarker(**double** value,Paint paint,Stroke stroke,...
　　〈mask〉
　　this.value =value;}
Expected output:
super(paint,stroke,outlinePaint,outlinestroke,alpha);
　　this.value =value;}
	Input:
	public ValueMarker(**double** value,Paint paint,Stroke stroke,...
	　　//buggy line:super(paint,stroke,paint,stroke,alpha);
	　　〈mask〉
	　　this.value =value;}
	Expected Output:
	　　super(paint,stroke,outlinePaint,outlinestroke,alpha);

图 8-3　prompt 的编写规则

8.3　静态测试技术的智能化演进

8.3.1　静态测试技术的基本概念

除了动态测试技术，静态分析技术是软件测试中的另一种基本方法。静态测试通过分析软件代码而不实际运行程序来检测潜在问题和缺陷。由于静态分析可在软件开发的早期阶段进行，故它在发现代码中的错误、漏洞和不良实践方面具有独特优势。静态分析的关键步骤如图 8-4 所示。

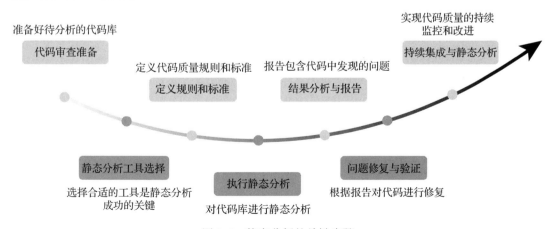

图 8-4　静态分析的关键步骤

（1）代码审查准备

测试人员需准备待分析的代码库，确保其完整性和正确性，并配置相关的静态分析工具。代码审查准备阶段还可能涉及代码的预处理，如代码格式化和注释清理，以提高分析的准确性和可读性。

（2）静态分析工具选择

静态分析工具的效果与开发者所使用的编程语言、项目规模和具体需求密切相关。常见的静态分析工具包括 SonarQube、Pylint、ESLint、FindBugs 等。这些工具能够自动扫描代码，识别潜在问题，并生成详细报告。选择合适的工具是静态分析成功的关键，不同工具在检测能力和性能上有所差异。

（3）定义规则和标准

在进行静态分析之前，需要定义一组代码质量规则和标准。这些规则通常包括编码规范、命名约定、安全性检查、性能优化建议等。通过定义明确的规则，可以确保分析结果的一致性和可靠性。许多静态分析工具提供预定义的规则集，同时也允许用户自定义规则以满足特定需求。

（4）执行静态分析

完成准备工作后，测试人员使用选择的工具对代码库进行静态分析。工具会扫描代码，应用预定义的规则，检测出潜在的问题，并生成报告。静态分析的执行过程通常是自动化的，但在某些情况下，可能需要人工干预以处理复杂的代码结构或特定的业务逻辑。

（5）结果分析与报告

静态分析工具生成的报告包含代码中的问题，包括错误、告警和建议。测试人员需详细分析这些结果，确定实际需解决的问题。结果分析阶段还涉及优先级的确定，以便开发团队集中精力解决最重要的问题。静态分析报告不仅有助于发现代码缺陷，还能提供改进代码质量的具体建议。

（6）问题修复与验证

根据静态分析结果，开发团队需对代码进行修复。修复完成后，通常重新运行静态分析工具，以验证问题是否解决。此过程可能需要多次迭代，直至所有关键问题均得到解决。通过反复的静态分析与修复，可显著提升代码质量与可靠性。

（7）持续集成与静态分析

为了确保代码质量在整个开发周期中保持一致，静态分析应集成到持续集成（CI）流程中。在每次代码提交或合并时，自动触发静态分析，并根据结果决定是否允许代码进入主分支。通过将静态分析与 CI/CD 流程结合，可以实现代码质量的持续监控和改进。

8.3.2 常见的静态测试技术

根据所使用技术和分析目标的不同，常见的静态分析技术包括以下 6 类。

（1）语法分析

语法分析（Syntax Analysis）的主要目标是检查代码是否符合编程语言的语法规则。通过解析代码，语法分析能够发现语法错误、括号未闭合、变量未定义等问题。语法分析是静态分析的基础步骤，确保代码能够被正确编译或解释。随着编译器等基础工具的发展，单纯的语法分析在软件研发过程中已不再常见。更多情况下，语法检查用于配合分析器检测安全漏洞等更复杂的问题。

（2）语义分析

语义分析（Semantic Analysis）在语法分析的基础上，进一步检查代码的语义正确性。它关注变量的类型、作用域、函数调用的参数匹配等问题。语义分析能够发现类型错误、未初始化变量、无效的函数调用等问题。通过语义分析，可以确保代码在基本逻辑上是合理的，并能按预期执行。然而传统的静态测试技术无法覆盖注释、变量名等包含复杂语义信息的数据，导致了针对代码的语义分析不够完整。

（3）代码规范检查

代码规范检查（Code Style Checking）的主要目标是确保代码符合预定义的编码规范和风格指南。通过检查代码格式、命名约定、注释风格等，代码规范检查能够提高代码的可读性和一致性。常见的代码规范检查工具包括 ESLint（JavaScript）、Pylint（Python）、Checkstyle（Java）等。

（4）安全性分析

安全性分析（Security Analysis）的主要目标是发现代码中的安全漏洞和潜在的安全风险。通过分析代码的安全性，能够检测出 SQL 注入、跨站脚本（XSS）、缓冲区溢出等常见的安全问题。安全性分析工具通常结合静态分析和模式匹配技术，提供详细的安全漏洞报告。常见的安全性分析工具包括 SonarQube、Fortify 等。

（5）复杂度分析

复杂度分析（Complexity Analysis）的主要目标是评估代码的复杂度，包括循环复杂度、条件复杂度和模块间的耦合度等。通过分析代码的复杂度，可以识别出可能难以维护和测试的高复杂度区域，从而指导开发团队进行代码重构和优化。复杂度分析在软件运行资源受限的嵌入式行业较为常见。

（6）依赖分析

依赖分析（Dependency Analysis）的主要目标是检查代码模块之间的依赖关系，确保模块的耦合度在可控范围内。通过分析依赖关系，能够发现循环依赖、未使用的依赖等问题，从而优化代码结构，提升系统的可维护性和扩展性。同时，依赖分析还能够通过对比第三方漏洞库等数据源，发现由依赖引入软件的安全问题。

8.3.3　静态测试技术的痛点

与动态测试技术相比，静态测试技术在代码覆盖率、运行成本以及并发效率等多方面展现出显著优势。然而，在实际生产环境中应用静态分析工具时，仍面临诸多痛点和挑战。这些挑战不仅影响工具的实际效用，也对开发团队的工作流程提出了更高要求。

（1）误报率高

静态分析工具往往会产生大量的误报，即所报告的问题并非实际存在。误报率偏高不仅增加了开发人员的额外工作量，还可能导致他们对分析结果的信任度下降，进而影响工具的实际应用效果。频繁的误报迫使团队花费更多时间去筛查真正的错误与假阳性，逐渐使得开发人员对静态分析失去热情和信任。

（2）规则集的维护

静态分析的核心依赖于一套预定义的规则集。这些规则集必须持续更新和维护，以适应日新月异的编程语言特性和层出不穷的安全威胁。规则集的维护不仅工作量庞大，还需要深厚的专业知识储备。这对开发团队，无论是在时间管理还是技术资源配置上，都是一项严峻的挑战。考虑到编程语言和框架的高速变化，及时更新规则集非常重要，否则容易导致分析工具失效或误报频繁。

（3）复杂代码处理困难

当面临复杂的代码结构时，静态分析工具可能展现出一定的局限性，尤其是对于多态、动态类型和反射等高级编程特性的分析。这些复杂特性可能使得静态分析工具难以准确理解程序的行为逻辑，导致分析结果不准确。如此一来，不但增加了错误定位与解决的难度，还可能使问题更加复杂化，从而降低工具的实用价值。

（4）性能开销

静态分析工具在处理大型代码库时，往往需要消耗大量的计算资源和时间进行深度扫描。高性能开销不仅延长了分析时间，降低开发效率，还可能对持续集成流程造成显著的负面影响。尤其是在持续集成环境中，长时间的分析过程会导致整体开发流程的延迟，严重影响产品发布节奏和团队工作效率。

（5）环境依赖

静态分析工具的使用通常对开发环境和系统配置有特定要求。这便增加了工具的集成和使用复杂性。在多样化的开发环境下，环境依赖的问题可能导致分析结果的不一致性。例如，同样的静态分析工具在不同开发环境下可能产生不同的分析结果，从而给问题的定位和解决带来困难。

（6）数据分析的复杂性

静态分析工具生成的报告往往包含海量数据，解析和处理这些数据需要具备较高的技术能力。开发团队如何从这些繁杂的数据中提取有价值的信息，并进一步将其转换为实际的改进措施，是一项重大的挑战。有效地分析和利用这些数据，避免信息过载，提升报告的实用性和可读性，是改善静态分析工具效能的关键。

（7）工具兼容性

由于不同的静态分析工具在功能和特性上存在差异，如何选择并集成多种工具以获取全面的分析结果，是一个复杂且关键的问题。工具间兼容性和集成性不足，可能导致分析结果碎片化和不一致，使得开发人员在选择和使用时面临更多困难。如何优化这些工具的兼容性和综合效用，仍是提高静态分析技术应用效果的一大重要议题。

8.3.4　大模型在静态测试领域的应用尝试

与动态测试类似，大模型在静态测试领域同样展现出了巨大的潜力，能够在多个不同的静态测试场景下提供帮助。例如，在静态测试过程中发现的 Bug 和漏洞，通常需要大量的人力和时间进行修复，而大模型可以大幅度简化这一过程。通过自动识别和修复漏洞，与动态测试中的自动化修复方案类似，大模型的应用能够显著减少开发团队在处理这些问题上花费的时间和资源。

除此之外，大模型在代码语义分析和误报消除方面同样展现出巨大的潜力。通过深度学习和自然语言处理技术，模型能够理解代码的复杂语义结构，准确识别变量类型、函数调用和逻辑关系，从而大幅提升语义分析的精度。此外，大模型可以学习和识别常见的误报模式，通过上下文理解和模式匹配来过滤掉不相关的告警，显著降低误报率。这不仅提高了静态分析工具的准确性和可靠性，还减轻了开发人员的负担，提升了整体开发效率和代码质量。

1. 代码语义分析

传统的静态程序分析技术主要依赖于对代码、配置文件等结构化信息的分析，往往忽略了代码的语义和逻辑层面的复杂性。然而，现代软件中的 Bug 和安全漏洞不仅与代码的结构和语法相关，更直接关联到软件的逻辑和代码的语义。这些隐蔽的问题通常不容易在早期测试阶段被发现，但一旦触发，将对系统的稳定性和安全性构成重大威胁。

大模型的出现为研发团队提供了深入理解代码语义的新工具。大模型具备出色的自然语言理解能力和对非结构化数据的解析能力，能够分析代码中的复杂逻辑和语义，通过将大模型技术与传统的静态分析技术相结合，我们可以在静态测试过程中准确理解软件逻辑，提升发现深层次问题的能力。这种结合不仅增强了漏洞检测的效率，还提高了检测的全面性和准确性。

2022 年，来自上海交通大学和蜚语科技的研究团队发表了一篇名为"Goshawk: Hunting Memory Corruptions via Structure-Aware and Object-Centric Memory Operation Synopsis"的论文。该论文探讨了如何利用人工智能技术识别与内存操作语义相关的函数，从而加强静态分析工具在检测内存操作逻辑漏洞方面的能力。

现代 C/C++ 软件的开发日益依赖于自定义内存管理函数，特别是在汽车、半导体等嵌入式研发领域。这些自定义函数负责分配和释放内存，但其自定义行为可能与标准的 malloc 和 free 函数不同，例如可能涉及多对象分配或嵌套分配等复杂操作。这对传统的静态分析技术提出了挑战，因它通常只关注标准的内存管理函数，并假设分配和释放操作总是成对出现。

针对这一问题，这篇论文通过结合传统程序分析技术与人工智能技术设计并实现了一款名为 Goshawk 的内存漏洞检测工具。Goshawk 的目标是解决自定义内存管理函数带来的分析困难问题。

如图 8-5 所示，Goshawk 的工作流程包括以下步骤：

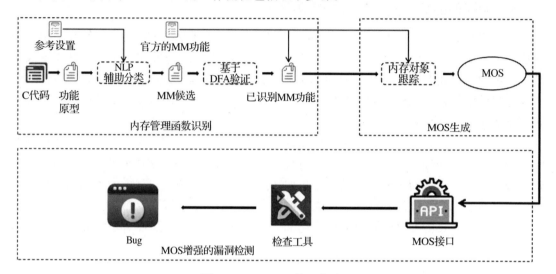

图 8-5　Goshawk 的工作流程

1）内存管理函数识别。首先，Goshawk 使用自然语言技术扫描分析源代码，从函数原型中提取语义特征并对函数进行分类打标。然后，对每个被分类为内存管理函数的候选函数进行深入的数据流分析，以验证它们是否确实执行内存分配或释放操作。

2）MOS 生成。对于每个识别出的内存管理函数，Goshawk 利用数据流分析技术跟踪其管理的内存对象，并根据 MOS 定义生成相应的 MOS 表示。MOS 包括函数名、属性（如分配或释放）、管理的内存对象列表以及对象间的结构关系。

3）MOS 增强的漏洞检测。Goshawk 利用 MOS 信息优化数据流分析，并以对象为中心的结构感知方式检测内存破坏漏洞。当分析到内存管理函数时，Goshawk 直接使用 MOS 信息更新内存对象的状态，从而避免冗余分析函数内部代码。

通过创造性地融合传统程序分析技术与人工智能技术，Goshawk 在最终的实验中表现出色。在测试的 7 个开源项目中，Goshawk 成功分析了超过 27.3 万行代码，并发现了 92 个全新的内存破坏漏洞，包括使用后释放和双重释放漏洞。相比于传统漏洞检测工具，Goshawk 的分析速度提高了几个数量级，并且生成的漏洞报告更为简洁明了，帮助开发者更容易理解和确认漏洞。

这篇论文将自然语言处理技术与传统静态分析技术相结合，实现了对自定义内存管理函数和内存破坏漏洞的自动识别与精确检测，有效弥补了传统程序分析技术在处理复杂逻辑漏洞时的不足。该研究为软件静态测试领域提供了一种创新的解决方案和新思路，通过融合自然语言处理技术与静态分析技术，显著提升了分析流程的效率和准确性，展示了大模型技术在软件测试与安全领域中的广泛应用前景。

2. 智能误报消除

在静态测试领域，误报率过高一直是困扰研发人员的一大痛点。传统的静态分析工具依赖于预定义的规则和模式匹配，这使得它们在面对复杂或动态的代码结构时容易产生误报。此外，缺乏运行时信息使得静态分析无法准确判断代码在实际执行时的行为，进一步增加了误报的可能性。高级代码特性如多态性、反射机制和动态类型等，也让静态分析工具难以全面理解代码的真实意图和上下文。规则集的维护和更新难度较大，更使得工具在应对新技术和新语言特性时常常力不从心。然而，随着大模型技术的兴起，这一局面有望迎来新的突破。大模型通过深度学习和自然语言处理技术，可以更好地理解分析工具的结果，识别误报，从而显著降低误报率，提升静态分析工具的准确性和可靠性。

2023 年，来自韩国的研究团队于发表了名为"False Alarm Reduction Method for Weakness Static Analysis Using BERT Model"的学术论文，该论文提出了一种基于 BERT 模型和决策树模型的缺陷分析误报减少方法，如图 8-6 所示。

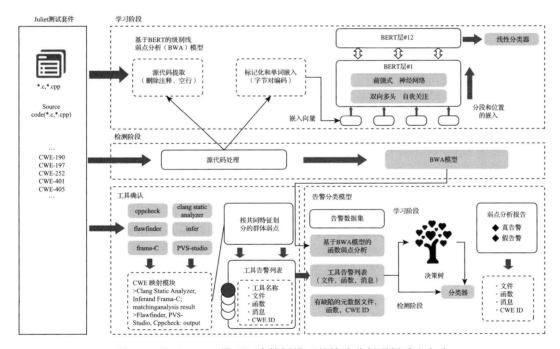

图 8-6　基于 BERT 模型和决策树模型的缺陷分析误报减少方法

论文作者所构建的系统会首先对源代码进行预处理，包括清理无用注释、空行等信息，并对缺陷标记进行规范化处理。然后，使用 BPE 算法将源代码分解成更小的单位，例如单词、标点符号等，并将每个词转换为向量表示，同时添加位置信息，以便模型理解代码的结构和语义。预处理后的数据用于训练 BERT 模型和决策树模型，其中 BERT 模型用于逐行分析代码，识别潜在的缺陷，并利用注意力机制计算缺陷代码行与其他代码行的关联度得分；决策树模型则用于对静态分析工具的输出结果进行分类，判断每个告警是否为误报。最后，将训练好的模型应用于新的代码，识别潜在的缺陷，并利用决策树模型对静态分析工具的输出结果进行重新分类，从而减少误报率，提高缺陷分析的效率和准确性。

论文作者选择了 6 种常见的静态分析工具，即 Cppcheck、Clang Static Analyzer、Flawfinder、Infer、Frama-C 和 PVS-Studio 来测试这套框架的有效性，这些测试工具分别基于不同的静态分析技术实现，例如词法分析、类型推断、数据流分析、符号执行、定理证明和模型检查。通过整合这些工具的输出结果，可以更全面地分析源代码中的缺陷，并提高缺陷分析的准确率。同时，论文使用 NIST Juliet 测试套件 C/C++ 1.3 版本作为测试数据集，该测试套件包含大量已知的缺陷代码和正常代码，能够有效评估模型的性能。在实验过程中，论文作者首先使用选定的静态分析工具对测试数据集进行缺陷分析，并对每个工具的输出结果进行 CWE 映射和分组，然后使用 BWA 模型对测试数据集中的每行代码进行分析，并利用 ACM 模型对分析结果进行分类，最后计算误报率等指标，评估模型的性能。

实验结果表明，论文提出的方法能够有效减少缺陷分析误报，并提高缺陷分析的效率和准确性。BERT 模型在逐行缺陷分析任务中表现出色，具有较高的准确率、精确率和 F1 值，能够有效识别潜在的缺陷代码行，并利用注意力机制分析缺陷代码行与其他代码行的关联关系，从而更准确地判断缺陷的严重程度。决策树模型在告警分类任务中也表现出色，具有较高的准确率、精确率、F1 值和 AUC 值，能够有效识别误报，并将静态分析工具的输出结果进行重新分类，从而减少误报率。与使用单一静态分析工具相比，该方法能够更全面地分析源代码中的缺陷，并提高缺陷分析的准确率。例如，对于 Buffer Over-read（CWE-125）类型的缺陷，使用单一工具的误报率为 79%，而使用该方法后，误报率降低到 7%。对于 Use of Uninitialized Variable（CWE-457）类型的缺陷，误报率从 93% 降低到 11%。该方法的误报减少效果在不同的缺陷类别中有所差异，但总体而言，该方法能够显著降低误报率，并提高缺陷分析的效率和准确性，为软件安全开发提供了重要的技术支持。

8.4 大语言模型在测试场景下的落地难点

本节详细探讨了大模型在动态软件测试和静态软件测试中的应用潜力，展示了其强大的逻辑推理能力、自然语言处理能力、代码生成能力以及如何提升传统软件测试技术的效能和精准度。大模型无疑在软件测试领域具有广阔的应用前景。然而，当我们尝试在真实的软件生产环境中应用大模型时，仍然面临诸多复杂的技术难题和挑战。本节将结合大模型落地的实践经验，深入探讨这些技术难点。

8.4.1　大语言模型的处理窗口瓶颈

当前的大模型在处理文本数据时，普遍存在上下文输入窗口的限制。例如，GPT-4 的上下文输入窗口限制为 3.2 万个 token。虽然某些基座大模型声称能够处理超长上下文，但在面对海量数据时，"大海捞针"的能力和"注意力集中"的效果仍待进一步验证。这导致了在软件测试场景中，大模型分析较长的代码片段或测试数据时，可能会遇到输入窗口不足的问题，导致大模型难以直接处理复杂的测试需求和结果。

一个可行的解决方案是在大模型处理数据前，使用其他分析技术对数据进行分割和结构化，然后通过 RAG 或 Agent 技术将数据分步输入大模型。这种方法能够有效缓解处理窗口的限制，提高对复杂任务的适应能力。例如，将代码按功能模块进行分割，再逐步输入大模型进行分析，有助于提升处理效率和准确性。

8.4.2　模型的幻觉问题

自大模型问世以来，它常常受到"幻觉"问题的困扰。当大模型处理上下文交替频繁、逻辑推导复杂且涉及大量数学运算的问题时，常常会出现答非所问或无法理解问题逻辑的情况。这种现象导致在使用大模型辅助软件测试时，无法完全信任大模型的输出结果。目前，从底层技术上彻底解决这一问题仍有难度。

现阶段的应对方法包括对大模型输出结果进行二次验证、过滤，或者利用 Agent 技术将单一的问答分解成包含多个推理链（例如 CoT）和回忆验证的过程。在资源允许的情况下，也可以使用多个大模型处理同一任务，并对结果进行交叉验证，以此提高准确性。例如，在代码审查过程中，使用多个大模型对同一段代码进行独立分析，并对分析结果进行比对，能够更好地发现潜在的问题。

8.4.3　RAG 与 Agent 的取舍

RAG 和 Agent 技术是大模型在具体任务中应用最为常见的两种形式。RAG 通过结合检索和生成，对需要高质量文本生成的任务，如问答系统和对话生成尤为适用。它通过检索预定义知识库中的相关信息，并与输入信息结合，生成最终输出，从而增加上下文理解能力，减少生成不准确或不合理内容的概率。

相比之下，Agent 技术则通过自主智能代理执行特定任务。这些代理能够感知环境（例如应用状态、用户输入等），根据预定义规则或学到的策略进行决策并执行相应操作，同时通过反馈机制不断调整策略和行为，适应不同的测试环境和需求，进而实现复杂任务的自动化。

在软件测试领域，由于任务种类繁多，原理和需求各异，灵活地选择 RAG 或 Agent 技术显得尤为重要。例如，在处理步骤较少但对结果准确性要求极高的任务时，RAG 技术显得更加合适；而在需要执行多步骤、上下文切换频繁的系统性任务时，使用 Agent 技术的效果更佳。比如，在自动化回归测试中，Agent 技术能够灵活应对变化的测试环境，提升测试覆盖率和效率。

8.4.4 基座模型的选择

大模型技术高速发展，不同参数量、不同预训练任务的基座模型层出不穷。从 10 亿到 2000 亿参数量的模型在面对不同任务时，其推理效果和效率各有不同。在软件测试任务中，选择最合适的模型，尽量以较低算力成本实现最佳效果显得尤为重要。例如，对于复杂系统的集成测试，选择较大参数量的大模型可能会获得更好的推理效果，而对于简单的单元测试，可以选择较小参数量的模型以节省算力。

此外，部分企业由于数据安全管理机制严格，不允许将核心数据（如代码）发送至云端处理。在这种情况下，需要考虑大模型在本地落地的可行性，平衡算力与成本的同时确保数据安全。例如，部署本地化的精简版大模型，并结合企业自身的数据安全策略，从而更好地保证数据隐私和安全。

8.4.5 大语言模型微调的必要性

对大模型进行微调是显著提升其在特定推理任务中表现的有效方法。实验表明，微调后的大模型在代码解释、程序修复等任务中的表现明显提升。然而，随着基座模型的发展，其参数量和训练语料库的规模迅速增长，高达 1000 亿参数量的模型使得微调成本显著增加。此外，这些基座模型在预训练过程中已涵盖大多数常见语料，包括代码和软件测试相关数据，微调带来的提升效果可能逐渐边际递减。

因此，针对基座模型进行微调的必要性和成本效益需要综合权衡，做到因地制宜。例如，在处理常见的代码审查任务时，可以选择不进行微调，直接利用大模型的预训练能力；但在需要处理特定领域的测试任务时，适当的微调能够显著提升性能。

8.4.6 模型的可解释性与透明性

大模型推理过程的可解释性和透明性至今尚未完全解决。在软件测试场景中，应用大模型技术通常涉及多个部门的协作，不同用户（如测试人员）需要理解并信任模型输出的结果。这对大模型推理过程的可解释性、可预测性和透明性提出了更高要求。在实际应用中，如何使相关人员理解并信任模型的输出，是一个极具挑战性的问题。

解决这一问题的方法包括引入可解释性技术，如 SHAP（Shapley Additive Explanation，Shaplely 加性解释）或 LIME（Local Interpretable Model-agnostic Explanation，局部可解释模型无关解释），以便分析和展示大模型的决策依据。同时，增加透明性报告，详细记录大模型的训练过程、数据来源及应用场景，使用户能够对模型的性能和局限性有清晰的了解。

8.4.7 大语言模型在测试场景中的性能评估

在具体的生产场景中落地新技术时，大部分企业和团队希望能够在实际应用前对技术方案的成本和效益进行详细评估。大模型作为软件测试领域的新技术，其技术内核和使用方式与传统技术截然不同。如何针对大模型进行准确、有效的性能评估，成为亟待解决的重要问题。

基于此，企业需要建立一套综合的评估框架，涵盖准确性、效率、鲁棒性等多个维度。针对不同测试任务，制定适当的评估指标和方法。例如，在功能测试中，可以通过对比自动化测试工具的检测率和误报率来评估大模型的性能；而在性能测试中，可以通过分析大模型对不同负载下的响应时间来衡量其效率。

8.4.8　大语言模型的维护与更新

大模型技术的落地与工具化意味着其将成为软件测试团队日常工具链的重要组成部分。在日常使用中，如何持续维护大模型的可用性，以及随着使用深入，如何持续迭代大模型方案以提升其效果，是当前亟待探索的课题。

此外，随着算力和技术的进步，过去使用的基座模型需要进行更新换代。如何平稳切换至新的基座模型，尤其是将旧模型积累的优化经验同步到新模型，仍然是一个复杂的问题。因此，需要制定系统化的维护与更新策略，确保模型在升级过程中性能和稳定性不受影响，同时有效应对模型老化与数据漂移问题。例如，定期进行模型验证和回归测试，监控模型性能变化，及时调整和优化模型参数，确保大模型在实际应用中的高效、可靠运行。

8.5　基于静态分析和 RAG 的漏洞自动化修复方案

在软件开发过程中，安全漏洞始终是一个普遍存在并需要高度关注的问题。随着软件系统的复杂性不断增加，漏洞的数量和种类也随之增长，这给开发者和企业带来了巨大的挑战。传统的手动修复漏洞方法不仅耗时耗力，而且对开发者的安全知识和经验提出了很高的要求，同时还需要投入大量的时间和精力。这种方法在执行过程中容易出错，可能导致新的漏洞出现，甚至影响原有功能的正常运作。

手动修复漏洞成本较高，除了人力成本，还包括修复过程中所需的时间和资源消耗。对于大型软件项目而言，漏洞修复的成本尤为巨大，常常成为开发和维护过程中的重大负担。

为了应对手动修复漏洞的局限性和高昂成本，大模型技术提供了一个创新且高效的解决方案。利用大模型技术，我们能够实现漏洞的自动化修复。大模型技术在自然语言处理和代码生成方面具有显著优势，能够自动识别并修复各种类型的安全漏洞。具体而言，大模型技术在漏洞自动化修复中的应用优势主要体现在以下几个方面：

首先，大模型技术可以大幅度提高漏洞修复的效率。传统的手动修复方法往往需要反复的代码审查和测试，而大模型技术可以通过其强大的分析能力，迅速定位并修复漏洞。这样可以显著减少开发者在漏洞修复过程中的工作量，使得修复过程更加高效。

其次，使用大模型技术可以降低漏洞修复的成本。自动化修复减少了对人力资源的依赖，并缩短了修复所需的时间。此外，大模型可以在短时间内处理大量的代码和漏洞，大幅度降低了时间和资源的成本，提高了整体生产效率。

最后，大模型技术可以减少修复过程中可能出现的错误。由于其在数据处理和模式识别方面的优势，大模型能够避免许多人为修复过程中可能出现的疏漏和错误，确保漏洞修复的准确性和可靠性，提高了软件的整体安全性。

下面以蜚语科技的静态分析工具 Corax 为例，介绍如何实现一套能够满足生产要求的自动化漏洞修复方案，如图 8-7 所示。

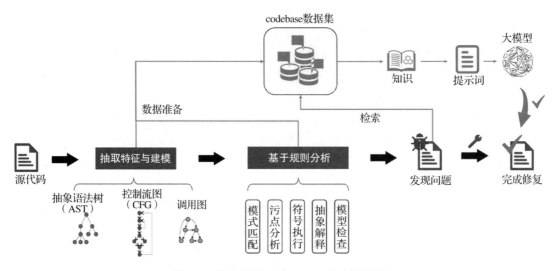

图 8-7　静态分析工具 Corax 的工作流程

图 8-7 展示了 Corax 系统实现自动化漏洞修复的系统架构及其工作流程，具体的工作流程分为三个主要步骤，分别是漏洞定位、生成 LLM Prompt、处理模型输出。

（1）漏洞定位

首先，依托于 Corax 强大的漏洞扫描能力，对源代码进行静态分析，自动识别代码中的安全漏洞。为了提升大模型在漏洞修复过程中的准确性和可靠性，Corax 不仅执行常规的静态代码分析，还会对源代码进行更为详细的数据建模。在生成漏洞报告时，Corax 会将与每一个漏洞相关的源代码上下文信息存储在数据库中。这些数据包括触发漏洞的代码片段、涉及的函数和变量以及与其相关的配置文件信息等。这样做的目的是在后续进行 prompt 工程时能够调用这些详细的信息，显著降低大模型可能产生的幻觉现象，从而提高漏洞修复的准确性。

（2）生成 LLM Prompt

在用户选择需要自动化修复的漏洞后，Corax 会汇总完成该漏洞修复所需的全部数据。这些数据涵盖详细的漏洞信息、相关代码片段、代码的上下文信息以及安全漏洞知识库中的相关知识。这些数据将作为 RAG 的查询结果，进入到 prompt 工程的下一步。大模型会按照预设的格式将这些数据系统化地组装起来，包括用户的具体需求和问题，随后发送到底层的大模型接口。此步骤的关键在于确保提供给大模型的输入信息足够全面和准确，使其能够生成高质量的修复建议。

（3）处理模型输出

在大模型生成修复建议后，Corax 将继续处理这些输出结果。首先，Corax 会将大模型生成的修复代码转换为自然语言的解释，包括对漏洞成因的分析和修复思路的详细描述。此步骤不仅可以帮助开发者理解漏洞的根本原因和修复方法，还能验证大模型生成的修复代码的正确性。然后，Corax 会将大模型返回的修复代码转换为更加实用的格式，如 code diff 或 git pull/request 等，使得开发者可以更方便地应用这些修复建议。具体来说，code diff 格式能清晰地展示代码的修改部分，便于开发者在代码审查过程中对比和验证；而 git pull/request 格式则可以直接应用到代码版本控制系统中，进一步简化了修复过程。

以上三个步骤构成了 Corax 自动化漏洞修复的核心流程，通过充分利用大模型的自然语言处理和代码生成能力，以及详细的数据建模和 prompt 工程技术，实现了高效、准确的自动化漏洞修复，为开发者提供了强有力的支持。此系统不仅提升了漏洞修复的效率，降低了修复成本，还显著提高了修复过程的准确性和安全性，为现代软件开发和安全保障提供了重要的技术手段。

图 8-8 所示的案例展示了一个针对"参数值未初始化"漏洞的智能修复建议与方案。

图 8-8　参数值未初始化的案例

蜚语科技已在 GitHub 上发布了 Corax 的开源版本（https://github.com/Feysh-Group/corax-community），该版本具备与 Corax 商业版一致的分析能力。感兴趣的读者可基于该版本自行实现漏洞智能化修复方案。

第 9 章

大语言模型在编程场景中的实践

代码大模型是通过大规模代码模型数据和强大的计算能力进行训练，生成能够处理与代码相关任务的人工智能模型。这些模型通常基于以 Transformer 为代表的深度学习架构，通过预训练目标（如语言建模）进行训练。在大量代码数据的训练过程中，模型能够提高代码编写效率和质量，辅助代码理解与决策。

9.1 代码大模型

9.1.1 代码大模型的定义和特点

随着信息技术的飞速发展，软件开发在各个领域的作用日益凸显。代码大模型作为人工智能领域的新兴技术，为软件开发带来了前所未有的机遇和变革。理解代码大模型的定义和特点，对于充分发挥其优势、推动软件开发的智能化进程具有重要意义。

代码大模型基于深度学习技术，通过对大量代码数据的学习和训练，能够理解、生成和优化代码。它不仅仅是对代码语法和结构的简单识别，更能够捕捉代码中的语义信息、逻辑关系和编程模式。例如 Codex、Code Llama、aiXcoder 等代码大模型，它们能够根据给定的自然语言描述生成相应的代码片段，或者对现有的代码进行修改和完善。

代码大模型具有大规模数据驱动、深入理解代码语义、强大的生成能力、自适应和优化能力及跨语言支持等特点。

（1）大规模数据驱动

代码大模型通常需要大量的代码数据进行训练，这些数据的来源广泛，包括开源项目、代码库、软件开发平台等。通过对海量代码的学习，模型能够掌握各种编程语言的语法规则、编程风格和常见的代码结构。例如，GitHub 上的大量开源代码为模型提供了丰富的学习素材，使得模型能够学习到不同领域和应用场景下的代码编写方式。

（2）深入理解代码语义

与传统的代码分析工具不同，代码大模型能够深入理解代码的语义。它可以识别代码中的变量、函数、类等元素之间的关系，理解代码的功能和意图。比如，当模型分析一段计算两个数之和的代码时，它能够理解其中的数学运算逻辑和变量的作用。

（3）强大的生成能力

代码大模型能够根据给定的需求或提示生成新的代码。这种生成能力不仅包括简单的函数和模块，还包括复杂的系统架构和完整的应用程序。例如，用户只需描述一个软件的功能需求，模型就能生成相应的代码框架和核心代码逻辑。

（4）自适应和优化能力

代码大模型能够根据不同的编程任务和上下文，自适应调整生成的代码，从而提升代码的质量和效率。它还可以对生成的代码进行优化，如优化算法、提高代码的可读性和可维护性。例如，在处理性能关键的代码段时，模型能够自动选择更高效的算法和数据结构。

（5）跨语言支持

许多代码大模型具备跨多种编程语言的理解和生成能力，能够在不同语言之间转换和迁移代码。例如，一个能够同时处理 Python、Java 和 C++ 代码的模型，可以帮助开发者在不同语言项目之间进行代码复用和整合。

如图 9-1 所示，2023 年《开发者调查报告》数据显示，44% 的开发者已在开发过程中使用 AI 工具，77% 的受访者赞成将 AI 工具作为开发工作流程的一部分。

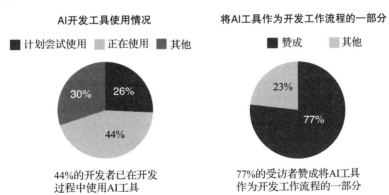

图 9-1　使用 AI 工具的数据

在提高开发效率方面，开发者可以通过与代码大模型的交互，快速获得代码示例、解决方案和代码片段，大大减少开发时间和工作量。在降低开发门槛方面，对于初学者和非专业开发者，代码大模型可以提供辅助和指导，帮助他们更容易地进入软件开发领域。在创新推动方面，代码大模型能够激发新的编程思路和创新解决方案，为软件开发带来新的可能性。

9.1.2 常见的代码大模型

本节重点介绍 Codex、AlphaCode、StarCoder 2、Code Llama、DeepSeek Coder、aiXcoder 六个代码大模型，这六个代码大模型是目前开发者选择最多、应用范围最广、应用最为深入的代码大模型。

1. Codex

2021 年 8 月，OpenAI 发布了一款名为 Codex 的机器学习软件。该软件能够将英语翻译为代码，旨在减轻专业程序员的工作量，并帮助业余爱好者进行编码。

Codex 是一款基于人工智能的代码生成工具，能够根据开发者的需求自动生成相应的代码片段。通过大量代码库的训练，Codex 已具备编写多种编程语言代码的能力，包括 Python、Java、C++ 等。在开发过程中，Codex 显著提高了代码编写效率，减少了错误，使开发者能更专注于业务逻辑的实现。

Codex 具备代码补全能力，能够根据已输入的代码片段预测后续的代码，从而帮助开发者快速完成代码编写。这一功能对于初学者来说尤为实用，可以在编写代码时获得及时的提示和引导。除代码补全外，Codex 还能根据开发者的描述生成完整的代码片段。例如，你只需告诉 Codex 要实现一个排序算法，它就会为你生成相应的代码。这在快速原型开发或解决特定问题时非常有用。Codex 还能对已有的代码进行优化，提高代码的运行效率。它会分析代码的结构和性能瓶颈，给出相应的优化建议。

许多应用都基于 Codex，例如 Copilot、Pygma 和 Replit 等代码助手。Copilot 能根据指令生成代码，将注释转换为代码，生成测试并提供备选方案。Pygma 使用 Codex 将 Figma 设计转换为高质量代码。Replit 使用 Codex 描述选定代码段的功能，便于理解其作用。

2. AlphaCode

2022 年，著名的编程竞赛网站 Codeforces 发布了一篇名为"AlphaCode (DeepMind) Solves Programming Problems on CodeForce"的文章，将 AlphaCode 带入人们的视野，更让 DeepMind 再次霸榜各大媒体的头条，这也是 DeepMind 在 2015 年成功推出阿尔法狗 (AlphaGo)，击败人类最强围棋选手之后，再次推出改变世界的重磅产品。

继开发了围棋机器人 AlphaGo 和人工智能预测蛋白折叠系统 AlphaFold 之后，谷歌旗下的 AI 公司 DeepMind 又创建了重磅编程机器人系统 AlphaCode，并且编程水平已经达到人类程序员的平均水平。DeepMind 表示，AlphaCode 编写计算机程序的能力已经达到非常具有竞争力的水平。在与人类程序员的比赛中，AlphaCode 的排名可以达到中等水平，跻身前 54%，标志着人类向自主编码迈出重要一步。

DeepMind 官网介绍，AlphaCode 是由谷歌英国 AI 部门开发的一款人工智能工具，该工具能够参加各大编程竞赛,并具备解决新问题的能力,涉及批判性思维、逻辑、算法、编码及自然语言理解。在正式发布之前,DeepMind 已在编程竞赛中测试了 AlphaCode 的表现。Codeforces 每周举办一到两次算法竞赛,并设有独特的天梯排名系统。AlphaCode 参与了 10 场 Codeforces 编程竞赛后,表现优异,最终排名超过 54.3% 的参赛人类程序员,Elo 评分达到 1238。

3. StarCoder 2

StarCoder 2 模型基于 Transformer 架构,旨在处理自然语言和生成多种编程语言的源代码。该系列模型包括三个版本,参数规模分别为 30 亿、10 亿和 150 亿,均基于 Stack v2 数据集训练。Stack v2 数据集的规模是 Stack v1 数据集的 7 倍,包含来自 GitHub、Stack Overflow、Codeforces 等平台的大量代码、问题、答案、讨论和数学公式,涵盖 619 种编程语言,覆盖从低资源语言(如 COBOL)到高资源语言(如 Python)的广泛范围。

StarCoder 2 模型经过多种编程语言的训练,能够执行源代码生成、工作流生成和文本摘要等专业任务,帮助开发人员提升工作效率。例如,开发人员输入自然语言需求,模型便能生成相应的代码片段。此外,模型还可以根据用户反馈进行自我学习与优化,从而提高生成代码的质量与可读性。

与上一代 StarCoder 模型相比,StarCoder 2 模型在性能上进行了优化,其 30 亿参数量的表现已接近原 150 亿参数量的 StarCoder 模型。这是由于 StarCoder 2 模型采用了一种名为 CodeBERTa 的新训练技术,该技术能够在不增加参数的情况下提升模型的泛化能力和对编程语言的理解能力。CodeBERTa 技术通过结合对比学习模型和掩码语言模型,利用大量未标注的代码数据,成功实现了对代码的预训练和微调。StarCoder 2 模型还具有透明性和成本效益优势,该系列模型采用 BigCode Open RAIL-M 许可证,用户无须支付版税即可访问和使用。

4. Code Llama

Meta 开源的 Llama 模型家族迎来了一位新成员,即专注于代码生成的基础模型 Code Llama。Code Llama 的发布解决了 Llama 2 唯一的编程短板,它旨在提升代码补全能力及处理编程任务。该模型从 Llama 2 基础模型微调而来,分为三个版本:基础版、Python 版以及指令遵循版。每个版本提供三种参数规模:70 亿、130 亿和 340 亿。值得注意的是,70 亿参数量的模型可以在单个 GPU 上运行。此外,在多个代码基准测试中,Code Llama 在开放模型中取得了最先进的性能,在 HumanEval 和 MBPP 上的得分分别为 53% 和 55%。Code Llama 的性能与 GPT-3.5 相当,340 亿参数量的模型在 HumanEval 基准测试中的表现已接近 GPT-4。

5. DeepSeek Coder

DeepSeek Coder 是一个开源代码大模型,旨在提供强大的代码生成、代码补全和数学推理能力。它的训练数据集主要来源于 GitHub,覆盖 87 种编程语言,并经过严格的数据处理流程，包括过滤与筛选，以确保数据的高质量。模型在预训练阶段采用了多种并行策略来优化计算效率，包括张量并行、ZeRO 数据并行和流水线并行。此外，模型还经过了指令调优，以增强其处理长上下文的能力。

在国际权威数据集 HumanEval 上的多语言编程测试中，DeepSeek Coder 在各个语言上的表现均领先于现有的开源模型。与 Code Llama 相比，DeepSeek Coder 在代码生成任务上的表现分别领先 9.3%、10.8% 和 5.9%。特别是其 70 亿参数量的代码能力达到了 Code Llama 的 340 亿参数量的代码能力。此外，经过指令调优后的 DeepSeek Coder 模型甚至超越了 GPT3.5-Turbo，展现了极强的数学和推理能力。

DeepSeek Coder 的技术特点包括首次构建仓库级代码数据，并使用拓扑排序解析文件之间的依赖关系，显著增强了长距离跨文件的理解能力。此外，通过增加 Fill-In-Middle 方法，大幅提升了代码补全的能力。这些技术使得 DeepSeek Coder 在代码生成、跨文件代码补全以及编写程序解数学题等多个任务上均超过了开源标杆 Code Llama 3。

6. aiXcoder

aiXcoder 是一款基于深度学习代码生成技术的智能编程机器人，由硅心科技开发，旨在提高程序员的编程效率。该产品通过自动预测程序员的编程意图，连续推荐"即将书写的下一段代码"，使程序员能够通过"一键补全"的方式直接确认接下来输入的代码，从而大大提升代码的编写效率。aiXcoder 能够在程序编程的过程中，智能地搜索并推荐与当前程序功能相似的规范程序代码，为程序员提供有力的编程参考。

aiXcoder 项目研发团队源自高可信软件技术教育部重点实验室（北京大学），是国内首款基于深度学习代码生成技术的智能编程机器人。截至 2022 年 3 月 22 日，aiXcoder 社区版的开发者用户已覆盖 130 多个国家和地区，为超过 30 万个国际开发者提供智能编程服务。此外，aiXcoder 已推出 Android、JFinal、TensorFlow 等多个版本，为不同领域的编程者提供帮助。

9.2 代码的下游任务

根据软件工程的定义，依据代码的输入输出模式对代码的下游任务进行分类，分为文本到代码、代码到代码、代码到文本、代码到模式以及文本到文本 5 种方式。大语言模型在编程场景中的应用也从简单功能逐步扩展至深层次领域功能，如从文本到文本的转换逐步推进至跨文件的代码补全。从实践来看，一些深层次领域功能的探索通常是将代码的下游任务进行组合，最终形成更贴合业务需求的场景，如图 9-2 所示。

9.2.1 文本到代码任务

文本到代码任务是将文本作为输入，并输出代码，通常包括代码检索、代码生成和数字编程等场景。

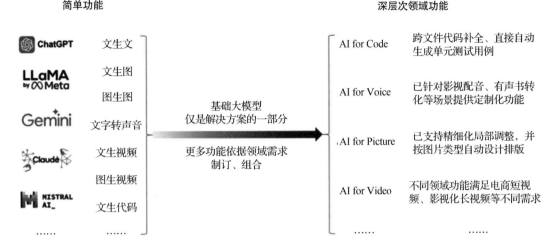

图 9-2　代码处理工具的使用场景

（1）代码检索

代码检索旨在根据自然语言检索相关代码，或从未加注释的语料库中挖掘平行文本 – 代码对。这项任务通常是通过计算查询和候选代码嵌入之间的相似度来完成的，而双向语言模型（如 BERT）产生的上下文嵌入已被证明非常有用。

（2）代码生成

代码生成旨在根据自然语言描述生成代码，通常是函数或方法。这项任务可以看作使用生成模型而不是检索模型进行代码检索的升级版。统计机器翻译（SMT）和神经机器翻译（NMT）模型已被广泛应用于这项任务，它们通常带有利用编程语言的独特语法规则的增强解码器。然而，基于 Transformer 架构的预训练语言模型改变了这种情况，即使没有特定任务的微调，也能以自回归语言建模的方式直接生成源代码。

文本到 SQL 是代码生成的一种特殊情况，这种方式更为简单，模型从自然语言查询生成 SQL 命令，与 Python 和 C 等通用语言相比，SQL 具备结构化的特性，因此文本到 SQL 的代码生成方式在数据管理中被广泛应用。

（3）数字编程

数字编程也是代码生成的一种特殊情况，即要求语言模型通过生成将由外部解释器执行的代码来解决数学推理问题。这项任务将推理过程从数值计算中抽象出来，因此在选择大语言模型时或在实践过程中需要重点考虑。

9.2.2　代码到代码任务

代码到代码任务是将代码作为输入，并输出代码，通常包括代码搜索、代码补全、代码翻译、代码修复、代码填充等场景。

（1）代码搜索

代码搜索是一项与代码检索类似的任务，与后者的区别仅在于输入的是现有的代码片段，通常使用的编程语言与目标语言不同。

（2）代码补全

代码补全旨在根据代码前缀补全一段代码。这本质上是将语言建模应用于代码，相关技术如 N-gram、RNN 和 Transformer 等已逐步被引入。不过，由于编程语言的结构化特性，许多早期研究发现语法辅助的统计模型表现更好，而神经模型在 2018 年之后才成为主流。

（3）代码翻译

代码翻译的目的是将一段代码（通常是函数或方法）翻译成另一种编程语言。代码翻译与跨语言代码搜索之间的关系类似于代码生成与文本到代码检索之间的关系，SMT/MNT 模型也被广泛应用于这项任务。代码生成可以帮助程序员编写代码片段，而代码翻译则不同，它是迁移用过时语言编写的旧项目的重要技术。然而，我们尚未看到此类应用，因为面对此类项目，即使是最强大的语言模型的上下文窗口也相当有限。

（4）代码修复

代码修复又称错误修复，旨在修复一段有错误的代码。与代码翻译一样，它也是一项传统的代码到代码之间的任务，比较典型的有 Cloze 测试。Cloze 测试是在 BERT 式预训练兴起之后，提出的一项代码处理任务。由于编程语言语义的特殊性，该测试通常会选择几个关键词，如 min 和 max。

（5）代码填充

代码填充是继中间填充预训练流行之后提出的另一项任务，它是代码补全的一个场景，不仅给出左侧上下文，还给出右侧上下文。不过，它与 Cloze 测试的不同之处在于，Cloze 测试的目标只有一个标记，而代码填充的目标可以是整行甚至多行，这就需要解码器自动生成。

（6）单元测试生成

单元测试生成的目的是为给定程序生成单元测试。在 Codex 和其他代码大语言模型兴起之前，这一领域的几乎所有工作都采用非神经方法。然而，在大语言模型时代，这项任务变得越来越重要。研究表明，目前用于评估大语言模型程序生成能力的单元测试可能并不充分。

（7）断言生成

断言生成是一项与单元测试密切相关的任务。给定一个程序和一组单元测试，这项任务的目的是生成断言（也称为软件工程中的谕令），以便使用单元测试来评估程序。这项任务通常不为 NLP 界所关注，因为用于评估 LLM 的程序生成任务通常涉及独立的竞争式方法，对于这种方法，只需断言程序输出与预期答案相同即可。

（8）突变生成

突变生成的目的是为突变测试生成给定程序的突变体，与单元测试生成和断言生成密切相关。特定单元测试和断言集未检测到的突变表示需要额外的测试用例或更好的断言。屏蔽源代码中的标记并从屏蔽语言模型的输出中采样已成为这项任务的常用方法。

（9）模糊测试

模糊测试旨在对给定的单元测试集进行突变，以生成新的测试用例，是与软件测试相关的另一项任务。虽然许多模糊处理工作都以深度学习库为目标，但很少有人利用语言模型来执行这一过程。

（10）类型预测

类型预测旨在预测 Python 和 JavaScript 等动态编程语言的类型。它已被用作代码大语言模型的预训练目标，通常被简化为二进制标记任务，以预测代码中哪些标记符是标识符。

9.2.3 代码到文本任务

代码到文本任务是将代码作为输入，并输出文本，通常包括代码摘要、代码审查、标识符预测等场景。

（1）代码摘要

代码摘要，也称为文档字符串生成，旨在为给定代码（通常是函数或方法）生成自然语言描述。这与代码生成恰恰相反，SMT/NMT 技术也同样得到了应用。

（2）代码审查

代码审查旨在实现同行代码审查过程的自动化，其形式多种多样。许多早期的研究将其表述为在提交时接受或拒绝修改的二进制分类任务，而另一些研究则利用信息检索技术从现有的评论库中推荐评论。不过，随着生成模型的能力越来越强，研究人员也研究了将直接生成评论意见作为序列到序列的学习任务。

（3）标识符预测

标识符预测是预测代码中标识符名称的任务。由于这些名称被认为包含重要的语义信息，这项任务已被用于代码总结以及代码模型的预训练。

9.2.4 代码到模式任务

代码到模式任务是对代码进行分类，通常包括克隆检测、代码推理等场景。

（1）克隆检测

克隆检测可预测两段代码是否相互克隆。在软件工程中，存在 4 种类型的代码克隆，其中最难识别的类型是语义克隆，即语法不同但功能相同的代码。由于这项任务可被视为双句分类任务，BERT 风格的语言模型已被广泛应用于其中。

（2）代码推理

代码推理是最近引入的一项代码下游任务，这项任务要求模型对代码或算法进行推理，并回答以多项选择形式提出的相关问题，问题范围可能包括概念理解、数值计算和复杂性分析。

9.2.5 文本到文本任务

文本到文本任务是将文本作为输入，并输出文本，通常包括文档翻译、日志解析等场景。

（1）文档翻译

文档翻译是对代码相关文档的自动翻译。由于机器翻译的模型、数据集和提示策略在NLP中非常丰富，因此文档翻译的技术实现并不复杂。

（2）日志解析

日志解析旨在分析软件产品产生的系统日志，例如将日志解析为结构化模板或从原始日志中发现异常。

9.3 代码生成和补全

9.3.1 代码生成和补全技术的发展历史

代码编程辅助技术已经拥有超过40年的历史，它的发展经历了从语法高亮，在集成开发环境（IDE）中集成，到代码分析和规范性检测等阶段。其中，IDE这类工具成为近20年的标志性工具，它通过自动代码补全、代码高亮、语法错误提示、代码片段等功能，显著提升了开发效率与质量，同时为开发人员带来了更优质的编程体验。

大语言模型技术在通用行业取得了令人瞩目的突破和成功，尤其在自然语言处理任务中表现出色。大语言模型通常具备一定的"编程"能力，但由于其训练数据更多属于通用的自然语言文本，而编程语言更加结构化，有明确的语法规则，语义也更加直接和明确，因此对于代码理解和生成这一特定领域来说，它们的表现可能会受到一定限制，这种特性和通用大模型存在一定的区别。

为更好地满足开发者在代码相关任务中的需求，大语言模型通过在大规模代码库上进行训练，学习代码片段、编程模式及编码规范，从而更好地理解代码结构与逻辑，并生成符合语法和语义要求的代码。

在实际中，如何有效地提高软件开发的效率和质量，一直是软件工程领域关心的问题。其中，代码生成和补全技术被认为是提高软件开发自动化程度和确保质量的重要方法，受到学术界和工业界的广泛关注。代码生成和补全技术是指利用某些技术自动地为软件生成源代码，达到根据用户的需求自动编程的目的，以极大地减轻开发者的开发负担，使得开发者可以更加关注于业务价值赋能。

在学术界，代码生成和补全是程序综合的重要分支，其目的在于辅助甚至代替程序员编写代码。前端代码的自动生成分为视图代码和逻辑代码两种方式，常见的视图代码的生成方案有基于设计稿自动生成，如imgcook，常见的逻辑代码的生成方案包含基于可视化编排生成、基于输入输出样例生成、基于代码语料生成、基于功能描述生成等。

9.3.2　常见的代码生成和补全技术

代码生成和补全技术属于程序自动化技术，也是现代集成开发环境的重要组成部分。代码补全极大地提高了程序开发的效率，并且减少了编码过程中的拼写错误。代码生成和补全技术通常帮助程序员预测代码的类名、方法名、关键字等。下一个 Token 的预测是代码生成和补全过程中最常见的形式，也是目前主流 IDE 所采用的生成与补全方式。在常用的 IDE 中，推荐的 Token 往往按字母排序，增加了程序员对候选 Token 的选择时间，用户体验往往不够好。

传统的代码生成和补全方式主要分为两种，一种是利用静态类型信息结合各种启发式规则来决定要预测的 Token，例如方法名、参数等。这种方法通常很少考虑代码的前文语义信息，例如主流的代码补全系统 Eclipse 利用静态的类别信息为用户推荐 Java 方法，推荐的方法名通常按照字母序排列。另一种方法是利用代码样例和前文语义来补全。2009 年，Bruch 等人在论文"Learning from Examples to Improve Code Completion Systems"中，描述了利用 kNN（k-Nearest Neighbor，k 最近邻）算法对当前的补全语义与之前的代码样例进行匹配，从而提高代码补全的准确率。利用前文语义帮助代码补全的技术通常利用特殊类别的上下文信息（例如调用的 API 集合）来辅助代码补全。2010 年，Huo 等人在论文"Towards a better code completion system by API grouping，filtering，and popularity-based ranking"中提出了名为 BCC 的代码补全技术，该技术通过对 API 进行排序和筛选来实现 Eclipse 基于类型的代码补全系统。这种方法通常需要人工定义很多启发式规则来规范上下文的语义集合，如果当前补全位置的上下文语义与定义的语义集合不匹配，这种方法就会失效。

深度学习方法通过从大规模代码中学习代码 Token 之间的概率分布，来提高 Token 推荐的准确率。对代码 Token 序列进行概率建模，是 Hindle 等人在 2012 年的论文"On the Naturalness of Software"中首次提出的。程序语言从理论上说是由人类写的，具有重复性的语言，因此具有一些可以被预测的统计特征，这些统计特征可以被语言模型所捕捉，这一假说成为利用概率模型乃至深度学习对程序语言进行学习的基石。对下一个 Token 预测最直接的方法就是利用程序的 Token 序列对当前补全位置进行预测，利用深度学习来完成代码补全的流程如图 9-3 所示。该流程主要包括两部分，分别是训练阶段及代码生成和补全阶段。研究者首先从开源代码库或者开源社区获得大量的数据作为深度学习的语料库，为了更好地学习语料库中的代码，研究者通常利用代码解析器对源代码进行处理，例如将源代码转化为 Token 序列或者转化为抽象语法树。之后，研究者选择或设计一个适合自己任务的深度神经网络，并对语料库中的数据进行训练。目前，在代码补全任务中经常用到的深度神经网络是语言模型，例如循环神经网络可以有效地学习程序的序列特征，并且将该特征用于代码补全任务。在代码生成和补全阶段输入部分代码片段，在当前补全位置调用训练好的深度学习模型。

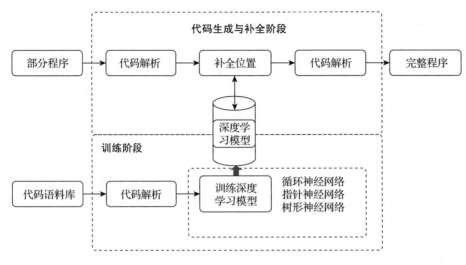

图 9-3 利用深度学习完成代码补全的流程

9.3.3 基于可视化编排进行代码生成和补全

可视化编程并不是一个新兴事物，从最初的可视化插件到现在的低代码、无代码技术运用，都属于可视化编程的范畴。可视化编程是借助一些组件化的集成代码可视化平台，让一些不具备专业代码技能和开发经验的"初级开发者"也能自主组织或参与应用开发，从而把代码开发由一项程序员专属的职能扩充到更广泛的人群。它主要是让程序设计人员利用软件本身所提供的各种控件，像搭积木式地构造应用程序的各种界面。可视化编排更适合界面视图代码的生成。

目前可以实现可视化编程、低代码编程的平台很多，其中典型代表有 OutSystems、Mendix、Salesforce、优锘科技等。同样，相关逻辑代码的可视化方案也有很多，有的通过可视化插件实现，有的通过可视化组件实现，也有的通过低代码技术实现。

除面向业务场景外，一些新兴领域也将可视化编码作为商业模式，如少儿编程等简单逻辑编程领域。对于企业而言，随着市场的变化，业务逻辑和系统架构日益复杂，相关业务人员也需具备一定的逆向编程思维。因此，用图形方式替代编程语言，可提高业务人员在软件交付过程中的参与度。

当前主流的逻辑代码可视化编排方案的优势在于，突出"可视化流程"和复用逻辑节点带来的高效性，核心在于通过拆解复杂的业务流程，将输入输出、逻辑处理等细节包含在每个业务节点的具体表单规则中。图 9-4 展示了一个完整的逻辑编排流程。

其中，节点物料用于定义编辑器中的元件，包含工具箱中的图标、端口以及属性面板中的组件 schema。逻辑编排编辑器为可视化编辑器，根据物料提供的元件信息，编辑生成 JSON 格式的"编排描述数据"。编排描述数据是用户操作编辑器的生成物，供解析引擎消费。前端解析引擎是通过 TypeScript 实现的，直接解析"编排描述数据"并执行，从而实现软件的业务逻辑。后端解析引擎也可以直接解析"编排描述数据"并执行，从而实现软件的业务逻辑。

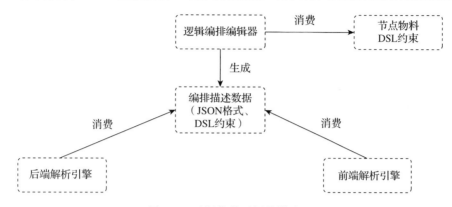

图 9-4　可视化的逻辑编排流程

可视化编排适用于复用逻辑较多的场景，复用的逻辑可抽象为图 9-4 中的"节点"。节点复用的颗粒度至关重要，颗粒度大至一个功能服务，可视为业务流程编排。业务流程复用度较高的场景适合业务方直接通过可视化编排工具进行操作。颗粒度小至表达式级别，可视为业务逻辑编排。过小的颗粒度要求使用者具备编程思维，在这种情况下，具有编程能力的用户可通过直接编写代码获得更高的效率。

9.3.4　基于输入输出样例进行代码生成和补全

基于输入输出样例自动推导生成逻辑程序，称为 PBE（Programming by Examples，通过示例编程）。PBE 是程序合成的一个子领域。在论文" Program Synthesis Using Natural Language"中提出了一种程序生成的技术方案。在实际应用中，存在一种直观且易于实现的程序生成案例，即 Excel 中的自动填表功能。该功能能够根据几个样例快速生成表格项公式。例如，在表 9-1 中，第一列的 2 和 4 可用于填充偶数，第二列的 50 和 40 可自动推导出等差数列公式的结果。

表 9-1　生成表格项公式示意

偶数	每 10 个	文本和编号	偶数	每 10 个	文本和编号
2	50	Week 1	2	50	Week 1
4	40		4	40	Week 2
			6	30	Week 3
			8	20	Week 4
			10	10	Week 5
			12	0	Week 6

（续）

偶数	每 10 个	文本和编号	偶数	每 10 个	文本和编号
			14	−10	Week 7
			16	−20	Week 8
			18	−30	Week 9
			20	−40	Week 10

上述自动填充功能非常简单，下面再举一个较为复杂的案例，表 9-2 所示是名字生成公式示意。

表 9-2 名字生成公式示意

名字	中间名	姓	全名
Mary	Kristy	Helln	Helln，Mary，K
Zhang	San	Yi	Yi，Zhang，S
Joe	L	Bryant	Bryant，Joe，L
Bob	John	Hart	Hart，Bob，J

表 9-2 的公式解析如下：

```
    if(input[1]=="") then concat(input[2], const(","), input[0], const("."))else concat(input[2],
const(","), input[0], const(""), let v=input[1] in substring(v,AbsPos(v,0), RegexPos(v, Uppercase,
", -1))
    Const(", ")
```

在现实中，自动填表功能在复杂公式或场景下的正确率只有不到 50%。PBE 的目标是自动推断计算机程序，利用简单的输入和输出完成某个任务。2017 年，北航提出了一种解决方式——基于深度神经网络（Deep Neural Network，DNN）的神经网络示例编程（NPBE），该模型可以从输入输出的字符串中学习，并能诱导解决字符串处理问题的程序。北航的 NPBE 模型有 4 个基于神经网络的组件：一个字符串编码器、一个输入输出分析器、一个程序生成器和一个符号选择器。同时，NPBE 在电子制表软件系统中通过训练解决一些常见的字符串处理问题。常见的 PBE 技术实现逻辑如图 9-5 所示。

9.3.5 基于代码语料进行代码生成和补全

基于代码语料进行代码生成和补全的前提是具备足够的语料，即我们常称的代码片段。传统的 IDE 插件中已经初步实践了常见的代码片段采集与分析，这是一种较为普遍的代码语料分析方式。随着代码仓库技术的发展，基于仓库中积累的大量代码材料进行分析，最终形成企业的核心资产，将代码价值转化为专有技术与知识产权，成为当前科技输出的新方向。同时，将代码语料与管理手段相结合，将大语言模型技术深入嵌入管理过程，形成领域知识与管理规范，已成为许多企业持续研究的课题，如图 9-6 所示。

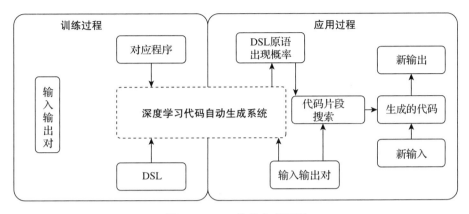

图 9-5 PBE 技术实现逻辑

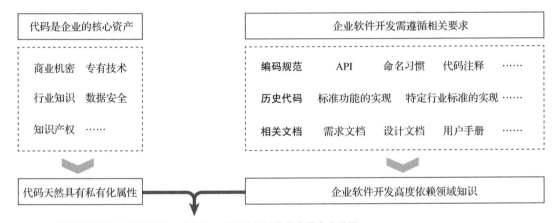

图 9-6 代码领域化的范围

代码语料通常分为两种，分别是固定语料和智能化语料。在固定语料的获取方面，用户会提前设置代码片段，通过监听用户输入的快捷键值搜索出对应的片段并提示用户。这种生成代码的方式简单而快速，但存在扩展能力较差、用户体验不佳等问题，需要开发人员提前了解键值以及对应的代码片段。

智能化语料的获取主要依赖于代码仓库本身的能力以及模型的加持，典型的例子包括 GitHub Copilot 插件和 N-gram 模型。VSCode 插件 Kite Autocomplete 应用了 N-gram 模型，在超过 2500 万个文件上进行训练，能够在代码编写过程中通过代码辅助功能提高效率。它根据用户输入的上下文及当前输入内容预判用户即将输入的内容。同时，它还能够预读整个文件的上下文，结合当前输入进一步推断用户的行为。以代码补全为例，基于 JavaScript 代码语料库，使用 N-gram 概率模型对开发代码进行补全，相关流程如图 9-7 所示。

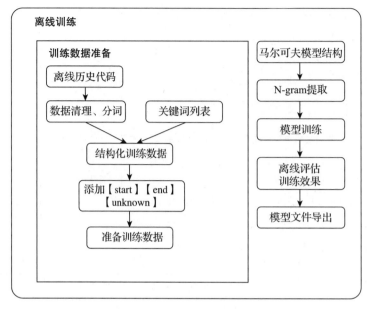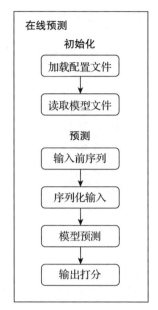

图 9-7　N-gram 概率模型代码补全的流程

与代码补全不同，代码生成（也称为代码意图生成）指通过代码内容推测其功能。业界知名的开源模型和服务包括 code2vec 和 code2seq。其中，code2vec 的优势在于代码功能概要，而 code2seq 的优势在于代码功能说明。

通过图 9-8 对 code2vec 的功能进行简单展示。根据所描述的代码片段，分析结果显示其具有 90.93% 的概率为 contains。除了百分比数值外，code2vec 的分析结果还可通过可视化呈现，使用连线粗细表示决策信息的权重大小，此处不进行展示。

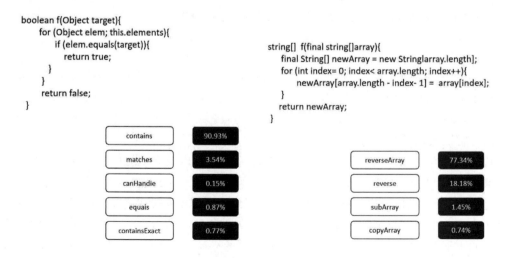

图 9-8　code2vec 的功能示意

论文"code2vec—Learning Distributed Representations of Code"也对 code2vec 进行了研究。如图 9-8 所示，如果单纯从低层级来看，只能看出这段代码与数组赋值有关，但我们知道其语义是进行数组的翻转。因此对于这样的一个代码片段，code2vec 模型会生成右侧所示的结果，预测它最有可能的语义标签为 reverseArray，可见模型的预测是符合其真实语义的。

9.3.6　基于功能描述进行代码生成和补全

我们通常利用自然语言来描述程序功能，从自然语言描述到程序的自动生成是极具挑战的。自然语言文本和程序的多样性、文本的二义性以及代码的复杂结构，使得建立文本和代码的联系成为一个难题。本小节通过 NL2SQL 和 NL2IFTTT 这两个工具描述如何基于功能描述进行代码生成和补全。

1. NL2SQL

NL2SQL（Natural Language to SQL）是对话用户界面（Conversation User Interface，CUI）的前沿研究方向，旨在将用户输入的自然语言转换为可用的 SQL 语句，从而提升用户查询数据的效率。目前，阻碍大数据价值实现的主要难题是数据访问门槛过高，依赖数据库管理员编写复杂的 SQL 语句，且中文表述更加复杂和多样化。国内外对此领域的研究较多，现有的 NL2SQL 领域中较知名的数据集多为英文数据集，如 WikiSQL、Spider、CoSQL 等。NL2SQL 的典型三层架构如图 9-9 所示。

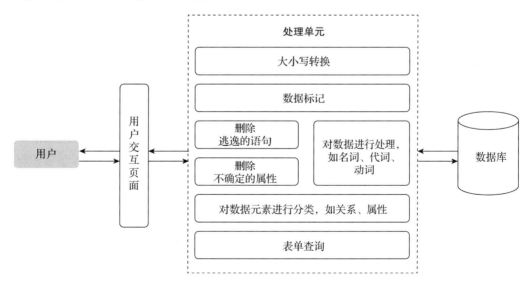

图 9-9　NL2SQL 的典型三层架构

NL2SQL 由用户交互页面、处理单元和数据库三部分组成，其中处理单元是整个架构的核心，负责语义解析，连接用户与系统的交互通道，涵盖智能分词、实体识别、知识检索等关键技术。在自然语言转换为可执行的 SQL 语句的研究方向中，处理单元的内部算法正逐步向深度学习方向发展。

在中文 NL2SQL 大赛中，国防科技大学研究团队提出的 M-SQL 模型在中文数据集上达到 92% 的准确率。此外，M-SQL 模型在单张 2080Ti GPU 上运行一个 Epoch 需要 20 分钟，且该模型只需 3～4 个 Epoch 即可收敛。

与国防科技大学研究团队的 M-SQL 模型不同，Google 的 Analyza 采用语义解析和规则的方式构建，具有较强的可控性，但需要人工维护规则。Analyza 通过深度学习方法，使用编码器—解码器方式实现 NL2SQL，对 SQL 的若干子句进行识别，包括 SELECT 子句、WHERE 子句，有时还涉及 GROUP BY、LIMIT 等操作符。每个部分涉及诸多细节，如表识别、属性识别等。不同算法在此框架体系下对细节进行改进和优化，以达到更好的效果。尽管端到端的 NL2SQL 方案能够降低人力维护成本，但仅在 WikiSQL 等简单场景中表现较好，对于复杂的 Spider 或 CoSQL 场景，准确率较低，难以满足商业应用要求。

2. NL2IFTTT

IFTTT 是 if this then that 的缩写，是一种创新的平台服务方式，通过不同平台的条件决定是否执行下一条命令。例如，当有人在 IM 中标记包含你的照片时，自动将该照片备份至手机的照片相册中。此方式满足了用户将 A 服务内容串联至 B 服务的需求，并且不需要用户手动操作，IFTTT 可以自动发起并完成相关动作。

NL2IFTTT 通过自然语言生成 IFTTT 代码。相较于常用的编程语言，其结构更为简洁，且更易于学习其结构规则。IFTTT 基于任务的条件触发，类似于简化版的编程语言，即"若 A 发生 B 行为，则执行 C"。

9.3.7　基于语言模型进行代码生成和补全

语言模型广泛应用于各种自然语言处理任务，例如机器翻译、语音识别、问答系统等。语言模型定义了自然语言中 Token 序列的概率分布。基于程序语言的自然性，语言模型也被应用于程序的建模，通常将解析后的代码片段（在词或字符级别）当作文本直接输入。该模型的目标是对程序语言的文本概率分布进行建模，即概率模型用于估计一个代码片段 s 的概率分布 $P(s)$。对于一个代码片段 $s=\{w_1,\cdots,w_m\}$，语言模型通过计算每个词基于已生成词的条件概率来计算整个代码片段的概率分布，即

$$P(s)=\prod_{i=1}^{m}P\left(w_{i}|w_{1}, \ldots,w_{i-1}\right).$$

在程序语言处理中，常用的语言模型包括 N-gram 和 RNN，其中 RNN 是基于深度神经网络的语言模型。

N-gram 是最早用于程序学习的语言模型，在 N-gram 模型中，下一个单词 w_i 的概率依赖于前 $n-1$ 个词，即

$$P(s)=\prod_{i=1}^{m}P\left(w_{i}|w_{1}, \ldots,w_{i-n+1}\right).$$

因此，N-gram 模型可以在一定程度上捕捉句子的局部信息，Hindle 等人在论文"On

the Naturalness of Software"中提出将 N-gram 模型应用于代码建模后，有许多利用 N-gram 的工作随即出现。N-gram 虽然可以有效地学习代码片段的局部上下文，但是不能理解代码片段的语义信息。为了解决这一问题，许多研究者结合软件工程任务的特点对 N-gram 模型进行了改进。Nguyen 等人在论文" A Statistical Semantic Language Model for Source Code"中提出一个设想，SLAMC 模型将全局信息加入 N-gram 模型，SLAMC 结合语义信息并对语义标注的规则进行建模，该方法在代码推荐的准确率上较普通的 N-gram 有显著的提升。同时，Raychev 等人也在论文" Code Completion with Statistical Language Models"中提出将 N-gram 模型与 RNN 结合，在 Java 开发过程中，根据情景主动提示合适的 API 调用，实现代码补全的功能。为了解决代码具有局部性特征的挑战，Tu 等人在论文" On the Localness of Software"中提出了将缓存机制加入 N-gram 模型中，利用标识符会在较近的范围内重复出现的特性，从而在代码预测上取得了显著的效果。

与 N-gram 相比，RNN 不仅可以捕获句子中词语之间的规律性，而且可以捕捉距离较远的词语之间的关系。为了更进一步解决长距离依赖问题，许多基于 RNN 的变体如长短期记忆（Long Short-Term Memory，LSTM）、门限循环单元（Gated Recurrent Unit，GRU）等被提出并得到广泛应用。如图 9-10 所示，利用 RNN 模型可以有效地对源代码进行建模，并且学习源代码的向量表示。论文" DeepAM—Migrate APIs with Multi-Modal Sequence to Sequence Learning"重点描述了利用 RNN 学习区分 Java 语言和 C# 语言的 API 向量表示，将学到的向量表示应用于这两种语言的 API 迁移任务中，从而在 API 级别生成代码。许多学者将 RNN 模型用于代码 Token 预测补全，并且取得了显著的效果。大多数研究工作都是利用 RNN 在词级别对代码进行建模学习，但是由于代码的大量变量导致学习难度很大，有一些工作开始在字符级别对代码进行学习。

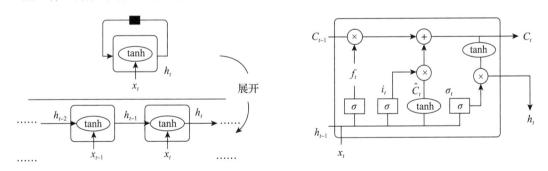

图 9-10　RNN 模型的建模过程

程序语言在本地具有一定的重复性，例如，一个定义过的变量往往会在后面重复使用。然而，这些变量在很大程度上会被当成词典外的词（Out-of-Vocabulary，OoV），通常记为 UNK。为程序员预测一个 UNK 对于他们的编程是毫无帮助的，因此，研究者考虑将指针网络机制加入语言模型来准确预测本地重复出现的词。利用指针网络可以有效地从输入的代码片段中复制需要重复使用的词，指针网络在 2015 年的 IEEE 大会上被提出，最初被用于解决组合优化问题，是神经机器翻译模型（即序列到序列模型，Seq2Seq 模型）的一个变种。在指针网络中，注意力网络更简单，它不考虑输入元素，而是在概率上指向它们。

2016 年，Bhoopchand 等人在论文"Learning Python Code Suggestion with a Sparse Pointer Network"中提出了一种精简指针网络（Sparse Pointer Network），该网络主要解决自定义标识符预测的问题（如类名、方法名、变量名等）。论文中定义了"内存"的概念，用于存储前 K 个标识符。该方法维护了一个向量 $m=[id_1,\cdots,id_K]$，用于记录标识符在全局词表中的位置，即指向全局词表的指针。在每个时刻进行预测时，该网络结合全局语言模型概率分布、自定义标识符的指针概率分布以及当前代码输入来决定输出的词。与传统循环神经网络（不带注意力机制）相比，该方法在 Python 自定义标识符预测准确率上提高了约 25%。

Li 等人在 2018 年的论文"Code Completion with Neural Attention and Pointer Networks"中提出一种结合注意力机制的语言模型和指针网络的模型进行代码补全的方法，其模型对抽象语法树序列进行建模。该模型不仅可以预测语法树的节点类型，而且可以预测节点的值，即要预测的代码。在预测代码时，父节点的熵比子节点的熵更大，预测的准确度更高，因此，其注意力机制在传统的注意力机制上结合了语法树"父－子"节点关系。该论文利用指针网络从输入的代码片段中复制单词来预测 OoV，通过定义一个选择器来决定是根据语言模型在全局词表上的分布来预测下一个词，还是利用指针网络从输入的代码片段中复制一个词，该方法在 Python 和 JavaScript 两个数据集上进行了验证，结果表明，该方法在预测 OoV 的场景中表现非常优异。

9.3.8 代码生成与补全的痛点

总体来看，基于大语言模型技术的代码生成与补全已成为趋势，但目前该技术的应用仍处于初级阶段，主要面临以下几个痛点。

（1）训练语料的质量参差不齐

在日常工作中，用来训练模型的语料大致可以分为两类，一类是基于 DSL 技术人为构造出的程序，另一类是从开源社区爬取的项目程序。基于 DSL 的程序往往语法较为简单，程序长度较短，易于训练和测试，但同时，针对 DSL 设计的模型难以推广到其他语言上使用。从开源社区爬取的项目程序虽然更接近实际软件开发，但是难以保证代码的质量，这些低质量、不规范的代码会给神经网络带来额外的噪声风险，而使用不同编程规范的代码则会使神经网络模型在训练和预测时产生混淆。因此，如何获取统一、规范的高质量程序语料库是一项挑战。

（2）程序代码的泛化能力较弱

程序代码很多都是业务闭域的逻辑代码，需要很多业务闭域的逻辑物料，并对现有业务所依赖的各种服务进行深入理解。新业务则需要结合自身物料库训练自己的模型，全新业务依赖的服务往往需要从零开始开发，新物料的提供也比较困难，除非所有依赖的服务是不可拆分的原子服务，因此逻辑模型的普适性难以实现。

（3）功能描述与程序代码信息不对称

在实际项目开发过程中，常出现需求描述比功能描述更为高级和抽象的情况。需求描述需先转化为功能描述，再转化为代码描述，最终生成程序代码。在此过程中，每个环节都会导致信息的损耗，目前这些损耗通常由程序员通过业务经验和编程经验进行弥补。针对功能描述直接生成代码的解决方案有三种：一是端到端地从需求描述生成抽象语法树，如果产品定义对软件功能的描述足够精确，这相当于创建了更高级的描述语言；二是将功能描述到代码的整个链路封装抽象为较大颗粒度的功能描述，目前大多数基于封装抽象的方法可行性较高且效果较好，典型案例如 NL2IFTTT；三是开发者深入到每一个业务域中，功能描述到代码的每个环节都由模型逐层理解，最后逐步生成代码。因此，语料库的质量和模型的准确度至关重要。

9.4 基于 Agent 的项目级代码生成方法

北京大学 Xcoder 团队关于基于代码大模型的 Agent 在软件工程领域的应用的研究取得了显著成果，已发表多篇相关论文。Xcoder 模型是首批通过大模型与工具结合，解决项目级代码生成问题的代码大模型之一，为 Agent 技术在软件开发中的应用奠定了坚实的理论基础。本节借助北京大学的论文 "CODEAGENT—Enhancing Code Generation with Tool-Integrated Agent Systems for Real-World Repo-level Coding Challenges" 阐述基于 Agent 的项目级代码生成方法。

9.4.1 项目级代码生成在企业中的痛点

企业项目级代码作为支持和驱动企业核心业务流程的重要组成部分，其质量直接关系到企业产品与服务质量、运营效率及市场竞争力。然而，项目级代码通常涉及多样化的库和函数调用，代码库中具有复杂的上下文依赖关系及各类代码文档，并且随着业务需求的变化，项目代码需要不断更新、扩展与优化。在这一动态、持续且复杂的过程中，存在诸多痛点。

（1）细粒度代码修改、扩充难

一个项目通常包含成千上万行代码，涉及多个相互依赖的模块和子系统。在面对细粒度的代码修改与变更需求时，往往"牵一发而动全身"，稍有不慎即会影响其他模块，导致广泛的测试和验证工作，进一步影响项目进度，并增加维护的复杂性和风险。

（2）代码库复杂且庞大

大型项目一般周期长，人员流动比较大，代码库的庞大与复杂性使得新成员难以快速掌握项目结构和代码逻辑；老成员面对不断增长的代码库，也会遇到查找特定代码片段耗时费力的现象。

（3）代码生成质量难以保证

在实际的编程过程中，开发者常使用多种工具辅助编码，如搜索引擎、文档阅读器、代码测试工具等。尽管大模型具备强大的代码生成能力，但其缺乏与这些工具交互的能力，限制了其在复杂任务中的表现。此外，由于大模型存在幻觉等问题，生成具体代码时可能会使用错误的 API，难以确保代码生成的质量与可靠性。

（4）从需求到代码的实现效率低

在项目开发全流程中，企业常面临需求理解不充分、设计架构频繁调整、开发进度难以掌控、测试覆盖不足等问题，导致迭代效率低、项目延期、成本超支或质量不达标，进而增加企业运营负担，并影响市场竞争力。

面对项目级代码生成中的诸多痛点与挑战，引入 Agent 已成为企业解决代码生成难题、提升开发效率和代码质量、加速产品迭代的关键路径。

9.4.2　Agent 的技术实现

1. Code Agent 测试过程

北京大学 Xcoder 团队对 Code Agent 进行了大量测试。由于企业在实际编码过程中大多采用开源代码库，而代码库包含大量复杂的代码调用关系，只有在代码库中进行测试，才能获得精准的测试结果，从而使代码大模型的 Agent 能够合理工作。为此，该团队为每个测试任务配置了相应的语料，包括文档、代码依赖情况和运行环境。

文档是测试的主要输入部分，主要描述了语料的生成目标。文档提供了自然语言要求之外的其他信息，包含目标类级（类名、签名和成员函数）信息和函数级（函数描述和参数描述）信息。通常，Agent 生成程序的正确性可以通过测试工具进行验证。生成的程序必须符合接口（例如，输入参数）要求，因此，待测试的文档也提供了输入参数和输出值的类型与解释。考虑到需求通常包含特定领域的术语，文档也解释了这些术语，如一些数学公式，相关的测试信息如表 9-3 所示。

表 9-3　生成程序的测试信息

基准	语言	来源	任务	实例	测试	函数	Token	输入
CoNaLA（Yin et al.，2018）	Python	Stack Overflow	Statement-level	500	×	1	4.6	NL
Concode（Iyer et al.，2018）	Java	GitHub	Function-level	2000	×	—	26.3	NL
APPS（Hendrycks et al.，2021）	Python	Contest	Sites Competitive	5000	√	21.4	58	NL + IO
HumanEval（Chen et al.，2021）	Python	Manual	Function-level	164	√	11.5	24.4	NL + SIG + IO
MBXP（Athiwaratkun et al.，2022）	Multilingual	Manual	Function-level	974	√	6.8	24.2	NL
InterCode（Yang et al.，2023）	SQL, Bash	Manual	Function-level	200, 1034	√	—	—	NL + ENV

（续）

基准	语言	来源	任务	实例	测试	函数	Token	输入
CodeContests（Li et al.，2022）	Python，C++	Contest	Sites Competitive	165	√	59.8	184.8	NL + IO
ClassEval（Du et al.，2023）	Python	Manual	Class-level	100	√	45.7	123.7	NL + CLA
CoderEval（Yu et al.，2023）	Python，Java	GitHub	Project-level	230	√	30	108.2	NL + SIG
RepoEval（Liao et al.，2023）	Python	GitHub	Repository-level	383	×	—	—	NL + SIG
CODEAGENTBENCH	Python	GitHub	Repository-level	101	√	57	477.6	Software Artifacts（NL + DOC + DEP + ENV）

　　该团队专门测试了上下文依赖性，这一点与其他人的实验有显著区别。从代码生成与补全的角度来看，这一测试细节尤为重要，因为在实际应用中，一个类或函数通常与同一代码库中的其他代码片段产生交互。这种情况在 import 语句中频繁发生，或在同一项目中，用户自定义代码也相互依赖。这些代码的交互与依赖可能发生在同一文件内，或跨多个文件。例如，要实现图 9-11 中的 RandomForest 类，需依赖于 rf.py 中的 boot-strap_sample 函数和 dt.py 中的 DecisionTree 类。这是一个复杂代码的上下文依赖关系。

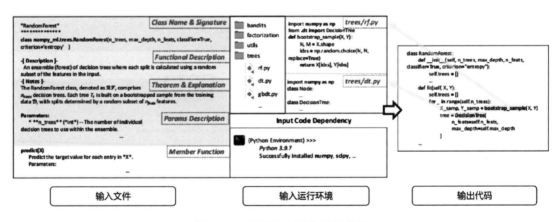

图 9-11　代码的上下文依赖关系

　　在测试过程中，北京大学 Xcoder 团队设计的工具从每个文件中提取所有用户定义的元素（如类名、函数名、常量和全局变量）以及公共库名，并将这些元素存储于知识库中。对于任意定义的函数，工具可以通过知识库定位其源文件，并解析文件以识别所有用户定义的符号和公共库，最后通过符号名称及作用域的精确匹配，确定其上下文依赖关系。

在测试中，Xcoder 团队发现，每个示例平均具有约 3.1 个代码依赖项，这与实际项目中的编程条件非常类似。由于测试运行环境与现实中的自然语言存在一定差异，判断 LLM 生成的程序语言是否可以被正确执行，并成功返回目标结果是最主要的验证方式。通常情况下，开发人员会等待执行反馈，并时刻纠正程序中的错误。在此次的 Code Agent 测试中，Xcoder 团队为每个任务构建了沙箱环境，沙箱环境提供了运行存储库所需的全部配置，并提供了简洁的交互方式，以确保测试的全面性。

2. Code Agent 的技术实现

北京大学 Xcoder 团队对评估和提高代码大模型在仓库级代码生成方面的能力进行了初步探索。参考"Towards a Unified Agent with Foundation Models"一文，该团队提出了一种新的基于代码大模型的代理框架——Code Agent。该框架利用外部工具来增强 LLM 在复杂的仓库级代码生成中解决问题的能力。无论何时调用工具，Code Agent 都会无缝地自动生成代码，且集成后输出结果。Code Agent 可以帮助 LLM 完成整个代码的自动生成，包括信息收集、代码实现和代码测试，更好地与软件编码工具进行交互，如图 9-12 所示。

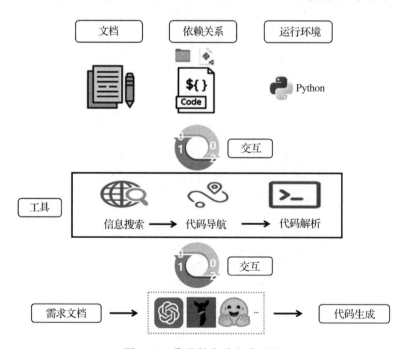

图 9-12　代码的自动生成过程

Code Agent 的核心是代码导航工具，该工具用于快速定位代码库中的相关代码项（即预定义的符号名称和代码片段）。代码大模型可以快速获取这些代码项，并将其集成到代码生成过程中。这种方式能够加快开发进程，并实现代码的重用。

代码导航工具基于 tree-sitter 技术实现。以 Python 为例，为 Python 代码库构建一个代码导航工具，该工具通过两种方式解析和检索代码项。一种方式是对文件或模块进行静态分析，提供其中定义的符号名称，包括全局变量、函数名和类名。另一种方式是对公共类或函数符号进行导航，为其定义单独的类名或函数名。结合这两种方式，代码导航工具能够快速遍历存储库中的预定义源代码，使 LLM 能够理解代码中的复杂依赖关系并迅速加以利用。

9.4.3　事务自动处理在开发场景中的运用

在大规模的复杂项目中，随着用户不断提出需求，功能持续迭代更新，开发者就会频繁收到在大型代码集上修改和扩充大量细节的任务，如 Bug 修复、功能开发或性能优化等。aiXcoder 的事务自动处理功能可以精准解析开发者提交的复杂事务，自动定位问题和需求所在，充分结合代码库的各模块、代码间的依赖关系和上下文信息，对问题和需求进行分步处理，最后直接生成代码文件，同时自主创建沙盒对编辑后的代码进行验证。在这个过程中，支持对多文件进行修改，而且可以随时中断，由人为介入交互调整。

图 9-13 所示为一个经典的信息管理系统开发场景。开发人员提出了"分别在两个文件中新增学生相关信息"的需求，同时要求可正常运行。事务自动处理功能经过理解分析给出了规划并定位到具体文件。值得一提的是，它在自动执行过程中还发现了该需求与其他文件的依赖关系，一并自动处理并经过验证没有问题后，最终按照要求直接生成了代码文件。

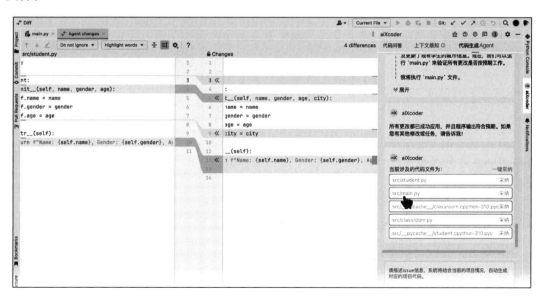

图 9-13　信息管理系统开发场景

事务自动处理功能不仅减少了开发者在问题定位和修复上的时间消耗，还有效减少了多文件修改时可能出现的错误。

9.4.4 项目研发问答场景

通过代码库问答功能，开发者能够使用自然语言进行提问，实现与代码库的实时交互，解答关于代码架构、实现逻辑、代码依赖与调用关系等关键问题，快速获取和理解企业代码库中的知识和最佳实践，从而加快开发流程，提升代码的一致性与质量。同时，系统会根据历史提问自动预测下一个问题，进一步优化开发者的学习路径和工作效率。

以图 9-14 为例，在某个 Spring Boot 的开源项目中，新人进入项目后，通过提问，例如模块之间的依赖关系如何、文件夹中有哪些子模块、针对某个模块的详细说明、某个类的定义及用途是什么等，即可快速了解项目进度，掌握代码库，从而快速上手。

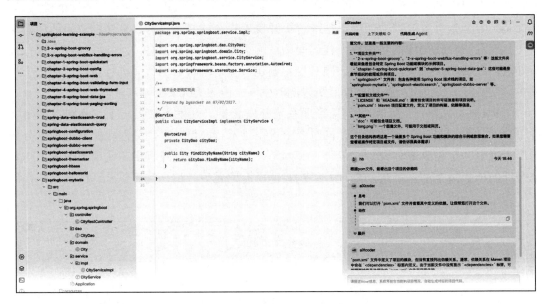

图 9-14　模块依赖关系示意

知识问答功能一方面帮助新成员快速掌握项目结构和代码逻辑，缩短学习曲线，另一方面协助老成员高效查找分散在不同源文件和函数中的代码，节省时间和精力，从而专注于核心开发任务。

9.4.5 从需求到完整的项目级代码生成场景

aiXcoder 全流程代码生成功能支持将产品经理或设计师提出的自然语言需求直接转化为精确代码，涵盖需求分析、系统设计、项目管理、开发、测试等环节，生成完整的项目级代码及相关文档。

在 AI 生成代码的过程中，开发者可对中间交付件（如需求文档、部分代码模块、测试用例等）进行修改和调整，以确保其符合具体需求和标准。同时，企业可根据自身的需求对研发流程及中间交付件内容进行定制。企业可指定特定的编码规范、设计模式或测试标准，并要求 AI 依据这些要求生成相应的文档和代码。

　　该功能为软件开发提供了更高效的协同机制。举一个简单的例子，Agent 被赋予了不同的角色：产品经理、项目经理、架构师、研发工程师和测试工程师。它能够理解用户需求，进行交互式、沉浸式编程，通过分步规划和多角色协同，调用常用开发工具，实时反馈进度，验证结果并改进输出，最终完成代码生成任务，如图 9-15 所示。

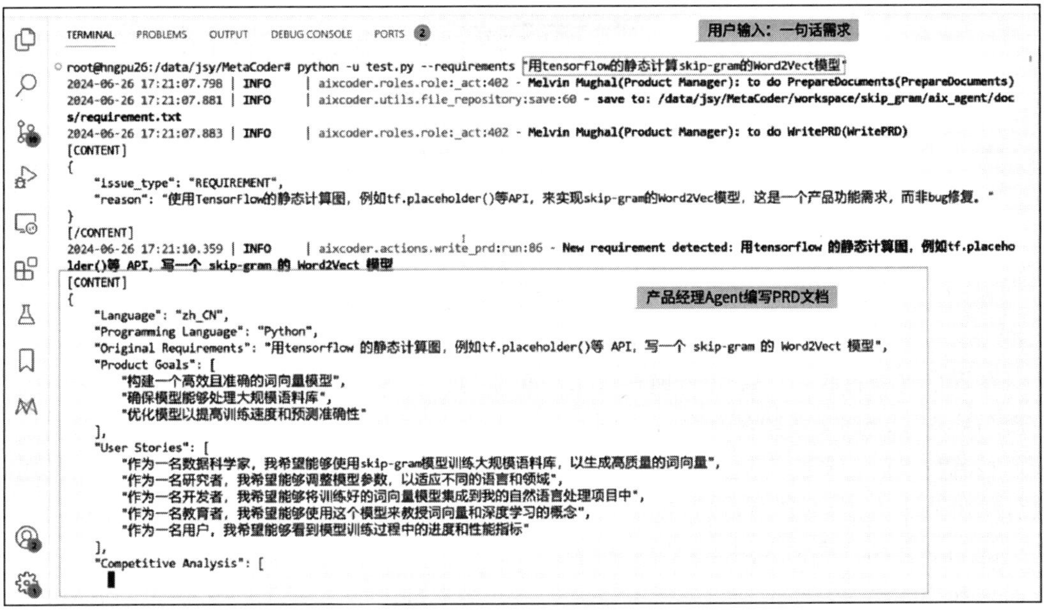

图 9-15　代码生成任务示意

　　全流程代码生成功能覆盖完整的研发流程，实现从需求分析到编码的全流程自动化，能够快速响应用户需求和反馈，显著提升开发效率，缩短产品从概念到上线的时间，提升产品的市场竞争力。同时，减少了人为编码错误，确保项目代码的一致性和可维护性。

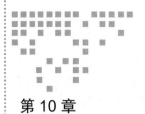

第 10 章

大语言模型在项目管理场景中的实践

在项目管理过程中，项目经理在需求分析阶段、任务规划阶段、风险管理阶段，以及沟通与协作阶段都会遇到各种各样的问题，尤其在一些大型项目中，这些问题会越来越突出。随着技术的创新和发展，大语言模型逐步在项目管理场景中得到了运用。比如，在需求分析阶段，大语言模型可以帮助项目团队从各种来源中提取关键信息，快速梳理和理解复杂的需求表述，当客户用大量的自然语言描述他们对产品的期望时，模型能够总结出核心需求和关键要点。在沟通与协作阶段，大语言模型可以帮助项目经理制订详细的项目计划，包括任务分解、时间估算和资源分配。

10.1　项目需求分析与任务规划

在项目管理的实践中，明确项目需求是基础工作，也是后续各项任务顺利执行的关键。需求分析阶段要求项目团队准确捕捉并分析用户的期望和业务的核心目标，确保项目的最终产出符合需求。在需求分析之后，任务规划阶段将这些需求转化为具体的可执行步骤和活动，并进一步细化为时间表和资源分配，确保各环节得到有效控制与监督。

在这两个过程中，大量信息的收集、处理以及复杂的逻辑推理是不可或缺的。传统方法通常依赖专业人员的经验进行手动操作，效率较低，且容易因人为因素产生遗漏或错误。随着技术的进步，尤其是大语言模型等人工智能技术的应用，这种情况得到了显著改善。

大语言模型具备强大的自然语言处理能力，能够帮助项目团队迅速从大量文档和交流中提取关键信息，并通过深度学习算法理解和归纳用户需求及其背后的意图。此外，模型还能自动生成需求文档，提供任务规划建议，预测潜在问题并进行风险评估。通过这些高级功能，项目管理人员可以更高效、精准地完成需求分析和任务规划，从而提升项目质量与成功率。

10.1.1　需求分析

需求分析作为项目管理中的核心环节，其重要性不可忽视，它决定了项目能否顺利进行并最终达到预期目标。在传统的项目管理中，需求分析是确定和理解客户或用户需要的过程。这一步骤对于确保项目最终成功至关重要。传统的需求分析方法包括会议讨论、个别访谈、焦点小组、调研问卷等，这些方法在很多方面存在局限性，如图 10-1 所示。

图 10-1　需求分析的痛点

1）传统的需求分析耗时且效率低下。组织和进行实体会议往往需要协调众多参与者的时间表，这本身就是一个复杂且费时的任务。同时，在会议中收集的信息可能需要通过进一步的整理和分析才能得出有用的结论。此外，用户访谈和问卷调查通常需要大量的人力来执行，从设计问卷到分发、回收以及数据分析，每一步都耗费大量时间，并且在整个过程中还可能遭遇各种意外挑战。

2）受限于参与者的经验和认知偏差。需求分析往往依赖于专业人员的主观判断，这不可避免地带入了他们的认知偏差。例如，项目经理和分析师可能基于自己的经验和偏好来解释用户需求，而忽略或误解用户真正的意图和需求。另外，由于文化背景、语言沟通或个人喜好的差异，用户在表达需求时也可能不够精准，容易导致信息的误解或遗漏。

3）需求分析的质量存在平衡问题。在传统的需求分析过程中，获取高质量的信息往往意味着更少的数据量，因为深入的访谈和详尽的会议讨论都需要大量的时间和注意力，这使得在有限的时间内无法覆盖广泛的用户群体。相反，为了追求数量，就可能牺牲数据的深度和准确性，这两者之间的平衡总是难以把握。

此外，会议讨论和用户访谈很难完全摆脱环境因素的影响，很多从业者在公开场合表达自己时可能会受到社会期望的约束，不愿意完全坦诚地表达自己的想法，或者由于从众心理而改变自己的看法，这些都会影响需求分析的真实性和准确性。

然而，随着信息技术尤其是人工智能领域的快速进步，大语言模型的兴起为需求分析提供了全新的可能。以 ChatGPT 为代表的创新技术得到了运用，ChatGPT 的核心优势在于其对自然语言的深刻理解和处理能力，使它们在复杂文本数据分析方面具有明显的优势。图 10-2 是大语言模型在需求分析场景中的几个关键优势。

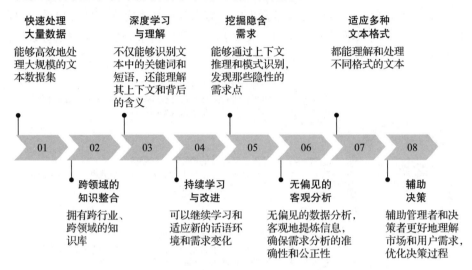

图 10-2　大语言模型在需求分析场景中的几个关键优势

（1）快速处理大量数据

大语言模型能够高效地处理大规模的文本数据集，诸如长篇的项目文件、密集的电子邮件往来和详细的会议记录。这些内容如果由人工分析，可能需要耗费大量时间和精力，而大语言模型可以迅速地完成同样的任务，节省了大量的资源。

（2）深度学习与理解

借助先进的机器学习算法和庞大的训练数据集，大语言模型不仅能够识别文本中的关键词和短语，还能够理解其上下文和背后的含义，提供更加精准的信息抽取和内容分析。

（3）挖掘隐含需求

在传统的需求分析中，一些潜在的但未被清晰表达的需求容易被遗漏。大语言模型能够通过上下文推理和模式识别，发现那些隐性的需求点，帮助项目团队把握更全面的需求情况。

（4）适应多种文本格式

无论是结构化的报告，还是非结构化的社交媒体帖子或即兴的会议记录，大语言模型都能理解和处理不同格式的文本，并从这些多样化的数据源中抽取有效信息。

（5）跨领域的知识整合

跨领域的需求分析常常受限于分析者的知识范畴。由于大语言模型在训练过程中接触到广泛主题的文本，因此拥有跨行业、跨领域的知识库，能够在分析时考虑到更加丰富的背景知识，并提供全面的洞察。

（6）持续学习与改进

随着新数据的不断输入，大语言模型可以继续学习并适应新的话语环境和需求变化，保持其分析能力与时俱进。

（7）无偏见的客观分析

不同于人类分析师可能存在的认知偏差，大语言模型可以进行无偏见的数据分析，客观地提炼信息，确保需求分析的准确性和公正性。

（8）辅助决策

通过提供准确的需求分析，大语言模型能够辅助管理者和决策者更好地理解市场和用户需求，优化决策过程，从而提高项目的成功率和效率。

大语言模型的能力不仅体现在快速处理和深度分析文本数据方面，还能够通过持续学习对海量信息进行推理。这一特性恰好回应了 Leffingwell 在论文 " Agile Software Requirements: Lean Requirements Practices for Teams, Programs, and the Enterprise " 中提出的需求分析问题。凭借这种进阶的分析力，大语言模型能够帮助项目团队在项目初期准确把握需求全貌，从而避免或减少在开发过程中可能出现的意外问题及资源浪费。

此外，大语言模型通过不断地接收新的输入，并用其复杂的神经网络结构来处理这些数据，得以不断提升其洞察力，成为一个自我优化的系统。这使得它在面对变化多端的用户需求时表现出色，能够发现和建立起需求之间的隐性联系，甚至是先前未被发现的模式和逻辑规律。例如，在处理用户反馈时，大语言模型不仅能识别出显性的评论内容，还能通过比较和关联大量类似数据，揭示出用户偏好和市场趋势的微妙变化。

这种对数据的深度挖掘和智能分析提升了团队对客户需求的把握，无论是简单直接的需求还是复杂交织的隐性需求，大语言模型都能为项目团队提供全方位的支持。这样的优势特别适用于涉及多层次系统交互或需要用户反馈而迅速演化的项目。在这些情况下，大语言模型的高效分析和学习功能可以显著提高项目响应市场的敏捷性和精准度，帮助项目保持在正确的发展轨道上，减少不确定性和风险。

除分析和挖掘需求外，大语言模型还能够通过智能问答和推荐形式支持项目团队。它可以根据项目成员的查询提供实时响应，并对项目成员间提出的各种问题给予精准的答案和建议。这种即时、针对性的交互方式极大地促进了团队内部的沟通与协作，有助于确保所有成员对项目需求的统一和正确理解。

由此可见，大语言模型在需求分析领域具有广阔的应用前景。它不仅能够提升分析工作的效率和准确性，还能够提高项目成功的概率，确保项目沿着既定轨道稳步推进。随着大语言模型技术的进一步完善与普及，它必将成为项目管理领域中不可或缺的组成部分。

10.1.2　任务规划

任务规划也是项目管理中不可或缺的环节，它涉及任务的分解、优先级排序、时间安排以及资源配置等关键方面。准确而高效的任务规划能够确保项目流程的顺畅和目标的达成。在当下大数据和人工智能时代，大语言模型的应用为项目团队提供了前所未有的支持与帮助，大幅提升了任务规划的智能化水平。

通过利用自然语言处理和机器学习技术，大语言模型能够对海量的历史项目数据进行深入分析，从中识别出最佳实践和潜在失败的模式。这些模型基于过去成功案例的经验，可以为当前项目提供建议，比如哪些任务应该优先执行，预期需要多长时间，以及应当如何合理地分配资源。此外，模型还能够结合团队成员各自的专业技能和历史表现，给出个性化的任务分配方案。

对于可能遇到的挑战和风险，大语言模型同样具备预测能力。通过分析过往项目中类似环节的问题发生率，并结合当前项目的具体条件，模型能够预见并提前提示可能的难题和瓶颈，从而使得项目管理者能够主动采取措施，规避或降低风险。

在敏捷项目管理方法流行的今天，强调快速迭代和高适应性的工作方式已被广泛采纳。如图 10-3 所示，大语言模型与敏捷方法的结合可以更好地促进团队协作，提高反应速度。模型可以实时分析团队的工作输出和反馈，动态调整任务计划，确保任务始终与项目目标保持一致，并且满足用户的最新需求。它能根据正在进行的任务表现实时优化工作流程，增加工作的透明度，提高团队成员之间的沟通和合作效率。

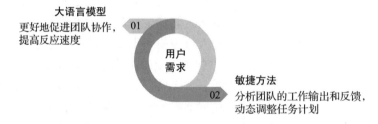

图 10-3　大语言模型与敏捷方法的结合

大语言模型还能够通过对任务执行的实时监控，收集执行数据，分析效率瓶颈，从而发现背后可能存在的系统性问题。通过这些洞察，模型不仅能够在任务执行阶段为团队提供指导，还能够为未来的项目规划提供策略上的改进建议。

综合来看，大语言模型在任务规划方面的应用，不仅仅是提供了一个简单的工具，更代表了一种全新的工作方式和思维模式。它将数据智能转化为实践智慧，为项目团队提供了更高效率和质量的工作保证，确保了项目的稳步推进和成功交付。通过引入大语言模型，敏捷方法的灵活性和适应性得到了进一步增强，为项目团队创造出更大的价值和可能。随着人工智能技术的持续发展，我们有理由相信，大语言模型将成为推动项目管理未来发展的关键力量。

10.2　沟通与协作

项目管理是确保项目按时、按预算并符合质量标准成功完成的关键过程。在此过程中，与团队成员、利益相关方及其他相关方的沟通至关重要。研究表明，在项目管理工作中，70%～90% 的时间用于沟通活动。这不仅包括任务分配、进度更新和问题解决等常规交流，还涉及更为复杂的信息交换，如需求协商、风险评估和策略制定等，如图 10-4 所示。

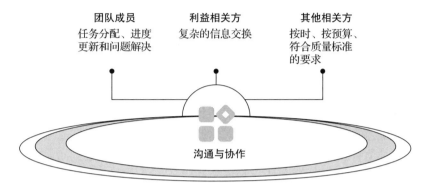

图 10-4　沟通与协作的范围

在此背景下，大语言模型这一强大的人工智能技术能够通过自然语言处理技术理解、生成并优化文本信息，从而显著提高信息传递和沟通的效率。

10.2.1　沟通与协作的重要性

沟通与协作是项目管理成功的关键。高效的沟通有助于确保每位团队成员、利益相关者及其他参与者充分理解项目目标、策略与当前状态，不仅促进了共同目标的达成，还帮助建立相互信任与尊重的氛围，对于团队士气与动力至关重要。

一个项目团队可能由不同文化、专业背景和技能水平的成员组成。沟通与协作的有效性直接影响团队内部的工作流程、决策过程和创新能力，进而影响整个项目的推进速度与质量。清晰的沟通能够减少误解与错误，节省修正错误所需的时间与资源，同时增强团队成员之间的协同作用，使其能够迅速适应变化，共同解决问题。

然而，在实际操作中，项目管理常常面临诸多沟通协作上的挑战。首先，信息传递可能存在障碍，例如复杂的技术语言或行业术语可能导致非专业人士难以理解；其次，虚拟团队成员之间由于缺乏面对面交流，可能导致信息扭曲或情感表达的缺失。此外，随着项目规模的扩大，涉及人员的数量增多，不同层级和不同部门之间的沟通愈加复杂。各部门或小组可能形成信息孤岛，团队成员之间意见不一致或缺乏共识，利益相关方的需求频繁变更，均可能阻碍沟通进程，影响项目的顺利推进。正如 Belbin 在 2010 年的研究论文" Team Roles at Work. Butterworth-Heinemann "中所指出，有效的团队内部沟通与协作是确保项目成功的重要因素之一。

面对这样的挑战，大语言模型提供了新的解决方案。通过自然语言处理技术，大语言模型能够解析人类语言的复杂性，将技术性或专业性信息转化为易于理解的形式，其至能够自动生成摘要，帮助团队成员快速抓住关键信息。

大语言模型可以辅助创建项目更新报告、撰写技术文档、制定会议纪要等，极大减轻了项目管理者的工作负担，并提高沟通的准确性与效率。此外，大语言模型还可以作为聊天机器人，提供实时问答服务，帮助解决团队成员的即时问题，减少误解和延误。

沟通与协作在项目管理中的重要性不可忽视。通过提升信息透明度和可理解性，加速决策和问题解决的流程，大语言模型能够助力项目团队实现更高效的沟通与协作，推动项目稳步向预定目标前进。

10.2.2　大语言模型在沟通与协作场景中的作用

作为人工智能领域的一次革新，大语言模型赋予了机器理解和生成自然语言文本的能力，这种先进技术在团队合作中展现出其独特价值。

在日常的工作流程中，信息的获取和处理往往是项目成败的关键，而大语言模型在这方面发挥着至关重要的作用。通过智能问答系统，团队成员无须耗费大量时间筛选和验证信息，因为他们可以直接向大语言模型提出问题，迅速得到精确、权威的答案。这种即问即答的功能极大地缓解了知识查找的压力，使得团队成员可以将更多精力集中在决策和创新上。不论是专业术语解释、行业趋势分析还是复杂问题求解，大语言模型都能给出答案，从而有效地减少了误解和沟通障碍，加速决策流程。

而在总结提炼方面，大语言模型的表现同样出色。它具备将零散信息综合起来生成概要和报告的能力，这对于快节奏的工作环境是一大福音。团队成员可以将研究发现、市场数据或项目更新输入模型，模型将这些信息加以整理，输出清晰易懂的总结，帮助团队更好地把握工作全局，确保所有成员都在相同的信息频道上。

推荐功能也是大语言模型不可或缺的一环。根据提供的数据和前置条件，它能够预见可能的效果，给出建议和方案，为团队指明方向。这种基于数据驱动的智能推荐，不仅增强了团队应对复杂问题的能力，也提高了工作的灵活性和创造性。

大语言模型承担着信息整合者和知识共享者的角色，使团队内的知识交流更加便捷。每位成员的经验、洞见和研究成果均可通过大语言模型汇总与对比分析，促进知识积累与创新思想的碰撞。在团队合作层面，这意味着共享的视野更加广阔，决策基础更加坚实。

大语言模型深化了团队的沟通方式，优化了信息处理流程，提升了决策质量。在这个信息爆炸的时代，利用大语言模型的这些优势无疑可以实现更高效的团队协作、更快的成长，以及更有创意的成果。

1. 知识的整合与管理

大语言模型凭借其先进的自然语言处理能力，已成为潜力巨大的知识整合与管理平台。团队成员可将创意、专业见解、研究数据和实践经验输入系统，随后，语言模型运用复杂算法对各种输入进行分析、比较与综合，从而生成全面考虑各种信息的结论或建议。

该过程类似于一个虚拟的"思想融合器"。每当团队成员提出新的想法或信息时，语言模型会即时整合这些新增内容，确保输出的建议始终基于最全面的信息和最新的讨论结果。此外，这种方式降低了因单个人员的偏见对决策的影响，因为机器模型更加注重数据和信息本身的逻辑性与相关性。

通过集思广益的方式，不仅推动了团队内部的知识共享，还促进了成员之间的理解与协作。在项目过程中，团队成员可能会遇到需要集体智慧解决的复杂问题。此时，利用大语言模型的强大整合能力，可以有效汇聚团队智慧，形成高质量的解决方案，同时帮助团队迅速达成共识，加快决策进程，促进项目高效推进。

大语言模型还可以作为知识存储库，长期积累团队的知识资产。随着时间的推移，团队的历史决策、讨论内容以及成功与失败的案例都将被记录下来，为未来的决策提供宝贵的参考。这种知识的积累与再利用可以显著提高新成员的上手速度，并增强团队对历史信息的把握能力。

将大语言模型应用于知识的整合与管理，不仅可以提升团队内部的协作效率，还可以持续地为团队提供深度洞察与智慧支持，是现代团队管理中不可或缺的工具之一。

2. 信息共享与决策支持

借助大语言模型的高级功能，团队得以从以往耗时且低效的需求澄清会议中解脱。传统上，这类会议要求所有相关人员同时在线并进行实时讨论，以达成共识与理解。如今，团队可以选择使用录屏软件捕捉关键讨论内容，并分享给所有成员，如图 10-5 所示。

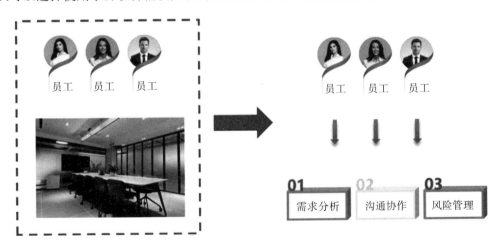

图 10-5　录屏软件在信息共享中的作用

录屏方式具有多方面的优势。首先，它让无法参加实时会议的团队成员能够在他们方便的时间查看内容，确保信息传递的无缝对接。其次，视频记录了讨论的每一个细节，包括白板画图、幻灯片展示或重要决策的制定过程，从而使得复杂的思路转换和决策逻辑变得更加清晰。团队成员能通过观看和回顾录屏内容，迅速把握会议的主要上下文和解决的关键问题，促进了深度学习和知识的积累。

大语言模型为录屏提供了增值服务。AI技术能够自动分析录屏中的语音、文字和视觉信息，并提炼出会议的核心要点和行动项。这种自动总结不仅提高了信息记录的效率，还增强了团队对会议内容的理解与吸收。成员无须手动记录或担心遗漏关键信息，AI已为他们准备好简洁明了的摘要。

AI的自动总结技术还可以根据团队的反馈和需求进行调整和优化，以确保提供的信息摘要既准确又有针对性。通过不断学习和适应团队的交流模式，AI可以更好地捕捉和强调团队成员最关心的议题。

最终，这种结合录屏和AI自动总结的方法不仅极大提升了团队内部的信息同步和快速决策的能力，还有助于构建和维护一个知识资产库。通过将会议内容的关键点和决策逻辑有组织地存储和索引，团队可以有效避免重复劳动，并且在需要时快速检索到历史决策和讨论结果。整个过程显著提升了知识资产的组织与运用效率，为团队带来了长期的战略价值。

3. 沟通协作平台的信息集成

利用大语言模型作为沟通协作平台，团队成员可以在一个高度互动和智能化的环境中实现信息的快速集成和分享。这样的平台通过提供即时的交流工具和共享文件的功能，让各个团队成员不受地理位置的限制，轻松地进行沟通与合作。

在这个统一的沟通协作平台上，团队成员可以上传和下载重要的项目文件、共同编辑文档，以及实时更新项目进展。此外，大语言模型还能够理解和处理自然语言查询，使得搜索相关资料变得更加简便、快捷。当团队成员在遇到问题或需要专业建议时，这个平台可以根据前文内容和相关知识库提供及时的反馈和解决方案。

大语言模型还能够分析团队成员间的沟通模式，推荐更加有效的协作方式和沟通策略。它可以整合不同来源的信息，比如电子邮件、在线会议记录和项目管理软件中的讨论，从而提供全面的建议和见解。这些信息一旦被整合，就可以为团队的决策过程提供数据支持，提升决策的准确性和效率。

随着人工智能技术的发展，大语言模型通过机器学习算法预测项目风险和市场趋势，辅助团队进行长期规划。通过这种方式，团队不仅提升了沟通和协作效率，还在竞争激烈的市场环境中获得了前瞻性，抓住了未来发展的机遇。将大语言模型应用于沟通协作平台所带来的好处是多方面的，既提升了团队的工作效率，又有助于团队把握全局，促进创新与增长。

10.2.3 大语言模型提升沟通效率和整合资源的能力

通过将大语言模型集成到团队的沟通机制中，我们可以创造一个高效且互动性强的工作环境。这一进步让信息和录屏可以实时传递与共享，极大地加强团队成员间的沟通和理解能力。在统一而智能的平台上，团队成员可以轻松地进行面对面的直接沟通，同时也可以无缝地交换和整合文件与数据。

利用大语言模型的先进技术搭建的不仅是一个沟通工具，而且还充当着协作助手的角色。大语言模型的分析和建议功能帮助团队成员从大量信息中筛选出最相关的内容，提供基于上下文的操作建议，并且辨识出潜在的沟通障碍。随着时间的推移，模型通过持续学习团队的交流模式和偏好，能够更精准地提供个性化的支持和优化工作流程。

平台的智能整合能力能够无缝对接多种工具和应用程序，实现项目管理软件、文档编辑器及即时消息服务等各类资源的统一管理，简化工作流程。团队成员可根据需求创建并定制自动化任务，从而释放创造力，专注于更有价值的工作。

集成大语言模型的沟通平台将转变传统的工作方式，通过其高效的信息处理能力和交流互动特性，有效提升团队的协作质量和工作效率。随着团队对这一系统越来越依赖，工作流程变得更加流畅，项目交付速度加快，最终为组织带来了明显的竞争优势。

1. 提升不同岗位之间的沟通效率

大语言模型的应用不仅限于提供信息查询服务，还可以在各种工作环境中促进更高效的交流与团队协作。例如，集成到企业内部的沟通平台或工作流程中，大语言模型能够即时回答团队成员提出的专业问题，无论是特定项目细节、市场分析、技术难题等，还是行政管理等方面的疑问。

此外，该模型能够理解并处理自然语言，识别工作人员在交流中使用的行业术语和缩略语。因此，当团队成员对其他部门的工作不甚了解时，大语言模型可作为知识桥梁，帮助解释和翻译专业术语，确保跨部门沟通顺畅。

同时，通过深度学习和自然语言处理技术，大语言模型可以持续从企业内部的沟通和数据中学习，使其建议和答案更加精准。因此，它还能根据以往的交流记录和团队偏好，主动推荐解决方案或最佳实践，帮助团队成员作出更明智的决策。

在多元化的团队中，成员可能来自不同的文化和语言背景。大语言模型具备语言翻译功能，有助于消除语言障碍，使全球团队成员无论使用何种语言，都能顺畅交流与合作。

总之，通过大语言模型的高效问答和智能推荐功能，团队成员可在较短时间内获得所需信息，显著减少误解和沟通成本，从而提升整个组织的工作效率和协作质量。

2. 基于历史数据提供决策支持

大语言模型的设计使其能够深入分析历史数据，为团队决策提供有力支持。通过对项目历史数据的智能分析，该模型具备预测未来趋势和识别潜在风险的能力。在决策制定的过程中，它能够揭示数据中的模式和关联，提供更加坚实的依据。

基于历史数据的决策支持功能，模型能够引导团队做出更加明智的选择。例如，通过分析以往项目的进度、预算使用情况及团队绩效，模型能够识别出最有可能影响项目成败的因素。模型还能够预测不同执行路径下的潜在结果，协助团队评估各类战略或计划的相对优劣。

大语言模型还能够从历史数据中学习到特定行业或领域的特殊需求和挑战。这种领域特定的知识使得模型在为特定类型的项目提供定制化建议时更为精准。

这种基于历史数据的深度分析及其在决策支持中的应用，将有助于提升团队面对复杂问题时的应对能力，增强项目成功的可能性。随着时间的推移，大语言模型将不断积累新的数据，不仅可以不断优化自身的预测准确度和分析能力，还可以适应不断变化的环境因素，为团队决策提供持续的支持。

3. 生成回复外部客户和合作伙伴的沟通话术

大语言模型具备生成专业化沟通话术的能力，能够辅助团队成员更有效地与外部客户及合作伙伴交流。通过综合利用自然语言处理技术，能够为用户提供智能化的回复方案，从而帮助他们在商务沟通中表现得更加专业和准确。结合个性化的应答方式，它有潜力大幅提升企业形象，并增强客户的满意度。

个性化且专业的沟通策略也是建立和维护良好外部合作关系的基石。通过精确了解并回应各方的具体需要和期望，大语言模型能够促进双方的信任与理解，从而为合作项目创造更加稳固的成功基础。因此，这种技术不仅仅是沟通的工具，更是推动商业合作、加深合作伙伴关系和实现项目目标的重要支撑。

大语言模型作为项目沟通与协作的工具，可以极大地提升团队成员之间信息的传递效率。其先进的自然语言处理能力使得复杂的信息和指令更易于理解与执行，降低了沟通过程中的歧义和误解。通过这些技术手段，团队成员可以在更短的时间内达成共识，有效推进项目的各个阶段。

大语言模型支持多语言交流，消除了语言障碍，使全球化团队的协作更加顺畅。无论团队成员身处何地，都能便捷参与项目，实时分享想法与反馈，确保项目目标准确传达并快速实现。

除提高沟通效率外，大语言模型还通过智能化辅助决策功能分析大量数据，提供数据驱动的见解与建议。这种支持不仅增强了团队决策质量，还提升了其应对复杂问题和不确定环境的能力。

在项目管理层面，大语言模型可以被用于自动化日常管理任务，如会议记录的生成、任务的分配和跟踪等，从而释放人力资源，使团队成员能够专注于更具创造性和战略意义的工作。

总的来说，大语言模型为团队带来更为高效、灵活和智能的协作体验，这必将成为推动项目成功的关键因素。随着技术的不断进步和完善，它们在未来的项目管理和执行中所扮演的角色将越发重要，有望成为标准的行业实践。

10.3 项目风险管理与决策支持

项目风险管理是项目管理过程中的关键环节，涉及识别、评估、监控和应对项目中可能出现的不确定性和潜在威胁。

❑ 风险识别。在项目的每个阶段，团队需要识别可能影响项目成果的内外部因素。这包括技术问题、资源短缺、政策变化等。

❑ 风险评估。此步骤涉及评估每个风险的可能性及其潜在的影响程度。这通常通过定性和定量的方法来实现，例如风险矩阵或模拟。

❑ 风险监控。定期监控已识别的风险，并根据项目进展和外部环境的变化调整风险评估。

❑ 风险应对。开发风险应对策略，如避免、减轻、转移或接受风险，并将其整合进项目计划中。

随着人工智能技术的发展，大语言模型在风险预测和决策支持方面展现出了巨大的潜力。

在风险预测方面，大语言模型能够通过分析历史数据和行业特定趋势，预测潜在风险。这种预测有助于团队成员更早识别可能的问题，从而采取预防措施。

在决策支持方面，大语言模型可以提供基于数据的决策支持，帮助项目经理评估不同应对策略的可能结果。例如，AI 模型可以模拟不同风险应对措施对项目时间表和成本的影响，从而帮助管理层做出更为信息化的决策。

10.3.1　风险管理

在项目管理中，风险管理是一种识别、评估和优先处理潜在问题的策略，旨在减少或避免对项目的影响。有效的风险管理能够帮助项目团队预见未来挑战，并采取措施以最低成本防范或解决潜在问题。

尽管风险管理的重要性广为人知，但在实践中，准确识别和评估所有可能的项目风险仍具有挑战性。历史数据的复杂性、瓶颈的隐蔽性以及流程中的异常状态，均可能导致风险管理工作的滞后与不完整。

风险管理的重要性不仅在于减少潜在问题对项目的影响，还在于帮助项目团队预见未来挑战并采取措施以最低的成本防范或解决潜在问题。这种前瞻性的方法有助于项目团队更好地应对变化和不确定性，从而提高项目的成功率。

举例来说，风险管理就像是一场盛大的户外婚礼。新郎、新娘和策划团队必须考虑到下雨、供应商迟到或其他任何可能影响婚礼顺利进行的因素。通过提前识别这些潜在的 "风险"，他们可以制订备用计划，比如准备一个帐篷以防下雨，或者提前与供应商确认以避免迟到。这种前瞻性的风险管理方法有助于确保婚礼的顺利进行，就像在项目管理中一样，有助于确保项目的成功实施。但是，要预测所有可能的风险并不容易。就像尝试预测天气一样，有时候情况可能突然改变，需要快速作出调整。

大语言模型应用自然语言处理技术，通过从项目报告、变更日志、会议记录及任务状态等文本中提取信息，进而预测未来可能出现的风险点。结合先进的风险监测预警系统，可以对项目进行实时监控，一旦检测到潜在的风险信号，立即向项目管理者发出预警，并提供具体的改进建议，使得风险管理更具主动性和前瞻性。大语言模型不仅仅是一个工具，它代表了一种全新的方法论，该方法论融合了统计学、运筹学、认知心理学与数据科学等多学科知识。通过这种跨学科的整合，项目风险管理能够更加深入地理解风险的产生，并通过早期干预减轻风险的影响。

此外，在实际应用中，大语言模型可以用于构建风险数据库，收集和分类项目风险案例。通过机器学习算法，模型可以从这些案例中学习并不断优化其预测能力。项目经理可以利用这些预测来制定预防措施，提前规划应对策略，从而降低风险发生的可能性。

大语言模型在项目管理场景中的风险管理方式有以下三个方面，分别是预测瓶颈、识别风险点、识别异常行为模式。

1. 预测瓶颈

在组织中，任务的流转状态和交接次数往往是项目效率低下的隐藏指标。使用大语言模型监测这些数据，可以有效预测潜在的瓶颈。例如，模型通过分析工作流程的各个环节，能够识别出可能导致延误的关键交接点。这种分析不仅包括任务的时间管理，还涵盖了团队成员之间的协作效率。如果模型发现某些团队之间频繁地交接正在拖慢项目进度，它可以建议优化这些流程。这可能包括减少不必要的中间环节，或者引入自动化工具来简化交接过程，如自动任务分配系统或集成通信平台，以提高效率和透明度。

2. 识别风险点

大语言模型可以通过综合分析多种项目指标（如任务的停留时间、优先级、截止日期、执行人的工作负载以及项目的整体目标）来识别潜在的风险点。这种分析基于历史数据和预测模型，使得模型能够预警那些可能导致项目逾期或偏离既定目标的因素。例如，如果某个关键任务连续多次延误，大语言模型可以提示项目经理及早介入，调整资源或优化工作流，以避免影响整体项目进度。

3. 识别异常行为模式

项目团队在面对高压和紧迫的截止日期时，可能会展现出非理性的行为模式。借助认知心理学的理论，我们可以更好地理解这些行为背后的心理机制。将这些理论应用于大语言模型的训练中，可以更加精准地识别出这些异常行为模式。这不仅有助于项目经理在管理过程中进行有效干预，还可以通过建立更为人性化的工作环境和压力管理系统，提前预防这类行为的发生。例如，大语言模型可以分析团队成员的交流模式，识别出潜在的沟通障碍或压力迹象，并及时向管理层发出告警，从而采取相应的支持措施或调整团队结构。

10.3.2　决策支持

项目决策是项目管理中的核心活动，是指基于对信息的分析和评估，选择最佳行动方案的过程。良好的决策能够有效推动项目顺利向前发展，并在关键时刻引导项目团队规避风险。

在实际操作中，项目经理在做出决策时往往面临信息不足、时间限制和复杂环境的挑战。这些因素增加了决策的不确定性，有可能导致不准确或不合时宜的决定，进而影响项目结果。

通过挖掘系统中分散的信息并进行归纳分析，大语言模型辅助项目经理降低决策不确定性。借助 NLP 技术，大语言模型能够处理复杂查询，并根据数据提供见解与建议，从而优化决策质量。结合大语言模型的决策支持系统（DSS），可帮助项目经理在项目各阶段做出更为明智的决策。DSS 能够集成专家系统，运用行业最佳实践和经验规则指导决策过程。此外，DSS 通过实时监控项目指标及外部环境的变化，能够提供动态的风险评估与应对策略。

在决策支持方面，大语言模型像是项目经理的私人助手，它通过收集和分析各种信息来帮助做出更好的决策。就像导航软件一样，根据当前的交通状况为你推荐最佳路线，大语言模型也可以帮助项目经理根据实时的项目状态和市场状况等做出决策。

此外，当项目经理被海量的报告和电子邮件淹没时，大语言模型可以快速地筛选重要信息，提供简洁明了的摘要，让决策者不错过关键信息，就像一个智能的邮件分类器，帮助将重要邮件放在最显眼的位置。

大语言模型的出现就像给项目管理领域装上了一副高科技的眼镜，使得原本模糊的风险变得清晰可见，并指导项目团队做出更精确的决策。这就像在赛车比赛中，车手戴上头盔内置的显示屏，如图 10-6 所示，它可以实时显示赛道信息和竞争对手状态，从而在每个转弯和直道上做出最优决策。

图 10-6　头盔内置的显示屏

大语言模型在项目管理中的决策支持方式主要包括以下 5 个方面：数据驱动的决策、个性化任务分配、任务优先级建议、实时数据分析与决策流程优化、个性化决策支持及风险预警。

1. 数据驱动的决策

在现代项目管理中，大语言模型的实时预测和分析功能发挥着关键作用。以 LigaAI 为例，该平台利用项目中收集的大量数据，帮助团队深入理解工作进度和潜在风险。这种数据驱动的决策方法允许团队不仅迅速响应当前的挑战，还能预测未来可能出现的问题。例如，在面对预期之外的市场变动或内部资源紧张的情况时，团队可以利用模型提供的数据分析，及时调整策略和季度目标，确保项目能够在不利条件下继续向前推进。这种方法有效地减少了决策过程中的猜测和不确定性，使项目管理更加精准和高效。

2. 个性化任务分配

大语言模型能够根据团队成员的历史表现和个人工作习惯，精确地为每个任务分配合适的规模和难度。这种个性化的任务分配机制有助于优化团队的整体工作流，避免因任务过大或过小而导致的工作效率低下。例如，对于经验丰富的成员，可以分配更具挑战性的任务，而对于新手，则可以提供更多的学习型任务。这样不仅可以防止成员过度劳累，还可以减少频繁的任务切换，从而提高团队的集中度和生产力。

3. 给出任务优先级相应的建议

大语言模型可以从海量数据中提取有价值的信息，帮助团队确定哪些任务或反馈最为关键。通过分析用户反馈、市场趋势和内部数据，能够识别出符合团队目标和公司长远发展的关键反馈。例如，如果一个重要客户的反馈指出产品的某个特定功能存在问题，大语言模型可以立即标识出这一反馈，并建议团队优先处理相关任务。同时，还能揭示那些未被充分认识的商业机会，使团队能够把资源集中在可能带来最大回报的项目上。

4. 实时数据分析与决策流程优化

大语言模型能够实现对项目状态的实时分析，处理项目中产生的各类数据，如邮件、消息、报告、实时聊天等，为项目经理提供即时的风险评估和决策建议。这种实时分析能力能够显著缩短信息处理时间，提高决策效率。同时，通过对历史项目案例的深入学习，大语言模型能够优化决策流程。例如，在应对特定类型问题时，大语言模型可参考成功案例的处理流程，为项目经理提供决策模板，减少决策时间和资源消耗，避免重复劳动。

5. 个性化决策支持与风险预警

大语言模型可根据不同项目经理的决策风格和项目团队的工作方式，提供个性化的决策支持。通过分析项目经理以往的决策记录和团队的工作模式，大语言模型能够提供定制化的建议和解决方案，使其更符合团队的实际情况和需求。此外，借助大数据分析和预测模型，大语言模型可以对项目的潜在风险进行预警。例如，在依赖供应链的建筑项目中，大语言模型可以通过分析全球市场趋势，提供相关支持。

由此可见，大语言模型在风险管理与项目决策中的应用发挥了关键作用，不仅提升了项目交付的速度和产品质量，还通过持续反馈循环和智能支持系统使决策过程更加科学、高效。该技术提供了精准的洞察力，增强了团队快速应对潜在风险的能力，并显著改善了项目实施的稳定性，从而提升了团队应对未来不确定性的能力。

10.4　项目执行阶段的智能优化

　　项目执行阶段是将计划转化为实际成果的关键时期，正如农民在播种后耐心等待丰收的季节。在这个阶段，项目团队需要高效地利用资源、协调任务，并确保项目按照既定的时间表和质量标准推进。随着人工智能技术的进步，大语言模型为工作流程的智能优化提供了新的可能性，就像现代农业技术改善了传统种植方法一样。

10.4.1　工作流程及资源管理的挑战

　　在项目执行阶段，团队经常面临工作流程中的不确定性和资源配置的挑战。处理复杂的进度报告、沟通记录及资源使用状况需要精确分析与有效管理，同时还需迅速识别并解决项目中出现的瓶颈和低效环节。例如，建筑项目的施工现场可能因天气变化或物资配送延误而需紧急调整工作安排，这要求项目管理者迅速决策，重新分配人力物力资源，犹如在暴风雨中稳定航向的舵手。

　　此外，预测资源使用高峰与低谷来实现合理分配，以及确定最有效的工作模式以适应变化，也是提升资源利用率和生产力的关键。效率较低的问题追踪与解决方法也是项目管理中的一个难点，尤其是在维护任务列表、跟踪问题状态时可能导致人为错误；而大团队的问题管理更加复杂，迫切需要简化问题解决流程并快速响应客户反馈，以保持客户满意度。同时，高效准确的搜索功能和问题检测对于提高团队效率至关重要，但这仍然是一个需要克服的挑战，尤其是在扩展集成支持和提升问题检测准确性方面。

10.4.2　大语言模型如何赋能工作流程及资源管理

　　大语言模型在多个领域提供了更高效和有效的解决方案。首先，这些模型通过对复杂数据进行深入分析，实现了对项目瓶颈的实时识别和优化。例如，在供应链管理中，大语言模型可以预测资源需求波动，指导企业合理调配库存和人力资源。此外，大语言模型通过自动化任务管理，显著减少了人为操作的错误和延误，这在医疗和金融行业中尤其重要，因为这些领域的错误可能导致严重后果。

　　进一步地，大语言模型提升了问题追踪的效率和精度，尤其在客户服务领域。通过先进的搜索技术和自然语言处理能力，大语言模型能够快速定位客户反馈及相关问题，提高响应速度，最终提升客户满意度。例如，自动化客户服务系统可以通过分析客户查询的语言模式，预测并提供更个性化的解答和建议。

　　大语言模型在工作流程及资源管理的场景有 5 种实践方式，分别是资源利用最大化、优化工作流程、提供实用建议、自动化和 AI 生成、信息识别。

　　（1）资源利用最大化

　　大语言模型可以帮助项目团队更有效地利用人力和物力资源。通过分析历史项目数据和当前的项目需求，大语言模型可以预测资源需求的峰值和低谷，建议在不同项目或任务之间合理分配资源。例如，在电商行业的大促销活动前，大语言模型可以帮助企业预测客服部门的工作负载，提前安排足够的客服团队，以应对咨询激增的情况。这种动态资源管理策略有助于避免资源浪费，确保关键任务能够获得必要的支持。通过像精确计算航海路径以节省燃料和时间一样，大语言模型使企业能够优化资源配置，提高整体效率，并且在面对市场变化时保持灵活性。这不仅增强了企业的应急反应能力，也提升了长期的竞争力。

（2）优化工作流程

通常情况下，大语言模型能够理解和模拟复杂的工作流程，识别并建议改进流程中的冗余步骤或低效环节。利用 NLP 技术，大语言模型可以从项目文档和团队反馈中提取关键信息，提出工作流程的优化方案。这就好比游泳教练通过分析运动员的动作来提出改进建议，提高游泳速度。同样，大语言模型可以帮助项目团队更好地理解团队成员的技能和工作风格，从而优化任务分配和协作流程。通过这种方式，大语言模型不仅提高了工作效率，还增强了团队的整体协调性和生产力。这种细致入微的流程优化帮助企业减少浪费，提升项目交付速度和质量，同时也为员工创造了一个更加和谐且高效的工作环境。

（3）提供实用建议

大语言模型可以通过分析项目执行过程中产生的大量数据，如进度报告、团队沟通记录和资源使用情况，为项目团队提供实时的实用建议。大语言模型能够识别项目执行中的瓶颈和低效环节，并提出改进建议，如调整任务优先级或优化团队协作方式。这些建议就像是项目团队的"导航系统"，在面对复杂路况时提供最优路径，避免交通堵塞，确保项目按计划进行。通过这种方式，大语言模型不仅帮助团队识别并解决当前问题，还能预防潜在的风险和延误，提升项目管理的透明度和效率。这种基于数据的深度分析与决策支持工具，使得项目团队能够在动态变化的工作环境中保持灵活性和响应速度，从而达到更高的项目成功率。

（4）自动化和 AI 生成

根据 Institute（PMI）2020 年发表的" Project Management Body of Knowledge (PMBOK® Guide)"以及 Harvard Business Review 2019 年发表的" Artificial Intelligence for Project Management"论文所示，自动化处理不仅通过自动跟踪问题状态、更新任务列表及维护文档提升了执行效率，减少了人为错误，还能自动将复杂任务拆分为更易管理的子任务，降低用户的操作成本。同时，AI 生成内容如产品需求文档（PRD），能够利用历史数据和模式识别优化文档质量，显著加快规划阶段，并提高开发流程的准确性与效率。这种集成的 AI 技术在诸多方面自动执行重复性及技术性任务，释放人力资源以专注于更具创造性和战略性的工作。例如，在软件开发中，AI 可以自动生成代码框架和接口文档，减少开发者在早期阶段的时间消耗，使其能够专注于核心功能的创新与优化。此外，自动生成的文档通过持续分析项目数据不断优化和更新，确保信息的准确性和时效性，为项目团队提供了强有力的决策支持工具。

（5）信息识别

毕马威（KPMG）在 2021 年发表的论文" The Use of Artificial Intelligence in Project

Execution. Project Management"中指出，大语言模型在管理大型团队的信息识别问题上具有显著优势，能够有效识别重复问题，简化问题解决流程，从而释放团队成员，使其专注于更有价值的事务。此外，向量嵌入技术被用于语义搜索，将数据的深层含义编码为数字形式，提高问题搜索的相关性和效率。这在处理客户反馈问题时尤为有效，能够加速找到相似问题和解决方案，提升响应速度及客户满意度。通过这一技术，AI 不仅能够快速识别和分类大量输入数据，还能通过分析历史互动和问题解决记录，预测潜在问题的发生，并提前制定解决策略。此类预测性维护方式大幅优化了团队工作流程与客户服务体验，确保资源能够更有效地分配至需要深度思考和创新解决方案的复杂问题上。

总而言之，大语言模型在项目执行阶段不仅提供了智能化的工作流程和资源管理工具，还大大提升了项目的执行效率和质量。结合实时数据分析、智能建议及动态调整策略，大语言模型已成为帮助项目团队应对挑战、确保项目顺利完成的有力工具。就像经验丰富的船长在海上航行一样，利用先进的仪器和技术，确保货船在波涛汹涌的大海上能顺利抵达目的地。这一技术的应用不仅限于简单的任务自动化，还涉及复杂的决策支持，能够在多变的环境中提供精准的指导与支持。通过不断学习与适应，大语言模型保持了解决方案的前沿性和适应性，帮助项目团队在竞争激烈的市场中保持领先。

10.5　大语言模型在项目管理中的实践案例

10.5.1　辅助理解客户需求

1. 背景

Z 公司是一家专注于软件即服务（SaaS）的企业，面对不断增长且多样化的客户需求，始终秉持着以用户为中心的服务理念。为了更深入地了解客户的实际应用场景并提供更加个性化的服务，Z 公司定期组织业务团队与客户进行深度访谈。然而，在实践中，访谈人员因为经验参差不齐和对业务理解程度的差异，时常会出现客户诉求挖掘不彻底，甚至对需求理解产生偏差的情况。

2. 解决方案

为了解决这一问题，Z 公司引入了 LigaAI 智能文档系统，并结合大语言模型的分析能力，将客户访谈内容输入系统。LigaAI 智能文档系统具备自动化分析用户场景、痛点和目标的功能，通过智能算法处理访谈数据，生成结构化的需求文档。这一创新举措显著提升了需求挖掘的效率与准确性。

3. 实践效果

使用 LigaAI 文档后，Z 公司成功输出了一系列高质量的需求文档。每份文档详细定义了客户访谈中提及的专业术语，并针对特定场景和目标提供了精准的解决方案及可行的执行步骤，如图 10-7 所示。

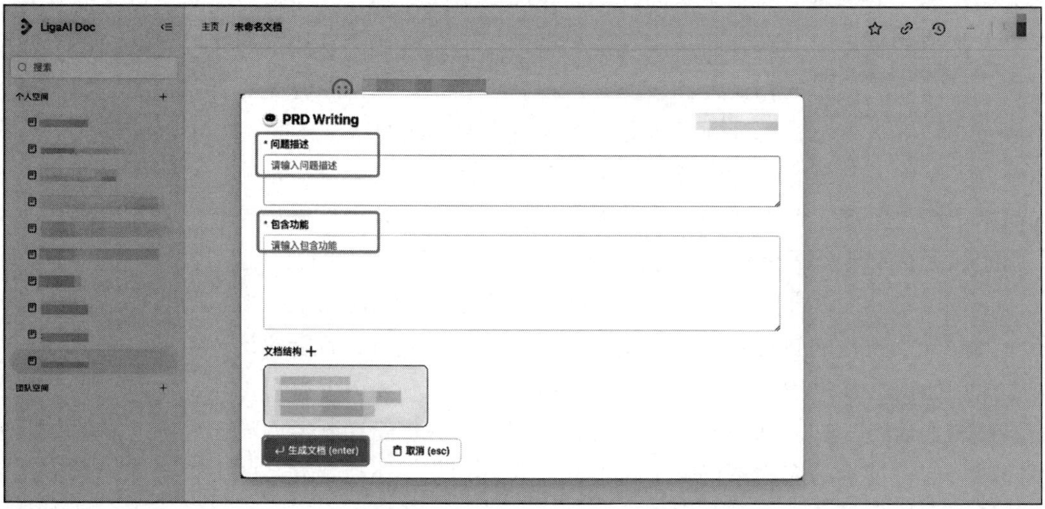

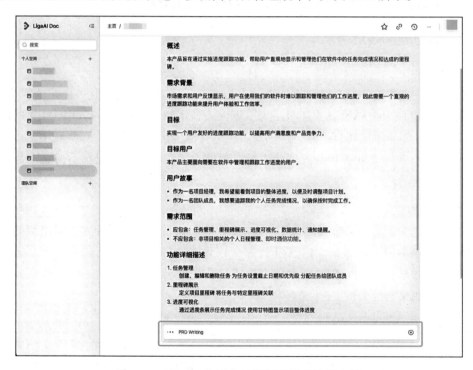

图 10-7　LigaAI 文档中的需求整理功能示意图

此外，LigaAI 文档结合 LigaAI 项目管理系统，还能根据项目和资源分配的实际情况，提供执行人员分配的具体建议，进一步提高项目管理效率，如图 10-8 所示。

图 10-8　LigaAI 文档中的资源配置功能示意图

根据 Z 公司的调研和访谈，多位客户在接受服务后表示认可和满意。其中一位客户表示："Z 公司的服务个性化程度显著提升。过去我们需要多次沟通才能确保他们准确理解我们的需求，现在通过 LigaAI 文档系统，发现他们能够迅速捕捉到关键点，并提供符合我们预期的解决方案。"

通过引入 LigaAI 文档并结合大语言模型，Z 公司不仅有效解决了访谈信息挖掘不足的问题，还提升了业务响应的速度和质量。这一创新举措对推动公司数字化转型及优化客户体验发挥了重要作用。Z 公司的案例表明，即使面对复杂多变的市场环境，企业依然能够通过科技力量和智能工具的支持，及时调整服务策略，满足客户个性化需求，保持竞争优势。

10.5.2　提升内部信息流转效率

1. 背景

随着电子商务的蓬勃发展，K 公司作为一家专注于 SaaS 解决方案的企业，深刻认识到优质客户服务在快速发展的市场中是其重要的竞争优势。过去，由于不同岗位人员对业务理解存在差异，导致商家客户的需求在传递至产研部门时出现信息失真与误解，进而引发沟通效率低下、信息重复等问题。在众多商家客户的维护与管理中，K 公司迫切需要一个能够精准捕捉商家需求、提升内部信息流转效率的系统。

2. 解决方案

在市场调研后，K 公司选择启用 LigaAI 项目管理系统，这个系统与国内主流即时通信（IM）软件深度集成，拥有强大的大语言模型支持，如图 10-9 所示。

图 10-9　LigaAI 文档中的即时通信功能示意图

利用 LigaAI，公司业务人员和客服可以通过录屏功能创建工单任务，并在团队内共享；问答助手则能根据团队输入的数据整合知识，实现信息共享及快速检索。这不仅简化了沟通流程，还通过大语言模型的自然语言处理技术精确剖析用户意图，极大地提升了团队响应效率和服务品质。

3. 实践效果

成功应用 LigaAI 后，K 公司的沟通效率有了显著提升。相关人员可以将 IM 消息转待办，并通过智能问答助手快速获取信息。

在将 IM 消息转待办方面，一键操作将 IM 消息转化为待办事项，使信息接收者能够迅速掌握核心内容，并回溯详细沟通背景，如图 10-10 所示。

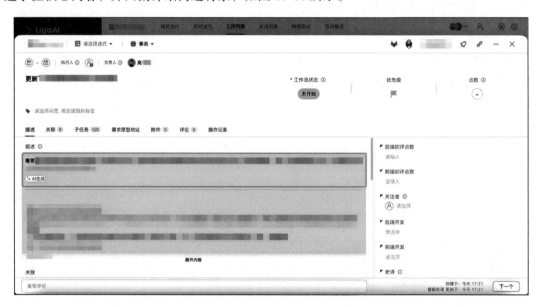

图 10-10　LigaAI 文档中的消息转代办功能示意图

基于大语言模型构建的智能问答助手提供了一个强大的知识管理平台，团队成员能够通过自然语言查询迅速获取所需信息，如图 10-11 所示。

经 K 公司的调研和访谈，相关客户服务人员表示，自引入 LigaAI 系统以来，我们的客户服务体验有了质的飞跃。信息不再重复传递，每次沟通都更加有针对性，客户满意度大幅提高。

K 公司的案例清晰地展示了如何通过技术创新来解决传统客户服务中的痛点。LigaAI 项目管理系统的引入，不仅提升了 K 公司的内部工作效率，还帮助改善了与客户的互动体验。通过精准捕捉并处理客户需求，K 公司在激烈的市场竞争中脱颖而出，赢得了更多客户的信赖与支持。随着 K 公司在 LigaAI 系统上的深度使用，未来有望进一步开拓更广阔的业务范围，实现可持续的增长。

图 10-11　LigaAI 文档中的知识管理功能示意图

10.5.3　实现项目风险和进度的自动分析功能

1. 背景

L 公司是一家以项目为导向的互联网科技企业，承接多项与各种客户合作的技术项目。在这个高速发展和变化的市场环境中，项目管理显得尤为关键。然而，项目经理每周都需要投入大量时间汇总工作进度，并与客户进行沟通汇报。这不仅消耗了宝贵的资源，同时也影响了团队对于项目本身的专注和效率。

2. 解决方案

为了解决这一痛点，L 公司引入了 LigaAI 项目管理系统。该系统利用先进的大语言模型，实现了项目风险和进度的自动分析功能，有效地减轻了项目经理在数据整理和分析上的工作压力。一旦检测到潜在的风险，系统能够按照风险等级提供实时的预警建议及决策支持。更为人性化的是，项目或迭代结束后，系统还会自动生成详细的回顾报告，帮助团队深入挖掘过程中的亮点与不足，并转化为实际可执行的改进措施，并为后续的项目迭代打下坚实的基础。

3. 实践效果

自使用 LigaAI 项目管理系统以来，L 公司的项目经理发现他们在数据汇报方面的工作效率有了显著提升。原先需花费数小时整理的数据现在只需几分钟即可完成。具体来说，每周在准备数据汇报方面节省了 70% 的时间。L 公司将这部分节省下来的时间投入到了团队建设和人员业务培训中，使得整个团队的业务理解和熟悉程度提升了 30%，显著增强了团队的核心竞争力和项目交付能力，如图 10-12 所示。

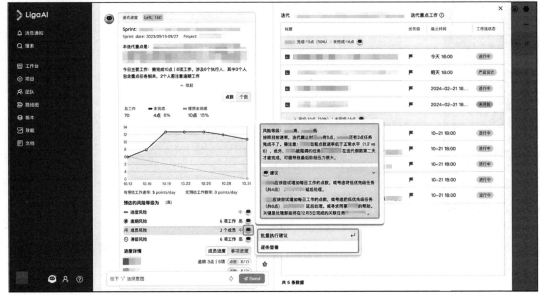

图 10-12　LigaAI 文档中的自动分析功能示意图

根据 L 公司项目经理的描述，LigaAI 项目管理系统的引入给团队带来的改变是立竿见影的。它不仅简化了与客户的沟通流程，而且还使得能够更加专注于核心技术的研究与开发。项目经理再也不需要被繁杂的数据分析任务所困扰，团队也有更多的时间专注于构建团队和提升服务品质。

L 公司的案例充分展示了 LigaAI 项目管理系统在项目管理中的创新价值。通过智能化的进度追踪、风险评估和决策辅助，系统不仅显著提升了管理效率，还促进了团队协作与知识共享。未来，随着 LigaAI 系统的不断完善和升级，它有望成为更多企业数字化转型和项目管理优化的重要助力。

10.5.4　助力任务分配的高效合理

1. 背景

随着互联网金融业务的快速扩张，E 公司面临的挑战也日益增多。由于金融产品固有的复杂性，产品经理在设计功能和撰写需求文档时往往需要花费大量时间与团队成员进行反复讨论，以确保所有细节被充分理解和考虑。这不仅消耗了宝贵的时间资源，还很容易导致沟通不畅和任务遗漏。此外，当多个业务线并行推进时，任务的人员分配成了另一个棘手问题，如何高效合理地分配任务，确保每位成员的工作量既平衡又符合其专长，已成为管理层亟待解决的难题。

2. 解决方案

为了解决以上问题，E 公司引入了 LigaAI 的技术解决方案。首先是 LigaAI 文档检测分析系统，该系统利用先进的大语言模型，根据 E 公司的流程规范和历史业务案例库，自动检测需求文档中可能存在的缺陷和遗漏点。此外，通过对已有文档的深度学习和分析，系统还能够为产品经理提供内容完善的建议，从而显著地提升文档质量。

进一步地，LigaAI 项目管理系统通过对需求描述和文档内容的深度解析，实现了任务的智能化拆分，每个子任务都会根据所需的专业知识、经验要求及团队成员的当前工作负载情况，自动匹配最适合的执行者。这不仅优化了人力资源配置，也极大地提升了工作效率。

3. 实践效果

自 E 公司开始使用 LigaAI 项目管理系统以来，项目执行的精准度和效率得到了明显改善，如图 10-13 所示。据统计，文档的准确性和完整性提升了 35%，而资源分配的效率更提升了 58%。这些数字背后体现的是项目风险的大幅下降和团队工作满意度的提升。值得一提的是，自引入 LigaAI 系统以来，E 公司再也没有因为任务分配不当而出现项目延期或成本超支的情况。

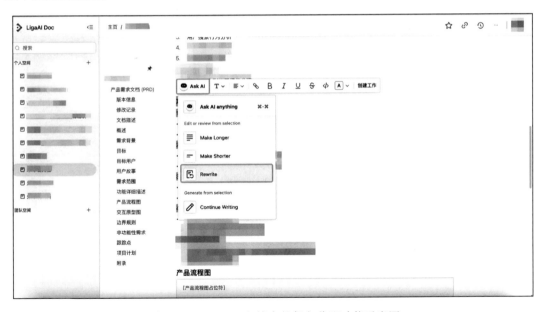

图 10-13　LigaAI 文档中的任务分配功能示意图

项目经理表示，引入 LigaAI 之前，他们常在项目中期发现遗漏的需求，导致返工或加急处理，给团队带来了极大压力。现在，LigaAI 在前期实现了精确把关，使团队的工作流程更加顺畅，如图 10-14 所示。即使面对复杂的金融产品，也能够以更高的信心和效率开展工作。

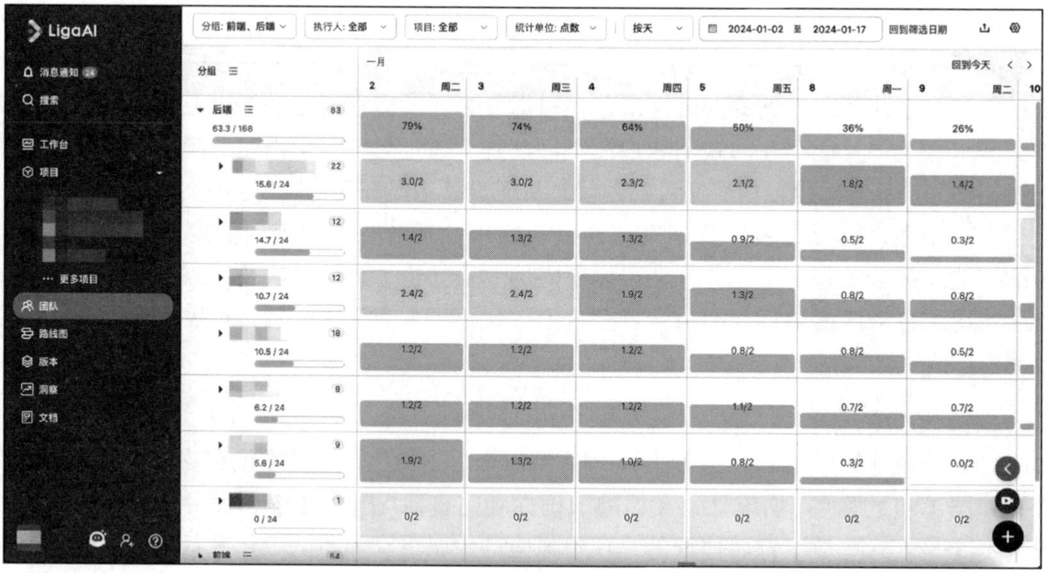

图 10-14　LigaAI 文档中的工作流程功能示意图

　　E 公司的案例充分证明了 LigaAI 技术在互联网金融公司运营管理中的应用价值。通过大数据和人工智能的强大算力，E 公司不仅在内部管理上实现了效率的革命性提升，更在市场竞争中赢得了宝贵的时间优势。这样的转型升级无疑将为 E 公司未来的可持续发展奠定坚实的基础。

大语言模型在安全场景中的实践

在网络安全领域,众多安全厂商逐渐开始将大语言模型广泛应用于网络安全转型的众多场景之中。在安全场景中,大模型技术凭借其强大的数据处理能力以及深度学习算法,能够增强威胁检测与防御的效能,突破传统安全方案在应对复杂威胁和新型攻击时的局限性与滞后性。特别是在企业数字化转型的浪潮下,网络安全已不仅仅是单纯的技术问题,而是上升成为国家战略中至关重要的组成部分。大模型技术正在逐步塑造网络安全行业新质生产力,引领一场具有革命性的变革。

11.1 大语言模型催生安全新范式

11.1.1 大语言模型在安全领域中的优势

在数字化转型的浪潮当中,大模型技术不只是网络安全领域的新质生产力,更是催生安全新范式的强有力催化剂。伴随着技术的持续进步,大模型正在引领我们迈入一个全新的网络安全时代。在这个时代里,传统的防御机制正在逐步与智能化、自动化的安全解决方案相融合,从而形成一种全新的安全防护模式。

大模型技术的核心优势体现在它对海量数据的处理能力以及对复杂模式的识别能力。在网络安全领域,这意味着它能够从常规的网络流量里识别出异常行为,预测潜在的攻击,并实现对安全事件的自动化响应。这种新的范式不再仅仅依赖于对已知威胁的防御,而是通过持续学习网络中的行为模式,对未知的威胁进行预测和防御。例如,通过对历史安全事件和当前网络行为的分析,大模型能够预测攻击者的后续行动,进而提前部署防御措施。

此外，大模型还能够在安全运营方面发挥关键作用。它们能够自动化地执行繁杂的安全分析任务，将安全分析师从烦琐的工作中解放出来，使他们能够专注于更为复杂和具有战略性的问题。这种效率的提升使得安全团队能够更迅速地响应安全事件，降低安全威胁对企业运营所产生的影响。

11.1.2　大语言模型在安全领域中的挑战

大模型技术的发展同时也引发了新的挑战。伴随模型复杂程度的不断提升，对于数据的需求也与日俱增。怎样在保障个人隐私的前提下，高效地利用数据资源，已成为一个亟待解决的关键问题。与此同时，大模型的决策流程常常欠缺透明度，这给模型的解释性以及信任度带来了严峻的挑战。不仅如此，大模型的强大功能还有可能被运用到不当的用途中，例如生成虚假信息进行网络钓鱼，或者借助深度学习技术绕开现有的安全防护手段。

面对大模型技术所带来的挑战，需要政府、企业、研究机构以及公众等多方面的协同努力。政府应当制定相应的政策与法规，对大模型技术的应用加以规范，守护数据安全和个人隐私。企业需要强化技术研发工作，提升大模型的安全性与可靠性。研究机构应当深入开展对大模型技术的研究，探寻更为安全的算法和模型。公众则需要增强网络安全意识，共同维护网络空间的安全。

展望未来，大模型技术在网络安全领域的应用拥有广阔的前景，但同时也充满了挑战。通过多方的共同奋进，我们有希望达成大模型技术的良性发展。凭借智能化和自动化的安全解决办法，我们能够更有效地抵御复杂的网络威胁。

在进行技术创新的同时，我们也务必要警惕大模型技术可能引发的安全隐患，关注数据安全和隐私保护，以及模型的透明度与可解释性，持续探索并完善应对策略，保证网络安全行业的可持续发展。在这场技术与安全的较量之中，唯有不断创新并协作，才能够驾驭大模型这股强大的力量，守护好我们的数字世界。

11.2　大语言模型在安全领域中的应用场景

11.2.1　异常检测

异常检测作为大模型在网络安全中的一项关键应用，正在逐渐显露其在保障网络环境安全中的重要作用。依托于先进的机器学习算法，大模型不仅能够学习并掌握网络中的标准行为模式，还能实时监测和分析网络流量，以识别和预警那些偏离正常模式的异常行为。这种能力对于提前发现潜在的安全威胁至关重要。

以某大型金融机构为例，大模型的应用可扩展至多个层面。通过深入分析员工的日常网络访问行为，大模型能够精准识别未授权的访问尝试，这些尝试可能源自外部攻击者或内部人员的不当操作。

此外，大模型能够监测数据泄露的迹象，无论是通过异常的数据传输模式，还是员工对敏感信息的异常访问行为，都可以被及时捕捉，并触发告警。

Gartner 的报告强调了利用 AI 行为模型在提高威胁检测能力方面的重要性。传统的威胁检测方法往往依赖于对历史攻击模式的识别，这种方法在面对新兴和未知威胁时显得力不从心。与之相对，AI 行为模型通过分析正常行为的模式，能够更加灵活和主动地识别异常，减少对历史数据的依赖，从而更有效地应对那些未曾出现过的威胁。

此外，大模型在异常检测中的优势还体现在其持续学习与自我优化的能力上。随着时间推移，大模型能够从新的数据中不断学习和提炼信息，从而提升检测异常行为的准确性。其自适应特性使大模型在动态变化的网络环境中尤为重要，能够应对新的威胁模式，并迅速调整检测策略。

11.2.2　威胁识别与分类

在网络安全领域，威胁的识别与分类是构建有效防御体系的基石。大模型借助深度学习的强大能力，正逐渐成为这一过程中不可或缺的工具。通过分析海量网络行为数据，大模型能够洞察并提取出对威胁检测至关重要的关键特征。这些特征随后被用于对潜在威胁进行精确分类，从而为安全团队提供更加清晰的视角，以便其更有效地识别和对抗网络攻击。

举例来说，安全运营团队可以利用大模型来区分和识别多种类型的恶意软件攻击，包括勒索软件、木马病毒或蠕虫等。这些恶意软件每一种都有其独特的行为模式和攻击策略，而大模型通过学习这些模式，能够帮助安全团队在第一时间内识别出攻击的类型，从而采取相应的防御措施。这种基于深度学习的分类方法不仅极大地加快了威胁响应的速度，同时也为制定未来的预防措施提供了坚实的数据支持。

根据研究，通过 AI 增强的威胁检测系统能够显著提升威胁响应的效率，将响应时间缩短 80%。这一发现进一步证实了大模型在网络安全领域的应用潜力。在面对不断演变的网络威胁时，大模型的这种能力尤为重要。它不仅能够帮助安全团队快速识别已知的威胁，还能够通过对行为模式的学习，预测并发现新的或未知的威胁。

11.2.3　自动化威胁狩猎

自动化威胁狩猎是大模型在网络安全领域的一项创新应用，它通过模拟人类分析师的查询和分析过程，显著提升了威胁检测的效率和准确性。在这一过程中，大模型扮演一个不知疲倦的守护者角色，能够 24 小时不间断地监控网络活动，执行复杂的数据分析任务，从而识别和预警潜在的安全威胁。

例如，如果一个账户在短时间内从多个不同的地理位置发起登录尝试，或者在极短的时间内出现了大量的登录尝试，这些都可能是账户被盗或遭受暴力破解攻击的迹象。大模型能够迅速捕捉到这些异常行为，并将这些信息及时反馈给安全团队，帮助他们快速定位并响应潜在的安全事件。

此外，大模型在自动化威胁狩猎中的优势还体现在它能够处理和分析海量的网络数据。在当今的网络环境中，每时每刻都在产生着海量的数据，这对于传统的人工分析方法来说是一个巨大的挑战。然而，大模型凭借其强大的数据处理能力，能够在短时间内处理和分析这些数据，从而大幅提高威胁检测的速度和范围。

11.2.4　钓鱼攻击识别

钓鱼攻击作为网络安全领域中的长期挑战，其复杂性和隐蔽性不断升级，给个人用户和企业安全带来了严峻考验。随着人工智能技术的发展，大模型在钓鱼攻击识别方面展现出巨大潜力和价值。通过运用先进的自然语言处理技术，大模型能够深入分析电子邮件内容和网络钓鱼页面，精准识别欺诈性链接与可疑的通信模式，为网络安全筑起坚固的防线。

以企业邮箱系统为例，集成大模型的系统能够自动扫描收件箱中的邮件，通过学习正常的通信模式及钓鱼邮件的特征，智能识别并拦截潜在的钓鱼邮件。这种自动化的识别与防御机制不仅大幅提高了安全防护效率，也减轻了安全团队的工作负担，使其能够将更多精力投入其他重要的安全任务。

《Verizon 2021 年数据泄露调查报告》指出，钓鱼攻击是导致数据泄露的主要原因之一。该发现进一步凸显了钓鱼攻击识别在网络安全中的重要性。人工智能技术的应用，尤其是在大模型的支持下，正在改变传统的钓鱼攻击防御方式。通过机器学习和深度学习算法，大模型能够从海量数据中学习钓鱼攻击的模式，并持续优化其识别能力，从而及时识别并阻止这些攻击。

11.2.5　恶意软件检测

长期以来，恶意软件一直是网络安全领域的重要威胁。它们悄然潜入系统，执行各种恶意活动，包括数据窃取、拒绝服务攻击，甚至破坏关键基础设施。为有效应对这一威胁，大模型技术应运而生，成为安全防御的新利器。

大模型通过先进的机器学习和深度学习算法，分析并学习恶意软件的行为模式及代码特征，能够高效检测新型或变种恶意软件。

通过对文件传输行为的持续分析，大模型能够识别出那些携带恶意软件的文件，哪怕这些文件尚未被传统的病毒检测系统所识别。这是因为大模型不仅能够识别已知的恶意软件特征，还能够通过行为分析发现那些尚未被广泛记录的新型或变种恶意软件。

这种基于行为分析的检测方法，使得安全团队能够更快地响应潜在的威胁，及时隔离和清除恶意软件，从而保护用户数据的安全和机构的声誉。此外，大模型的这种能力对于应对快速进化的恶意软件威胁至关重要。在网络攻击者不断开发新的恶意软件变种以规避传统检测手段的今天，大模型的这种预测性和适应性显得尤为重要。

11.2.6　入侵检测系统

入侵检测系统（IDS）是网络安全防御体系中的重要组成部分，主要任务是监测和分析网络或系统行为，以便及时发现并响应潜在的安全威胁。随着网络攻击手段的不断演变和复杂化，传统的 IDS 面临越来越多的挑战。

在这一背景下，大模型技术的应用为 IDS 带来了新的生机和更强大的检测能力。大模型凭借其强大的数据处理和机器学习能力，能够对网络流量和系统日志进行深入分析，从而识别出各种潜在的入侵行为。无论是端口扫描、拒绝服务（DoS）攻击还是分布式拒绝服务（DDoS）攻击，大模型都能够通过学习这些攻击模式的特征，提高检测的准确性和响应速度。

以某云服务提供商为例，该服务商可能面临着来自世界各地的持续攻击威胁。在这种情况下，大模型可以部署在网络边缘，实时分析流入的数据包，利用其先进的算法快速识别出异常流量，从而在攻击发生初期就将其阻断。这种基于大模型的 IDS 不仅能够提高检测的准确率，减少误报和漏报，还能够在不影响网络性能的前提下，实现对大规模网络基础设施的有效保护。

大模型在 IDS 中还具有自我学习和自我优化的能力。随着时间的推移，大模型可以不断从新的数据中学习，自动调整其检测策略，以适应不断变化的网络环境和攻击手段。这种自适应的特性使得基于大模型的 IDS 能够持续保持高效和准确性，为网络安全提供了一道动态的防线。

11.2.7　安全策略建议

在网络安全领域，大模型的应用正变得越来越多样化和深入。它们不仅仅是检测和防御威胁的工具，更是提供战略性安全建议的智能顾问。通过对历史安全事件的深刻分析和对当前网络行为的实时监控，大模型能够为企业提供量身定制的安全策略建议，帮助企业构建更为坚固的安全防线。

以某大型企业为例，其安全团队面临的挑战是如何在不断变化的网络环境中为不同的部门和业务单元制定合适的安全策略。大模型在这一过程中发挥着至关重要的作用。它们通过分析企业过去遇到的安全漏洞和攻击模式，能够识别出潜在的安全弱点，并据此提出具体的安全措施。这些措施可能包括但不限于强密码要求、多因素认证、特定时间段的网络访问限制等，每一项都是针对企业特定需求和风险敞口量身定制的。强密码要求可以显著提高账户安全性，防止暴力破解和密码猜测攻击。多因素认证则为账户安全增加了额外的保护层，即使密码被破解，攻击者也难以获得账户的完全控制权。而特定时间段的网络访问限制则能够有效减少在非工作时间发生的未授权访问，从而降低数据泄露和内部威胁的风险。

此外，大模型还能够根据当前网络行为的分析结果，提供动态的安全策略建议。例如，如果大模型监测到某个部门的网络访问行为在特定时间段内异常增加，它可能会建议对该部门的网络访问进行临时限制，直到安全团队完成进一步的调查和风险评估。

11.2.8　预测性威胁建模

预测性威胁建模是大模型在网络安全领域的一项创新应用，它代表着一种从被动防御到主动预防的转变。利用大模型的强大计算能力和深度学习算法，安全团队现在能够基于历史数据和当前趋势，预测潜在的安全威胁和攻击手段。这种前瞻性的能力极大地提高了企业应对未知威胁的能力，使他们能够在攻击发生之前采取预防措施。

在金融行业，预测性威胁建模的应用尤为关键。金融行业因其高价值的交易和敏感数据而成为网络犯罪的主要目标。通过部署大模型，安全团队可以分析大量的交易数据和用户行为模式，从而识别出异常行为的早期迹象。例如，大模型可以预测未来可能的欺诈行为模式，包括信用卡欺诈、身份盗窃或洗钱活动。一旦识别出这些潜在的威胁，安全团队就可以提前部署防御措施，如加强交易监控、实施实时欺诈检测或调整风险评估模型。

大模型在预测性威胁建模中的优势还体现在其能够处理和分析非结构化数据。在网络安全领域，除了结构化的日志和交易数据，还有大量的非结构化数据，如电子邮件内容、社交媒体帖子和网络流量。大模型可以通过 NLP 技术，从这些非结构化数据中提取有价值的信息，并将其与结构化数据相结合，以获得更全面的威胁预测。

11.2.9　数据泄露预防

在当今数字化时代，数据泄露已成为企业面临的重大安全威胁之一。大模型技术凭借其卓越的数据处理和分析能力，正逐渐成为预防数据泄露的有效工具。在企业的日常运营中，会产生大量的日志文件，包括网络日志、系统日志、应用程序日志等。这些日志数据包含丰富的信息，但同时也极为庞大和复杂。大模型可以通过自动化日志分析，迅速识别潜在的安全威胁，如未授权的访问尝试、异常的网络流量或潜在的内部威胁。通过监控和分析敏感数据的流动，大模型能够有效识别潜在的数据泄露行为。

以某科技公司为例，大模型可被训练用于识别内部人员对敏感信息的异常访问行为。这些异常行为可能包括在非工作时间进行的数据下载、不寻常的数据传输或频繁访问特定敏感信息。大模型通过学习正常的数据访问模式，能够及时检测偏离正常行为的异常活动，并通过实时告警系统通知安全团队。该实时监控和快速响应机制对防止数据泄露至关重要。

11.2.10　安全教育与训练

大模型技术凭借其强大的数据处理和机器学习能力，正在革新传统的安全教育和训练模式。通过模拟真实的攻击场景并创建交互式训练程序，大模型不仅能够提供更为真实且有效的安全培训体验，还能够根据员工的反馈和表现来动态调整训练内容，提供个性化的学习路径。

通过分析员工在训练中的行为和反应，大模型可以识别出员工的强项和弱点，从而提供更加有针对性的训练内容。这种个性化的学习体验不仅能够提高员工的学习效率，还能够帮助他们更好地理解和掌握安全知识。

11.2.11　情报共享与协作

在网络安全的情报共享与协作领域，大模型发挥着关键作用，其核心能力在于整合和分析来自多种渠道的安全威胁情报。通过深度学习和模式识别技术，大模型能够从海量数据中提取有价值的信息，识别不同组织间安全事件的相似性，从而揭示共同的威胁模式和攻击趋势。

这种能力在应对全球性安全威胁时显得尤为重要，尤其是针对关键基础设施的潜在网络攻击。关键基础设施（如电力网、水处理系统和交通控制系统）对于国家安全和社会运转至关重要。大模型通过分析这些基础设施的历史安全数据，能够预测并识别可能的攻击向量，提前做好防御准备。

11.2.12　合规性监控

在当前数据保护法规日益严格的背景下，大模型技术已成为企业确保合规性的重要工具。通过精准的数据分析能力，帮助企业监控和管理数据处理活动，以满足法律的严格要求。在全球化背景下，大模型技术支持企业适应不同国家和地区的数据保护法规，为国际业务的顺利开展提供保障。

例如，一家亚洲企业在欧洲设立分公司时需依据《通用数据保护条例》（GDPR）对个人数据进行处理。大模型能够深入分析企业的数据处理流程，敏锐识别出任何可能违反GDPR 的行为，包括未经授权使用个人数据或不安全的数据处理实践。通过这种先进的监控机制，企业不仅能够及时纠正违规行为，还能够预防潜在的违规风险，从而显著降低合规风险。这不仅有助于企业避免可能面临的法律制裁和经济损失，还保护了客户的隐私权益，提高了企业的信誉和客户信任度。

11.3　大语言模型在安全领域中的风险

大语言模型因其强大的数据处理能力和深度学习算法，在自然语言处理、图像识别、数据分析等多个领域展现出了巨大的潜力。然而，正如任何技术进步一样，大语言模型的应用也伴随着新的安全挑战和运用风险。

11.3.1　原生风险

大语言模型的原生风险包括三个方面，分别是访问控制漏洞、Prompt 注入、内容幻觉和训练数据中毒。

（1）访问控制漏洞

大模型的训练和部署通常需要动用大量的计算资源，这些资源往往分布在不同的服务器和数据中心。为了确保模型的高效运行，需要提供相应的数据访问权限。然而，如果访问控制机制不够严格或存在缺陷，就可能成为攻击者的目标。攻击者可能会利用这些漏洞未经授权地访问敏感数据，甚至对模型进行恶意操作，如植入恶意代码或篡改模型参数，从而影响模型的正常运行和输出结果。

（2）Prompt 注入

Prompt 注入是一种利用模型输入端的漏洞进行的攻击方式。攻击者通过精心设计的输入（即 Prompt），诱导模型产生预期之外的输出。这种攻击可能导致模型泄露训练数据、执行特定的操作或产生误导性的信息。例如，攻击者可能通过 Prompt 注入，诱导语言模型生成包含敏感信息的文本，或者生成能够绕过安全检测的恶意代码。

（3）内容幻觉和训练数据中毒

内容幻觉和训练数据中毒是大模型面临的另外两个重要挑战。内容幻觉指的是攻击者通过生成特定的输入样本，导致模型做出错误的预测或分类。这些输入样本在视觉上可能与正常样本无异，但却足以让模型的性能急剧下降。而训练数据中毒则是指攻击者在模型的训练阶段向训练数据中注入恶意样本，使得模型学习到错误的模式。这种模式一旦被模型学习并应用到实际任务中，就可能导致模型的决策和输出出现偏差。

11.3.2　应用安全风险

大语言模型的应用安全风险包括 4 个方面，分别是数据泄露、AI 伦理与道德、Prompt 越狱、供应链安全。

（1）数据泄露

大模型在处理敏感数据时，如果保护不当，可能会导致数据泄露。这些数据可能包括个人隐私信息、商业机密或国家机密。数据泄露不仅会对个人和企业造成严重损害，还可能引发法律诉讼和声誉损失。因此，如何在保证模型性能的同时有效保护数据安全，是大模型应用中需要解决的关键问题。

（2）AI 伦理与道德

大模型的应用还涉及伦理与道德问题。由于模型训练通常依赖大量数据，这些数据可能包含偏见或歧视性内容。如果模型学习并放大这些偏见，可能导致歧视性结果，例如在招聘、信贷审批等领域对某些群体的不公平评分。此外，大模型还可能被用于制造虚假信息，例如深度伪造技术，这对社会秩序和公共安全构成严重威胁。

（3）Prompt 越狱

Prompt 越狱是指攻击者通过特定输入绕过模型的安全限制，从而访问或执行未经授权的功能。这种攻击手段对模型的安全性构成严重威胁。例如，攻击者可能利用 Prompt 越狱访问模型内部结构或执行特定操作，如窃取数据或植入恶意软件。

（4）供应链安全

大模型的供应链也可能成为攻击的目标。从数据收集、模型训练到部署，供应链的每一个环节都可能存在安全漏洞。攻击者可能在这些环节中植入恶意代码，或者篡改模型参数，从而影响模型的正常运行。因此，确保供应链的安全性是大模型应用中不可忽视的一环。

11.3.3 对抗风险

大语言模型的对抗风险包括 3 个方面，分别是数据生命周期原则、数据加噪声技术、访问控制零信任原则。

（1）数据生命周期原则

为应对大模型带来的安全挑战，应遵循数据生命周期原则，确保数据在采集、存储、处理、传输和销毁各环节均得到妥善保护。这包括采取数据加密、访问控制、审计等措施，防止数据泄露和滥用。

（2）数据加噪声技术

数据加噪声技术是一种有效的对抗手段，通过向数据中注入随机噪声，降低数据的敏感性，从而提高模型的安全性。这种方法可以在不显著影响模型性能的前提下，增加攻击者从数据中提取有用信息的难度。

（3）访问控制零信任原则

零信任原则是一种重要的安全策略，假设网络内部和外部的所有实体均不可信任，需对每次访问进行严格的身份验证和授权。此原则能够有效防止未经授权的访问和内部威胁，提升系统安全性。

11.4 大语言模型的零样本漏洞修复研究

11.4.1 研究背景

根据第 9 章的介绍，大语言模型在经过大量源代码训练后，已被用于帮助开发人员完成编码任务，如在不同编程语言之间进行翻译、代码理解等。在众多下游代码任务中，开发团队和安全团队需特别关注大语言模型在修复代码安全漏洞方面的能力，即在传统方法中，由安全测试人员通过运行安全工具（如 Fuzzer 或静态分析器）、理解安全工具反馈并定位问题代码，最终修复代码中安全漏洞的过程。

在实践的过程中存在一个重要的问题：用于代码完成的"开箱即用"的大语言模型能否帮助开发人员修复安全漏洞？在安全领域，这种大模型能力有 3 个面向安全的特征，即黑盒、现成的代码大模型能力、零样本对漏洞修复带来的影响。

论文"Examining Zero-Shot Vulnerability Repair with Large Language Models"从 4 个

方面给我们带来一定的启示：第一，现有的"开箱即用"大语言模型能够生成安全的、功能正确的代码来修复安全漏洞吗？第二，改变一个 Prompt 中的代码注释上下文数量是否会影响大语言模型提出修复建议的能力？第三，使用大语言模型修复真实场景的代码安全漏洞存在哪些挑战？第四，大语言模型在生成修复代码的可靠性方面如何？

11.4.2　研究思路

大语言模型技术本质上是一种可扩展的序列预测模型，即给定一个包含令牌序列的 Prompt，模型预测并输出下一步"最可能"的令牌集，在代码大模型中，可以让大语言模型完成编写函数体、代码注释等下游任务。大语言模型的参数如温度、top-p、top-k 等用来调优生成代码的多样性和对齐偏好，这种方式在代码辅助生成场景中取得了良好的效果。

纽约大学的研究员在实际的研究中评估了几个现成的开箱即用大语言模型在代码安全漏洞修复中的表现，表 11-1 中总结了这些大语言模型的基本特征。其中，前 3 个模型为 OpenAI 的 Codex 模型的不同版本，第 4、5 项为 AI21 的 Jurassic-1 模型的不同版本，以上模型均采用 API 服务的方式调用，第 6 项 polycoder 是在本地部署的一个预训练大模型，第 7 项 gpt2-csrc 是采用 C/C++ 代码数据集在本地训练的大模型。

表 11-1　几种大语言模型的基本特征

模型	参数	令牌数	最大令牌	API 限制
code-cushman-001	未知	约 50K	2048	150 000 token/ 分 (open beta)
code-davinci-001	未知	约 50K	4096	150 000 token/ 分 (open beta)
code-davinci-002	未知	约 50K	4096	150 000 token/ 分 (open beta)
j1-jumbo	1780 亿	约 256K	2048	30 000 token/ 分 (open beta)
i1-large	78 亿	约 256K	2048	100 000 token/ 月 (free plan)
polycoder	27 亿	约 50K	2048	N/A
gpt2-csrc	7.74 亿	约 52K	1024	N/A

论文作者设计并实现了存在安全漏洞的程序被修复的全流程，如图 11-1 所示，首先将存在安全漏洞的原始程序输入到安全工具中测试，然后采用 CodeQL 来管理和分析程序源代码和漏洞信息。然后，将程序源代码、注释等信息按照预置的提示模板生成提示内容，并输入到待评估的大语言模型中，借助大语言模型的代码预测能力完成漏洞的修复。最后，将修复后的程序按照与第一步相同的测试用例进行安全测试，验证漏洞是否修复成功，同步进行功能性验证，确保程序可以正常运行。

11.4.3　实验过程

论文作者通过构建人工合成的包含漏洞的程序源代码数据集来进行实验，实验分为两个阶段，第一阶段是模型参数扫描，以识别大语言模型生成修复代码的良好"典型"参数，第二阶段面向 Prompt，以确定随着"Bug 上下文"信息的增加，不同的 Prompt 模式是否对黑盒大语言模型生成的修复代码质量有影响。

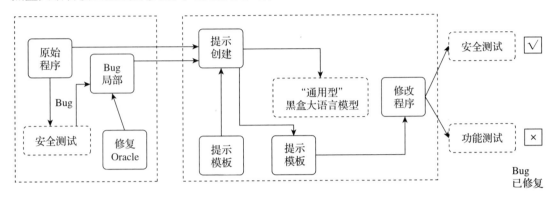

图 11-1　程序漏洞自动修复流程图

1. 漏洞程序的生成

论文作者从 CWE Top 25 中选取 2 个漏洞作为人工合成程序的漏洞，分别是 CWE-787（越界写入）和 CWE-89（SQL 注入）。它们都是在 CWE Top 25 列表中的高影响漏洞，可能造成数据丢失 / 泄露或权限提升。这两个漏洞比较容易检测，可以直接从给定的代码中确定，而不需要任何额外的上下文。

CWE-787 和 CWE-89 表现为两个不同的抽象层次，CWE-787 往往发生在"低级"语言中，如 C/C++ 可以直接操作内存指针，而 CWE-89 常发生在"高级"语言中，如 Java 或 Python，这意味着本实验可以对软件开发的两个不同层面获得大语言模型修复漏洞能力的评估。

为了生成大量功能独特且漏洞相似的程序，采用大语言模型生成大量存在漏洞的程序作为评估数据集，采取如下步骤。

1）指定与 CWE-787 和 CWE-89 相关的存在漏洞的程序作为 Prompt 的开头。

2）将 Prompt 输入 OpenAI 的 Codex 大模型（分别使用 code-cushman-001 和 code-davinci-001 两个版本），各生成 500 个代码样本。

3）对这些代码样本进行单元测试和基于 CodeQL 的分析。

4）将功能可用且存在漏洞的程序作为数据集，表 11-2 为生成代码样本的统计详情。其中，功能正常但存在漏洞的代码样本分别为 388 个（CWE-787）和 23 个（CWE-89）。

表 11-2　漏洞程序样本

场景	生成数量	验证数量	功能数量	漏洞数量	功能正常但存在漏洞的数量	功能正常且不存在漏洞的数量
CWE-787	500	440	410	452	388	22
CWE-89	500	500	491	23	23	468

2. 验证"开箱即用"的大语言模型是否可以修复安全漏洞

将 95 个 CWE-787 和 22 个 CWE-89 漏洞程序代码作为 Prompt，分别向 code-cushman-001 和 code-davinci-001 两个大语言模型查询漏洞修复代码，每个模型每次生成 500 个代码样本，两个漏洞分别生成了 47 500 和 11 000 个，表 11-3 为验证修复比例的示意，可以看到，CWE-787 场景的 22 034 个有效程序中有 2.2% 被修复，而 CWE-89 场景的 10 796 个有效程序中有 29.6% 被修复。值得注意的是，大语言模型即使在没有额外的上下文假设的前提下，也能够零样本生成无 Bug 代码，即在漏洞修复的下游任务中用于自动化漏洞修复。

表 11-3　验证修复比例示意表

场景	生成数量	验证数量	功能数量	漏洞数量	功能正常但存在漏洞的数量	功能正常且不存在漏洞的数量	验证修复比例（%）
CWE-787	47 500	22 034	20 029	21 020	19 538	491	2.2
CWE-89	11 000	10 796	7594	5719	4397	3197	29.6

此外，论文作者还观察到不同的大模型参数给代码修复带来不同的影响，如图 11-2 所示。采用较高的温度参数的大语言模型对于 CWE-787 的修复表现更好，而对于 CWE-89 更差，反之亦然，因此，似乎没有单一的温度参数可以覆盖所有情况。另外，从总体上看，参数 top-p 的数值越大则表现更优秀，因此，论文作者根据 Codex 官方文档的建议，在后续的实验中，温度采用宽泛的取值 *{0, 0.25, 0.50, 0.75, 1.00}*，而 top-p 取固定值 1.0*，这使得后续评估的搜索空间减少 80%。

温度 \ top-p	0	0.25	0.5	0.75	1
0	—	—	—	—	—
0.25	—	—	—	2/832	3/818
0.5	—	2/738	14/688	13/698	28/709
0.75	—	6/696	21/652	32/625	103/776
1	—	3/691	24/608	56/602	124/655

code-cushman-001

温度 \ top-p	0	0.25	0.5	0.75	1
0	—	—	—	—	—
0.25	—	—	—	—	—
0.5	—	—	—	—	1/419
0.75	—	—	—	—	20/527
1	—	—	—	—	30/404

code-davinci-001

（a）CWE-787

图 11-2　不同的大模型参数给代码修复带来的影响

	top-*p*				
	0	0.25	0.5	0.75	1
温度　0	49/220	49/220	49/220	40/220	49/220
0.25	49/220	46/220	47/220	48/215	44/214
0.5	49/220	49/220	49/220	41/210	59/201
0.75	49/220	49/220	49/220	41/209	44/198
1	49/220	49/220	49/220	47/209	29/190

code-cushman-001

	top-*p*				
	0	0.25	0.5	0.75	1
温度　0	84/220	77/220	87/220	91/220	91/220
0.25	82/220	92/220	92/220	93/216	62/212
0.5	90/220	86/220	90/220	82/209	62/208
0.75	90/220	90/220	91/220	82/213	45/203
1	89/220	87/220	87/220	80/212	23/197

code-davinci-001

（b）CWE-89

图 11-2　不同的大模型参数给代码修复带来的影响（续）

3. 改变 Prompt 中的代码注释上下文数量不影响大语言模型提出修复建议的能力

通过增加 Prompt 的类型（如增加、减少注释中的上下文数量）和评估更广泛的漏洞场景范围等来测量 Prompt 工程对于漏洞修复的影响，实验设置详情如下。

❑ 考虑到采用大语言模型来生成代码样本的方法可能隐含了提示大语言模型生成漏洞修复代码的线索，因此实验采用人工构建的方法，从 CWE Top 25 中选取了 7 类典型漏洞并构建存在漏洞的代码（分别为 CWE-79、CWE-125、CWE-20、CWE-416、CWE-476、CWE-119、CWE-732），作为进一步开展 Prompt 工程评估的基础。

❑ 漏洞修复的 Prompt 设计：实验中使用多种提示词注释模板来增强每个漏洞场景的 Prompt 上下文信息量，由于构建漏洞修复提示词有许多可能的自然语言措词，论文通过 Codex 等大模型的用户指南、Github 检索到的注释关键词，设计了 5 个 Prompt 模板，这些模板改变了提供给大语言模型的上下文的数量，从没有提供任何信息（n.h.）到大量的注释和提示（c./c.m.），详情如表 11-4 所示。

表 11-4　模板的提示词注释表

模板 ID	说明
n.h.	即 No Help，删除易受攻击的代码 / 函数体，并且不提供用于重新生成的其他上下文
s.1	即 Simple 1，删除易受攻击的代码 / 函数体，并添加注释 bugfix：fixed[error name]
s.2	即 Simple 2，删除易受攻击的代码 / 函数体，并添加注释 fixed[errorname]bug
c.	即 Commented Code，在注释 Bug:[error name] 之后，复制成一个可生成的代码 / 函数体 "注释输出" 版本，注释为 FIXED。由于这是一个长提示，附加了原始易受攻击函数的第一个标记，用来鼓励代码生成而不是注释生成

（续）

模板 ID	说明
c.m.	即带特定标识的注释代码，与 c. 一样，包括注释 MESSAGE:[error message]，并将"固定注释"更改为"固定版本"。这种风格在早期的安全扫描中被经常使用，没有原始易受攻击函数的第一个标记

基于上述实验的评估结果表明，不同的 Prompt 模板、漏洞场景和大模型之间的表现差异很大。在某些情况下（如 CWE-20），采用较少上下文信息的 Prompt 模板（n.h.、s.1、s.2）优于采用丰富上下文信息的模板（c. 和 c.m），然而在一些场景中（如 CWE-79 和 CWE-732）情况正好相反，实验结果如表 11-5 所示。

表 11-5　采用不同 Prompt 模板的实验结果

场景	生成数量	验证数量	功能数量	漏洞数量	功能正常但存在漏洞的数量	功能正常且不存在漏洞的数量	验证修复比例（%）
n.h.	2000	1316	340	646	116	530	40.3
s.1	2000	1213	247	539	94	445	36.7
s.2	2000	1204	315	592	126	466	38.7
c.	2000	1345	561	1140	475	665	49.4
c.m.	2000	1315	478	1104	414	690	52.5

值得注意的是，对于通过上下文信息的提示词模板构建的 Prompt，可能无法提供足够的信息来生成成功通过功能测试的代码，也就是说，生成的补丁代码尽管通过了安全测试，但无法通过功能测试。论文作者通过 CWE-79（XSS 漏洞）的一个代码样本的示例，其中图 11-3 为存在漏洞的源代码，图 11-4 为采用 n.h. 模板构造的 Prompt，尽管对 username 变量进行了过滤，修复了 XSS 漏洞，但由于程序返回的字符串不包含 <p> 标签，因此造成功能测试失败，而图 11-5 为一段存在漏洞的源代码，由于在注释中提供了足够的上下文信息，因此大语言模型能够生成通过功能测试和安全测试的修复代码。

```
bp = Blueprint('hello',__name__)

@bp.route("hello/<username>")
def hello(username):
    return "<p>Hello, %s!</p>" % username
```

图 11-3　存在漏洞的源代码（一）

```
@bp.route("hello/<username>")
def hello(username):
    return "Hello, %s!" %escape(username)
```

图 11-4　采用 n.h. 模板构造的 Prompt

```
@bp.route("hello/<username>")
def hello(username):
    # BUG: Reflected server-side cross-site scripting
    #    return "<p>Hello, %s!</p>" % username
    # FIXED:
    return "<p>Hello, %s!</p>" % escape(username)
```

图 11-5　存在漏洞的源代码（二）

4. 通过大语言模型的可靠性，确保生成修复代码的正确性

论文作者评估了包含 2 个 CWE 漏洞的 117 个简单合成的程序（CWE-787 为 95 个，CWE-89 为 22 个），大语言模型生成了 58 500 个可能的补丁，其中 3688 个成功完成了修复。然后，手动编写了 7 个包含 CWE 漏洞的易受攻击的程序，大语言模型共生成 10 000 个可能的补丁，其中 2796 个成功修复（且修复了 7 个程序中的 100%）。此外，论文作者还使用了 12 个真实存在的 CVE 程序样本，大语言模型生成了 19 600 个补丁，其中 982 个补丁修复了漏洞。

总的来说，详细的 Prompt 能够更有效地引导大模型生成修复补丁代码，当大语言模型只需要生成短的局部修复代码时，它们的工作效果最好，而在需要复杂上下文的地方，它们的表现较差。此外，考虑到 100% 的合成和手动编写的漏洞程序都得到了令人信服的修复，我们对大语言模型在修复安全漏洞时生成的代码的质量充满信心。然而，基于对真实场景（CVE 程序样本）的定性分析结果表明，大语言模型尚不足以取代现有的人工分析和半自动化修复工具，如基于大语言模型的修复当前仅限于单个文件中的局部位置等。

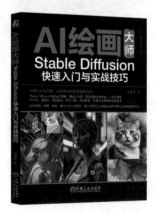